条码技术与应用

(本科分册·第三版)

张成海◎主编

清华大学出版社

北京

本书封面贴有清华大学出版社防伪标签，无标签者不得销售。

版权所有，侵权必究。举报：010-62782989，beiqinquan@tup.tsinghua.edu.cn。

图书在版编目（CIP）数据

条码技术与应用. 本科分册 / 张成海主编. -- 3 版. --
北京：清华大学出版社, 2025.3.
ISBN 978-7-302-67865-6

Ⅰ. TP391.44

中国国家版本馆 CIP 数据核字第 2024UT8062 号

责任编辑：	吴　雷
封面设计：	汉风唐韵
版式设计：	方加青
责任校对：	宋玉莲
责任印制：	刘海龙

出版发行：清华大学出版社

网　　址：https://www.tup.com.cn，https://www.wqxuetang.com
地　　址：北京清华大学学研大厦 A 座　　邮　　编：100084
社　总　机：010-83470000　　邮　　购：010-62786544
投稿与读者服务：010-62776969，c-service@tup.tsinghua.edu.cn
质　量　反　馈：010-62772015，zhiliang@tup.tsinghua.edu.cn
课　件　下　载：https://www.tup.com.cn，010-83470332

印　装　者：三河市东方印刷有限公司

经　　销：全国新华书店

开　　本：185mm×260mm　　印　张：17.25　　字　数：403 千字

版　　次：2010 年 2 月第 1 版　　2025 年 3 月第 3 版　　印　次：2025 年 3 月第 1 次印刷

定　　价：59.00 元

产品编号：107641-01

第三版前言

条码作为一种编码与自动识别技术，已在全球范围内得到了十分广泛的应用，并且成为识别万物、连接万物、沟通物理世界与数字世界的重要桥梁和手段。与条码技术相伴相生的 GS1 系统在商品零售、物流、电子商务、医疗卫生、新闻出版、工业制造、食品追溯、政府采购、军民融合、海关贸易等关系国计民生的重要领域的应用日益加深，已成为各行业、各领域实现数字化转型的重要支撑。

随着数字经济的发展，条码技术在全球物流和供应链管理等领域也迎来了快速发展，其在世界各地也得到了广泛的应用。党的二十大报告指出，"加快发展物联网，建设高效顺畅的流通体系，降低物流成本。加快发展数字经济，促进数字经济和实体经济深度融合，打造具有国际竞争力的数字产业集群"。党的二十大对加快我国数字经济的建设和畅通流通体系提出了新要求，而数字经济建设和畅通流通体系离不开物品身份精确识别。物品统一编码和条码是物品身份精准识别的重要手段，在未来，其基础和支撑作用将进一步凸显。GS1 系统作为物品编码、标识与数据共享的全球标准，应用前景十分广阔，必将在未来的数字化转型和流通增效中发挥更加重要的作用。

2023 年，国家标准委、教育部等多部委联合发布了《标准化人才培养专项行动计划（2023—2025 年）》，提出要加强标准化普通高等教育，推进标准化技术职业教育，开展标准化相关职业技能竞赛。中国物品编码中心与中国条码技术与应用协会共同举办的高校条码标准化人才培养工作，为我国条码事业的发展培育了大批条码后备人才，积极推动了条码标准化教育的发展。

为助力我国条码事业健康稳定发展，中国物品编码中心与中国条码技术与应用协会在广大高校、社会团体等各界的支持认可下，逐步建立起覆盖全国条码标准化人才培养的体系，并已在社会中获得了良好的反响。截至 2024 年 6 月，中国物品编码中心与中国条码技术与应用协会共举办了 32 期条码教师培训班，全国 32 个省份 706 所校次的 1 050 名高校教师参加了条码教师培训；组织了 144 场条码知识巡讲和物品编码知识讲座，共约 1.7 万名学生参加了巡讲活动；2007—2023 年共举办了 16 期年度全国大学生物品编码（条码）自动识别知识竞赛，共近 18 万名学生参加了历届竞赛。这些活动有力推动了 GS1 系统在我国的发展应用，为我国培育了大量条码专业领域的储备人才。不少高校也通过条码人才培养提升了教学能力与科研能力，部分老师在讲授条码相关课程以后，也对物品编码相关知识进行了深入的研究，并结合教学实际取得了一系列教学成果：广西职业技术学院以"条码教学"为主题获得了教育部高等学校物流类专业教学指导委员会评选的专业二等奖，西安外事学院和郑州铁路职业技术学院的条码相关课程均被评为"省级精品课程"。

《条码技术与应用》（本科分册）一书自 2010 年出版以来，得到了高校和相关技术人员的广泛好评，成为物流管理、物流工程、物联网工程、电子商务、自动化、工业互联网等相关专业课程（如"条码技术与应用"和"自动识别技术与应用"）的首选教材。

随着物联网、工业互联网、大数据、云计算等技术在企业数字化转型中的广泛应用，以及数字资产得到越来越多的重视，数据标准化的重要性也越来越凸显。2021年12月，国务院印发了《"十四五"数字经济发展规划》，规划中指出："数字经济是继农业经济、工业经济之后的主要经济形态，是以数据资源为关键要素，以现代信息网络为主要载体，以信息通信技术融合应用、全要素数字化转型为重要推动力，促进公平与效率更加统一的新经济形态。"财政部2024年1月发布了《关于加强数据资产管理的指导意见》，其中"主要任务"的第六条指出：完善数据资产相关标准。推动技术、安全、质量、分类、价值评估、管理运营等数据资产相关标准建设，凸显了在数据资产管理中标准的重要性和先行性。为此，2023年12月，国家标准委、教育部、科技部、人力资源社会保障部、全国工商联五部门联合印发了《标准化人才培养专项行动计划（2023—2025年）》，该计划指出："实施新时代人才强国战略和标准化战略，创新标准化人才培养机制，完善标准化人才教育培训体系，优化标准化人才发展环境，统筹推进标准科研人才、标准化管理人才、标准应用人才、标准化教育人才、国际标准化人才等各类标准化人才队伍建设，为全面推进中国式现代化提供强有力的标准化人才支撑。"

与此同时，GS1技术体系也在不断发展和完善，在2023年3月发布的11.1版本中提出了"开放价值网络"的概念。"开放价值网络"是指完整的贸易伙伴群体事先未知且随时间变化，贸易伙伴一定程度上可以彼此交互的价值网络。为了贸易伙伴之间能够彼此交互，开放价值网络需要有基于标准的接口。GS1标准支持在价值网络中交互的最终用户的信息交换，这些信息的主体是参与业务流程的实体。这些实体包括：公司之间交易的物品，如产品、原材料、包装等；执行业务流程所需的设备，如容器、运输工具、机械设备等；业务流程所在的物理位置；公司等法律实体，服务关系，业务交易和文件等。

在这样的大背景下，我们着手修订并撰写《条码技术与应用》（本科分册·第三版），旨在为读者提供最新的GS1技术体系中的最新思想和最新技术标准，培养学生的标准化意识和标准化能力。

在知识结构上，《条码技术与应用》（本科分册·第三版）采用了GS1最经典的知识架构——"编码、标识、共享"三位一体（在最新版本的GS1体系中，调整为标识、采集、共享，但为了符合国内的习惯与实际情况，本书依然使用了编码、标识、共享），共4篇14章。"基础篇"（第1章、第2章），系统讲解国家数字化战略和企业数字化背景下数据标准化的重要性，以及GS1标准体系的主要内容。"编码篇"（第3章至第8章），主要讲解GS1标准体系中的编码标准，其中第3章介绍编码技术，第4章介绍零售商品编码，第5章介绍储运包装商品编码，第6章介绍物流单元编码，第7章介绍服务关系与可回收资产编码，第8章介绍属性代码——应用标识符AI。"标识篇"（第9章至第12章），系统讲解GS1标准体系中的标识标准：第9章介绍一维条码，包括EAN-13/EAN-8码、ITF-14码、GS1-128码；第10章介绍二维条码，包括数据矩阵码、QR码和汉信码；第11章介绍EPC和RFID技术；第12章介绍条码符号的放置和质量检验。"共享篇"（第13章、第14章），讲解供应链协同中的数据共享和在农产品追溯中的应用。全书以条码国家标准宣贯为纲，各章均以条码标准引领，导出条码技术，指导条码应用，是中国物品编码中心和中国条码技术与应用协会唯一指定的条码标准化人才培训项目高校教材。

本书由中国物品编码中心主任张成海编写，参加编写的还有北京工商大学赵守香，中国物品编码中心黄泽霞、冯宾、吴彻、李素彩、王佩亮、林强、孙小云、贾建华、边琳、刘睿智、李志敏，中国条码技术与应用协会梁栋、田金禄、李铮、孙雨平、刘原、于娇，北京交通大学张铎、侯汉平、张秋霞，中外运股份孙佐，北华航天工业学院王建华、刘舜，西安外事学院徐德洪，南京晓庄学院许国银，21世纪电子商务网校刘娟、叶全府等。本书为全国高校"条码技术与应用"课程的指定教材。

本书是依据国家标准化管理委员会近年来颁布实施的物品编码标识、条码自动识别系列国家标准，同时紧密结合教学实际进行的一次有效探索，希望本书的出版能推动"条码技术与应用"课程在全国高校的推广，为我国条码自动识别技术人才的培养贡献一份力量。由于编者水平所限，书中难免有不妥之处，敬请读者批评指正。

编　者
2024年6月

第二版前言

中国物品编码中心自 2003 年开展"中国条码推进工程"并实施全国高校"条码技术与应用"课程推广项目以来，在全国各高校教师的共同努力下，高校条码人才培养工作取得了优异成绩。"中国条码推进工程"促进了我国条码产业的迅速发展，一个与国际标准接轨完整、庞大且不断发展的自动识别产业正在我国逐渐形成。产业的发展迫切需要大批的条码自动识别专业技术人才，为进一步推动条码自动识别技术在我国的普及应用，需要大规模培养我国条码自动识别产业发展进程中所需要的懂标准、高素质、复合型人才。

随着条码自动识别技术产业的发展，以及人才市场对条码技术专业人才需求的细化，根据全国各级各类高校在"条码技术与应用"课程教学过程中的实践，特别是依据物品编码标识相关的系列国家标准，在前一版的基础上，本次作了较大的调整和修改。与第一版相比，我们主要在以下方面进行了修改和完善，并且整合了部分内容：将原教材中第 1 章和第 2 章的内容整合到一章中（第 1 章），系统介绍了 GS1 标准体系的构成，便于读者理解后续各章的内容；增加了 GS1 标准体系与供应链管理、GS1 标准体系与物联网、GS1 标准体系与电子商务的相关内容（第 8～10 章），结合条码技术/自动识别技术在供应链协同、物联网、电子商务中的最新应用，系统介绍 GS1 标准体系在这些领域的具体应用方案；完善了"条码技术的未来发展与应用趋势"一章的内容，介绍了条码技术在工业 4.0 中的应用前景与趋势；系统介绍了中国物品编码中心近年来基于 GS1 标准体系构建的各种信息平台，便于读者了解 GS1 标准体系在信息共享、信息追溯、全球供应链协同等领域的应用，特别是在食品安全追溯、电子商务产品质量保证中的具体应用。

本书由中国物品编码中心主任、中国自动识别技术协会理事长张成海先生，北京交通大学经济管理学院物流标准化研究所所长、21 世纪中国电子商务网校校长张铎先生，北京工商大学计算机与信息工程学院信息管理系主任、中国条码技术与应用协会专家赵守香女士，南京晓庄学院许国银先生联合主编。中国物品编码中心黄泽霞、梁栋，21 世纪中国电子商务网校刘娟、田金禄、张秋霞参加了本书的编写工作。本书为全国高校"条码技术与应用"课程的指定教材。

本书是依据国家标准化管理委员会近年来颁布实施的物品编码标识、条码自动识别系列国家标准，同时紧密结合教学实际进行的一次有效探索，希望本书的出版能为全国高校"条码技术与应用"课程推广，为我国条码自动识别技术人才的培养、推动以标准化促进我国条码产业的蓬勃发展贡献一份力量。由于编著者水平所限，书中难免有不妥之处，敬请读者批评指正！

编　者
2017 年 6 月 8 日

第一版前言

条码人才培养作为"中国条码推进工程"的重点项目之一,自 2003 年 6 月到 2009 年 6 月,我国高校条码师资培训班共举办了 15 期,全国 277 所高校的 448 名教师通过培训,取得了"中国条码技术培训教师资格证书",遍及全国除西藏、台湾外的 30 个省、自治区、直辖市。全国 200 余所高等院校开设了"条码技术与应用"课程,培训在校大学生 5 万余人,其中 2 万余名学生取得了"中国条码技术资格证书"。

随着条码自动识别技术产业的发展,人才市场对条码技术专业人才需求的细化,根据全国各级各类高校在"条码技术与应用"课程教学过程中的实践,参考现行修订的相关国家标准,本书作了较大的调整和修改。

首先,将《条码技术与应用》修订为系列教材,分为本科分册和高职高专分册。

其次,本科分册从供应链管理与供应链协同应用入手,根据供应链上业务协同与信息实时共享的需要,依据 GS1 系统的编码体系,重点介绍了条码技术在整个供应链管理中的地位、作用及其应用。高职高专分册从岗位培训入手,根据不同应用领域的实际情况,重点介绍了条码技术及其产品的基本原理和实际使用。

最后,本科分册和高职高专分册将分别作为"中国条码技术资格(高级)证书"考试和"中国条码技术资格证书"考试的指定教材,也是每年举办的"全国大学生条码自动识别知识竞赛"的指定参考书。

在本书编写过程中,力求通过"供应链"这条主线,把条码技术中涉及的各知识点有机地结合起来,呈现给读者一个完整的知识体系和应用体系。书中所选案例都经过企业实际应用的检验,案例尽量体现不同行业、不同业务环节的特点。

本书共 10 章。第 1 章是引子,介绍供应链管理的基本概念、原理、应用,以及条码技术在供应链管理中的作用。第 2 章介绍条码技术中涉及的基本概念、术语、应用;第 3 章介绍条码技术,包括编码、生成、印制、识读、防伪、检测技术;第 4 章介绍 GS1 系统;第 5 章介绍零售业务中条码的应用;第 6 章介绍储运包装环节条码的应用;第 7 章介绍物流业中条码的应用;第 8 章介绍企业内部生产线上的条码应用;第 9 章介绍在整个供应链中如何通过条码实现信息的共享和业务的集成,主要介绍 GS1 体系中的信息标准;第 10 章从数据自动识别技术的发展出发,介绍 GS1 系统中数据的其他载体——RFID、磁卡、IC 卡等技术。

本书由中国物品编码中心主任、中国自动识别技术协会理事长张成海先生,北京交通大学经济管理学院物流标准化研究所所长、21 世纪中国电子商务网校校长张铎先生,北京工商大学计算机与信息工程学院信息管理系主任、中国条码技术与应用协会专家赵守香女士联合主编。中国物品编码中心罗秋科、韩继明、黄燕滨、李素彩、熊立勇、王泽,21 世纪中国电子商务网校李维婷、刘娟、臧建、寇贺双、田金禄,北京工商大学杨慧盈,参加了本书的编写工作。

本书作为全国高校"条码技术与应用"课程的指定教材，也是"中国条码技术资格（高级）证书"考试的指定教材。同时，中国物品编码中心、中国条码技术与应用协会、中国自动识别技术协会联合授权北京网路畅想科技发展有限公司在21世纪中国电子商务网校上开设"条码技术与应用"网络课程。学习者访问21世纪中国电子商务网校网站（http://www.ec21cn.org），即可通过远程教育的方式进行深入系统的学习。通过网上考试者，亦可获得"中国条码技术资格（高级）证书"。

本书是依据中国物品编码中心重新修订的条码相关国家标准，同时紧密结合教学实际进行的一次有效探索，希望本书的出版能为全国高校"条码技术与应用"课程推广、为我国条码自动识别技术人才的培养和中国条码事业的发展贡献一份力量。由于时间仓促及编者水平所限，书中难免有不妥之处，敬请读者批评指正！

编 者
2009年9月

目 录

基 础 篇

第1章 数字化社会与编码标准化 ·· 2
导入案例 ·· 2
1.1 数字化社会与企业数字化转型 ··· 3
1.2 企业数字化的关键技术与编码标准化 ··································· 6
1.3 数据资产与数据标准化 ··· 11
本章小结 ·· 14
本章习题 ·· 14

第2章 GS1标准体系 ·· 15
导入案例 ·· 15
2.1 GS1概述 ·· 18
2.2 GS1编码体系 ·· 22
2.3 GS1标识体系 ·· 24
2.4 GS1信息共享 ·· 26
2.5 GS1中国 ·· 29
本章小结 ·· 30
本章习题 ·· 30

编 码 篇

第3章 编码技术 ··· 34
导入案例 ·· 34
3.1 信息编码概述 ·· 34
3.2 代码设计的原则 ··· 36
3.3 代码的设计方法 ··· 36
3.4 代码的类型 ·· 39
3.5 代码校验 ·· 40
3.6 我国的物品编码体系 ··· 41

IX

| 本章小结 | 44 |
| 本章习题 | 44 |

第 4 章 零售商品编码 … 45

导入案例	45
4.1 零售商品与商品源数据	45
4.2 零售商品的编码标准	47
4.3 店内码	50
本章小结	54
本章习题	54

第 5 章 储运包装商品编码 … 56

导入案例	56
5.1 仓储管理与编码标准化	57
5.2 储运包装商品的编码规则	59
本章小结	61
本章习题	61

第 6 章 物流单元编码 … 63

导入案例	63
6.1 物流单元化与物流单元	66
6.2 物流单元编码标准	68
6.3 物流单元标签和位置码	77
6.4 货物托运单元与装运单元代码的编制	79
本章小结	79
本章习题	80

第 7 章 服务关系与可回收资产编码 … 81

导入案例	81
7.1 服务贸易与服务关系	81
7.2 服务关系编码规则	83
7.3 可回收资产编码	85
本章小结	89
本章习题	89

第 8 章 属性代码——应用标识符 AI … 90

| 导入案例 | 90 |

8.1 应用标识符（AI）概述 ··················· 90
8.2 应用标识符的应用规则 ··················· 93
本章小结 ··················· 102
本章习题 ··················· 102

标 识 篇

第 9 章 编码标识技术——一维条码 ··················· 104

导入案例 ··················· 104
9.1 条码技术概述 ··················· 104
9.2 EAN-13 与 EAN-8 条码 ··················· 112
9.3 ITF-14 条码 ··················· 118
9.4 GS1-128 条码 ··················· 121
本章小结 ··················· 131
本章习题 ··················· 131

第 10 章 编码标识技术——二维条码 ··················· 133

导入案例 ··················· 133
10.1 二维码概述 ··················· 133
10.2 GS1-DataMatrix 数据矩阵码 ··················· 137
10.3 GS1-QR 码 ··················· 141
10.4 汉信码 ··················· 150
本章小结 ··················· 167
本章习题 ··················· 167

第 11 章 EPC 编码与 RFID 技术 ··················· 168

导入案例 ··················· 168
11.1 RFID 概述 ··················· 169
11.2 RFID 系统结构 ··················· 178
11.3 RFID 应用 ··················· 180
11.4 EPC 编码与 RFID 系统 ··················· 184
本章小结 ··················· 188
本章习题 ··················· 188

第 12 章 条码符号的放置和质量检验 ··················· 189

导入案例 ··················· 189
12.1 商品条码符号放置通则 ··················· 189

12.2 零售条码放置 192
12.3 储运包装上条码符号的放置 199
12.4 物流单元上条码符号的放置 200
12.5 条码符号印制质量检验 202
本章小结 211
本章习题 212

共 享 篇

第 13 章　GS1 与供应链协同 216

导入案例 216
13.1 供应链协同 216
13.2 GS1 在供应链协同中的应用 224
13.3 高效消费者响应 ECR 226
13.4 GS1 GDSN 230
13.5 供应链协同规范 233
本章小结 237
本章习题 237

第 14 章　食品安全与追溯 238

导入案例 238
14.1 追溯概述 238
14.2 GS1 系统与产品追溯 242
14.3 追溯在食品安全中的应用 244
本章小结 254
本章习题 255

参考文献 258

基础篇

第1章　数字化社会与编码标准化

导入案例

编码在智慧农业——温室大棚中的应用

我们常用"风调雨顺"来形容农业丰收的条件。我们都知道，农作物的生长需要适宜的温度、湿度、肥料、土壤等条件，农业生产者需要根据具体的情况来灌溉、施肥、除草，以保证农作物的正常生长。什么时候施肥、灌溉、加温/降温，如果完全靠经验，难免会出现误差，造成不必要的损失。

智慧农业是指通过现代科学技术与农业种植相结合，实现的无人化、自动化、智能化管理。智慧农业将物联网技术运用到传统农业中，运用传感器和软件通过移动平台或者电脑平台对农业生产进行控制，使传统农业更加"智慧"。除了精准感知、控制与决策管理外，从广泛意义上讲，智慧农业还包括农业电子商务、食品溯源防伪、农业休闲旅游、农业信息服务等方面的内容。

智慧大棚依靠传感器、无线通信网络和智能控制中心，对大棚中农作物生长的温度、湿度、光照、pH值、二氧化碳等参数进行实时监测，并将监测到的数据实时采集、上传至监控中心，监控中心根据检测到的数据和控制规则发出相应的控制指令，控制水肥的灌溉、温度/湿度的调节，如图1-1所示。

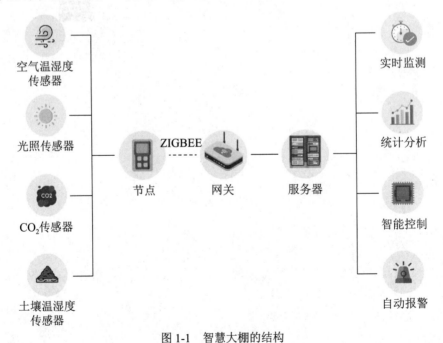

图1-1　智慧大棚的结构

在病虫防治方面，智慧大棚也可以对病虫害进行识别，当病虫害超过设定的数值时，系统就会发出预警，可以针对虫害情况及时提出治理方案。同时，也可以作为农作物产量预测的依据，为国家宏观调控提供依据。

一个控制中心要同时控制多个蔬菜大棚中的灌溉、调温、施肥等功能，那么如何实现精准控制呢？这就需要对每一个控制对象制定唯一的编码，通过该编码来自动、精准识别控制对象。

资料来源：https://baike.baidu.com/item/。

信息技术，特别是计算机网络（互联网、工业互联网）、物联网、大数据和人工智能等技术的快速发展和广泛应用，已经给全社会带来了深刻的变革，将人类社会带入了"数字化社会"。在"数字化社会"中，数据是非常重要的资产。数字化社会有哪些特点，企业面临哪些挑战？在企业数字化转型过程中，信息技术扮演的角色和作用是什么？我们将在这一章为大家揭晓答案。

1.1 数字化社会与企业数字化转型

随着互联网、物联网、工业互联网、云计算等网络技术的广泛应用，在我们的生存空间中已形成了一张看不见的"天罗地网"。在这张网中，流动着的是称之为新资产的比特流——数据。人类的社会活动和家庭生活也越来越离不开这张网及基于网络的各种服务，如订购、支付、娱乐等。人类社会进入了一个新的阶段——数字化社会。

1.1.1 数字化社会

数字化社会是继农业社会、工业社会、信息社会过渡之后一种新的社会形态。数字化社会是在信息社会基础上，在以大数据、人工智能等为代表的新一代信息技术的赋能作用下，使社会的生产方式、生活方式和传播方式发生革命性改变，实现物理现实社会与数字虚拟社会高度融合的社会形态。数字化社会的核心要素是映射实体社会的海量数据，其所有权、交易权和利益分配更加复杂。

1. 数字化社会的"新"内涵

数字化社会是以新一代信息技术为基础的全新的经济社会发展形态，将数字技术全面融入经济、政治、文化、社会、生态文明建设全过程，可带来新的生产要素、新的基础设施、新的发展理念、新的经济形态和新的治理格局，从而保障基本社会民生，优化社会运行模式和效率，提升人民福祉。

数字化社会的"新"内涵体现在：

（1）新发展理念：创新发展、协调发展、绿色发展、开放发展、共享发展。

（2）新生产要素：数据被称为新的生产要素。

（3）新的基础设施：基于新型数据和数字化基础设施。

（4）新的经济形态：在线经济、平台经济、共享经济、无人经济、自主就业、微经济。

（5）新的治理模式：全民共建、共治共享。

在数字化社会中，服务的提供方式更加多样、均等和便捷，不仅包括数字科教、数字文化、数字化社会保障、数字社区和数字商务等，还涉及远程教育、数字社保等多个方面。这种社会状态强调教育、就业、居住、健康、救助、养老、便民利民等领域的全面发展和进步，旨在满足人民美好生活的需要，实现社会治理的现代化。

2. 数字化社会的特征

数字化社会是一种将人、数字设备与技术、信息源等连接起来所形成的新型生活和交往组织形式。数字化社会具有以下典型特征。

（1）信息化。数字化社会的核心元素是信息，信息的基本单位不是原子而是比特。信息在形式上是虚拟的，而在功能上却是真实的。它可以让无限的人使用，使用的人越多，其价值就越高。信息流产生的流动空间改变了现实社会中时间与空间的概念，在时间维度上对过去和未来开放，在空间维度上对现实和世界开放。数字时空好像被无限浓缩，现实空间中的物理距离在网络空间中消失，过去、现在与未来可以在同一信息里被预先设定而彼此互动。

（2）全球化。数字化的时空结构改变着人们的生存方式和发展方式，它把人的发展纳入全球化的时空轨道，以全球开放的视角对传统的、地域的、民族的人类生存与发展进行突破与创新。网络促进了信息的传播，实现了地位的平等，通过全球化加速了社会生产力的发展。"一带一路"和"跨境电商"的融合发展，是物理空间和数字空间彼此融合、相互支撑的典型例证。

（3）虚拟化。数字化社会虽然没有高楼大厦、没有界碑，但其流动的信息组成的赛博空间正在成为各国争夺的"虚拟领土"。一个国家在维护其陆地、领海、领空主权的同时，还要维护"虚拟领土"的安全，并实施有效管辖，才能实现国家主权的完整。数字世界中主体的身份也都是虚拟的，他们时刻以自己想要呈现的面目展现于数字化社会中，匿名地从事着与现实世界联系而又超越现实世界的活动。

3. 数字化社会的影响

数字化社会已经深刻影响着我们每一个人的工作、生活，也影响着社会的方方面面，具体体现在以下方面。

（1）生产方式的变化。在过去，你拥有的信息越多，你的权力就越大。而在数字社会中，你转让出去的信息和权利越多，你所拥有的也越多。人们在享受"闲暇"带来的自由和工作灵活性的同时，个体也将为应对更灵活、更多样的工作方式付出更高的发展自身能力的代价。

（2）生活方式的变化。因特网是一个可以在其中生活和娱乐的广阔天地，网上购物带来了消费方式的变革，网络资源带来了休闲娱乐方式的变革。这些变革使得数字公民在数字社会中拥有更多的时间专注自身的发展，改变着自身的生活方式。

（3）教育方式的变化。丰富的网络资源使参与式、启发式、随机进入式教学成为可能，使终身学习成为必然趋势。教师将不再是单纯的知识传播者，而是更加注重培养学生掌握信息处理的方法和分析问题、解决问题的能力。家长可以借助网络实现家校间的紧密互动，密切配合学校对孩子做好监督、教育工作。

4. 数字化社会存在的问题

（1）多种因素限制形成越来越多的"数据孤岛"。在数字化社会，每个组织、公民都是参与者与建设者，对于数据拥有一定的"主权"和掌控权，不同平台企业形成相对封闭的生态圈，数据自发地形成了一个个"数据岛"，因而数据清洗、汇聚、流动和价值释放的难度呈几何倍数地加大。在技术方面，传统隐私安全保护技术以匿名化技术为主，但相关技术在大数据挖掘技术下可能失效，亟须引入新的技术方案保障数据生成、存储、交易和应用全流程的安全。在保证数据"主权"和安全的前提下实现数据的互联、互通、共享，发挥数据的"乘数效用"和"规模报酬递增"作用，是我们面临的新课题。

（2）数字社会深度发展带来新的监管难题。数字经济与公共行业深度融合，不断创新数字产品和服务，在生产生活领域产生了颠覆性变革和积极深刻的影响。但是，在数字化快速发展的背后，在监管体系、监管手段、监管理念方面面临着严峻挑战。新业态、新模式具有跨领域融合、跨区域经营、跨监管职能等新的特点，数字平台天然的垄断性，对原有的监管制度和体系提出了更高的要求。平台经济的行业垄断壁垒逐渐凸显，这要求完善相关法律法规。

（3）数字应用持续推广产生了新的数字鸿沟。伴随移动互联网、人工智能和云计算等数字技术的普及，智慧应用的持续深化，容易造成人们无法公平分享先进技术的成果，由数字鸿沟引发的价值鸿沟日渐突出。由于新一代信息技术和数据资源的应用门槛较高，往往集中在资金和技术基础充足的少数群体或机构，传统经济组织受技术、人才、资金等多种因素制约，难以拥有相应资源，从而形成了发展障碍。

拓展阅读 1.1：
数字经济

1.1.2 企业数字化转型的意义

对于传统产业而言，数字化转型是利用数字技术进行全方位、多角度、全链条改造的过程。通过深化数字技术在生产、运营、管理和营销诸多环节的应用，实现企业及产业层面的数字化、网络化、智能化发展，不断释放数字技术对经济发展的放大、叠加、倍增作用，是传统产业实现质量变革、效率变革、动力变革的重要途径。

在一个数字化企业里，几乎所有的商业关系，如客户、供应商、雇员之间及核心的业务流程都是通过数字化信息系统进行连接和沟通的。核心的企业资产，如智力成果、财务和人力资源等，也是以数字化信息系统的方式进行管理和运作的，也就是进行电子化管理。数字化企业对外部环境的反应速度比传统企业要快得多，这使之能够在竞争激烈、变化无常的市场环境中生存并保持持续的竞争力。在真正的数字化企业中，上至宏观战略决策、下到具体业务操作，都必须采用数字化管理的方法和手段。如果没有量化的数字，战略决策就没有依据，业务革新就没有方向。企业数字化转型的意义体现在以下几方面。

1. 提升劳动生产率

数字化转型可以有效地提升劳动生产率，降本增效。数字化转型，如业务流程的自动化、专业工作的智能化（如基于人工智能的创新式设计，基于区块链的智能合约），能够极大地减少不必要的低效率项目的管理和专业工作，优化产能，实现降本增效的目标。

2. 为企业创造新的价值

数字化转型通过人与机器的重新分工，产生新的价值创造点，能够为企业带来商业模式的创新和变革。通过建立集成设计、采购、施工的数字化项目平台，数据积累和互联，实现向客户交付智能项目（如工厂、设施），并帮助客户提升项目投产后的运营维护效率，延展企业的服务价值链，拓宽收入来源。

3. 作出最合理的商业决策

通过建立囊括企业内部数据（如商业开发、项目管理、专业工作、企业运营、工厂/设施等）和外部数据（如地缘政治、经济环境、供应商/分包商等）的大数据平台，从各个维度帮助企业提供商业决策前的数据分析，企业可以通过可量化的分析结果为其商业策略提供更为全面、客观的事实依据，从而作出适合企业发展方向的最佳决策。

4. 先发制人的优势

与竞争对手相比，率先实现数字化转型（包括创新技术、组织架构和企业文化）的企业将具备先发制人的竞争优势。通过设备和资源的优化配置，优化内部效率；通过创新技术提升客户服务的价值。例如，一家位于美国得克萨斯州的世界领先的页岩资源开发企业，借助集团层面的数字化转型，整合项目、资源、财务、钻探、运营的孤立业务系统，通过情景分析技术，极大地提升了钻井效率，帮助公司实现10年内页岩油产出增长4倍的战略需求，成功挤压了竞争对手的市场份额。

5. 与世界接轨，提高竞争力

实现数字化转型是中国企业与世界接轨的必要途径。数字化技术和文化能够提升中国企业在海外市场的可信度和专业水平。诸如"5G"（5th-generation，第5代移动通信技术）、物联网（internet of things，IoT）、区块链、人工智能等新兴技术在科技行业的崛起，将为遍布全球的业主和工程建设企业提供前瞻性的思考方式，进而通过新技术为企业管理模式、生产方式、发展战略带来颠覆性的发展动力，争夺国际市场的话语权。

数字化转型就是要充分发挥数字技术在传统产业发展中的赋能引领作用，通过推动产品的智能化、满足消费需求的个性化、实现企业服务的在线化等，有效提升企业产品或服务的质量和效率，充分激发传统产业的新活力。

1.2 企业数字化的关键技术与编码标准化

数字经济发展以数字化的信息和知识为核心生产要素。随着数据规模的不断扩大，加强数据资产管理是数字化转型中企业的共识，越来越多的企业将数据纳入企业的资产管理。一方面，数据资产的应用范围已经从传统的以企业内部应用为主，发展到支撑内部和服务外部并重；另一方面，企业也意识到并非所有数据都能成为资产，伴随着大量外部数据引入和内部数据的不断累积，数据规模扩大、数据质量不高、业务之间数据融合度低、数据应用不到位等都会产生大量的成本。因此，围绕数据的采集、筛选、加工、存储、应用等各环节进行规划，基于数据加工的全链条进行数据资产治理体系建设，提高数据资产价值，正成为企业发展的重要任务。

1.2.1 工业互联网

我们先来看一家位于宁波余姚的新能源汽车制造企业生产线上的"柔性生产线+全自动供料系统",它可以做到每 80 秒下线一台汽车!由于它采用的是个性化定制,生产线上的前后两台汽车可能是完全不同的配置,而要做到准确无误,就需要全自动供料系统能把所有零部件万无一失地配送到供料车中,装配工人只需根据供料车上的配件装配即可。要做到这样的"智慧制造",就需要工业互联网的加持。

美国工业互联网联盟(IIC)将"工业互联网"定义为:通过开放的、全球化的工业级网络平台把设备、生产线、工厂、供应商、产品和客户紧密地连接和融合起来,高效共享工业经济中的各种要素资源,从而通过自动化、智能化的生产方式降低成本、增加效率,帮助制造业延长产业链,推动制造业转型发展。工业互联网呈现出如下特征。

(1)**泛在互联**。网络是工业互联网的基础,通过有线、无线方式,连接工业互联网体系相关的人、机、物、料,以及企业上下游、智能产品、用户等全要素,支撑业务需要的数据传输,实现工业设计、研发、生产、管理、服务等产业全要素的泛在互联,促进各种工业数据的充分流动和无缝集成。

(2)**全面感知**。全面感知是指利用泛在感知技术对多源设备、异构系统、运营环境等要素信息进行精准、实时、高效采集,通过网络的泛在互联,实现人、机、物和知识的智能化连接,支撑工业数据的感知采集、动态传输、实时分析,从而形成科学决策、智能控制等关键能力,为工业智能化升级提供关键基础。

(3)**数据驱动**。在制造行业,数据是企业研发、生产和销售等几乎所有经营活动不可或缺的信息,是工业智能化的核心驱动。数据驱动表现为通过海量数据的采集与交换、异构数据的集成处理、机器数据的边缘计算、经验模型的固化迭代、基于行业的大数据计算分析,实现对生产现场状况的掌握,协助对企业信息、市场用户需求进行精确计算和复杂分析。数据体系可协助形成企业运营的管理决策及机器运转的控制指令,驱动机器设备、运营管理乃至商业活动的智能化和数字化。

(4)**平台支撑**。工业互联网平台是面向制造业数字化、网络化、智能化需求,构建基于海量数据采集、汇聚、存储、分析的服务体系,通过无处不在的连接、灵活的供给和有效的制造资源配置,支撑实现海量异构数据汇聚和建模分析、工业经验知识转化复用、工业智能应用开发运行。工业互联网平台作为工业互联网体系中的核心,支持在工业制造过程中全流程、全生命周期、全产业链的智能管理和控制,实现智能生产、网络协作、个性化定制和服务扩展的目标,并成为支持工业创新和发展的新型综合信息基础设施。

(5)**智能优化**。工业转型升级的最终目的是从数字化、网络化最终迈向智能化。工业互联网不仅可以满足多种不同场景的智能化分析需求,还可以面向企业智能化运营决策,以及企业间的制造资源与供应链的智能化协同,实现要素资源配置的优化。而且企业通过在产品上添加智能模块,实现产品联网与运行数据采集,并利用大数据分析提供多样化智能服务,实现由卖产品向卖服务拓展,有效延伸价值链条,扩展利润空间。

(6)**安全稳固**。工业互联网安全主要包括设备安全、控制安全、网络安全、应用安全、数据安全,以及监测感知与处置恢复安全等方面,通过针对不同的防护对象部署相应的安全防护措施，构建涵盖工业全系统的安全防护体系，打造满足工业需求的安全技术体系和相应管理机制，根据实时监测结果识别和抵御来自内外部的安全威胁，化解各种安全风险，从而保障工业互联网的安全。

1.2.2 物联网

物联网是指通过信息传感器、射频识别技术、全球定位系统、红外感应器、激光扫描器等各种装置与技术，实时采集任何需要监控、连接、互动的物体或过程，采集其声、光、热、电、力学、化学、生物、位置等各种需要的信息，通过各类可能的网络接入，实现物与物、物与人的泛在连接，实现对物品和过程的智能化感知、识别和管理。物联网是一个基于互联网、传统电信网等的信息承载体，它让所有能够被独立寻址的普通物理对象形成了互联互通的网络。物联网的应用已遍布各行各业，它将成为推动行业发展的一大因素。物联网中大量的数据、事物需要监控和监视，以确保每一次交互的安全与一致。物联网的内涵主要表现在以下几个方面。

（1）**物联网始于连接**。物联网旨在达成企业内、外物理资产间的相互连通，实现单机无法实现的功能，而连接就是能否顺利实现万物互联的基础。不同网络、不同领域中各种各样的物理资产相互连通、传递信息，并与人进行互动，会极大地推动业务的创新。目前，根据独特的行业应用场景和业务需求，以及终端产品的多样性，有多种有线或无线的设备连接方式。各种连通性标准和协议都有其特殊的价值与用途，只有将连通性添加到更多标准和不同的技术产品中，才能为万物互联打下坚实的基础。

（2）**物联网平台是承上启下的枢纽**。按照逻辑关系和功能，物联网平台从下到上提供终端管理、连接管理、应用使能、业务分析等主要功能，实现对终端设备和资产"管、控、营"的一体化。同时，随着物联网应用的深入，任何一家技术提供商都无法满足企业用户全部的应用需求，需要更多开发者的加入，才能针对未被满足的需求进行相应的应用开发。物联网平台可以通过开放式平台的方式为第三方物联网应用开发者提供物联网应用开发服务，同时对接第三方系统，有效聚合产业链各环节资源，打造应用生态。另外，平台不仅可实现各类设备的互联互通，还是数据的集散地，随着人工智能、机器学习技术的成熟，物联网平台将提供强大的商业分析功能。

（3）**物联网的价值提升来源于数据**。将越来越多的设备简单地连接到网络，只是使设备更智能化的一个手段，而非终极目的。在万物互联后，数据的产生、收集、处理、决策和应用才是物联网的核心价值点。随着各式各样的物联网设备的普及和传感器的大规模部署，其所采集的海量数据的潜在价值也将被逐渐挖掘。可以说，物联网是一个以"数据"驱动的产业。当物联网应用达到一定阶段，大数据分析和人工智能就是物联网顶层数据处理的中心。万物互联所产生的海量数据，经智能化地处理、分析，最终透过数据形成产品或服务，并由此诞生很多创新商业模式和应用，而这正是物联网最核心的商业价值所在。

（4）**云计算和边缘计算相互协同，支撑多样化应用场景**。云计算为各种联网设备产生的数据提供存储、管理、分析等所需的缩放性，是物联网产业发展的基石。边缘计算作为云计算的有益补充，能够满足分布式低时延的需求。通过在边缘设备上执行数据分析，可有效应对数据爆炸，减轻网络的流量压力，缩短设备的响应时间，减少从设备到云数据中心的数据流量。云计算与边缘计算相互配合，可使网络资源得到更有效地分配和利用。

（5）**安全性是物联网普及的关键**。系统的安全性是制约物联网被广泛采用的最大因素之一。随着越来越多的设备变得智能化，让物联网拥有无限可能的同时，也伴随着许多与生俱来的安全问题。随着物联网技术继续普及，在各行各业催生新的用途和业务案例，新的安全威胁也必然层出不穷。如果不对安全问题加以足够重视，安全就将成为物联网应用的薄弱环节。而物联网安全必须是从设备到云、再到应用的全方位保障。

利用物联网及其相关技术进行企业数字化转型，已经应用于仓库或配送中心的工厂中。供应链已经实现高度自动化，并且在不久的将来变得更先进。

智能工厂利用物联网、网络物理系统和云计算的融合，使制造商能够使用实时数据来提高效率，降低成本，并适应需求变化。例如，高级分析可以显示仓库是否在特定项目上过高或过低，以便能够更好地响应客户不断变化的需求。实现智能工厂的全部价值需要强大的边缘计算基础设施。交通运输可以与智能工厂紧密结合，除了跟踪卡车或车辆外，智能技术还允许跟踪运输车队。运营商可以确保车队在正确的时间将正确的产品运输到正确的地点。智能交通和物流领域的技术包括智能交通系统，车队管理和远程信息处理、导航和控制系统，智能车辆应用、收费和票务系统，安全和监控系统。连接到物联网中的每一个"物"都必须被赋予一个唯一的编码，才能被准确识别、采集、处理和共享。

1.2.3 数据模型化

我们先来看一个应用场景——家具板材的质量检验。在一家家具智慧工厂，板材被自动化系统从仓库输送到车间进行开料、封边，然后制作成家具成品。车间内，只见多台机器有条不紊地操作，每出一块材料，立即被打上条码，产品规格、订单来源等产品"身份信息"一目了然，如图1-2、图1-3所示。

图1-2　板式家具无人工厂　　　　　　　图1-3　板材的智能质检

通过智慧工厂的自动化系统，这家工厂将7天的订单数据通过软件算法，实现效益最大化。如果是单个订单开料，产品的原材料利用率在20%左右，而通过软件算法进行整合，原材料利用率可达90%以上，大大减少了物料的损耗。而通过积累的数据资料，建立检测大数据模型，可实现每一块板材的自动质量检验，保证了出厂产品的质量，大大提高了客户满意度。

智能分拣系统：给每块板件一个身份（编码、条码的作用），给生产线装上智慧大脑，用超级算法给检测系统装上高速运转的"火眼金睛"。在运动的情况下利用超级算法检测与品质相关的所有质量参数，使出错率从原来的 7% 降低到 0.1%。

数据分析、数据展示等数据处理功能，都需要通过计算机软件来实现。这里的"软件"是指运行在芯片中的数字化指令和数据的集合，它用类自然语言的形式，表达人类总结出的一系列逻辑规则和知识，再以"0/1"的机器代码格式驱动物理设备，实现各种功能。所有的数据都要靠无处不在的软件来进行分析和处理，才能判断是否具有使用价值，以及如何去使用它们，离开了软件，再多的数据也体现不出价值。未来，使用软件的能力将是人类基本的生存技能，不会使用软件可能就缺乏基本的岗位胜任能力和生活能力。

人的知识体系和演化路径可以描述为：数据→信息→知识→智慧。在这里，"知识"是模型化的信息，"智慧"则是人的洞察力在意识上的体现，能够推断出未发生的事物之间的内在联系，在既有知识的支持下产生新的知识。当人的"知识"以软件为载体进入机器并且可以在其中自动流动之后，"知识"不仅可以指导人正确做事，也可以指导机器设备正确做事，实现资源的优化配置。把人的智能以显性知识的形式提炼出来，进行模型化、算法化处理，再把各种模型化的知识嵌入软件中，将软件嵌入芯片，软件的运行过程就是运用知识解决问题的过程。

在这里，输入数据的准确性是重要的基础和前提，没有准确的数据，再好的算法也得不到正确的结果。

1.2.4 编码标准化

无论是工业互联网、物联网还是数据模型，其核心资源都是"数据"。数字经济发展给人类社会发展带来了新机遇，也为物品编码工作带来了新挑战。当前，物品编码创新应用正不断推动数字经济与实体经济深度融合，统一的物品编码应用可贯通物资全生命周期管理，提升管理效率。

国际物品编码组织（GS1）是一个中立的、非营利性国际组织，制定、管理和维护应用最为广泛的全球统一标识系统（简称 GS1 系统）。GS1 系统中的编码体系除了在商品零售、物流、电商等领域被广泛应用外，目前在政府采购、企业生活资料和工业设备采购管理、工业化建造等领域的应用也逐步完善。尤其是在工业化建造领域，我国正推动相关国际标准的制定，填补在该领域应用的空白。2021 年，由我国提出的《工业化建造 AIDC 技术应用标准》国际标准提案在国际自动识别与数据采集技术分技术委员会正式获批立项。该标准是全球在工业化建造与自动识别技术应用结合设立的首个国际标准。

尽管物品编码正被广泛使用，但国内某些领域并未形成统一的应用体系，生产、流通环节不同标准的条码应用正制约着行业的发展。深入推广全球通用的编码标准，规范产品数字化标识，能够保障商品数据应用的准确性、时效性和一致性，对建设高效顺畅的流通体系、降低物流成本，以及推动国内数字经济发展都将起到重要作用。

1.3 数据资产与数据标准化

1.3.1 数据资产的定义

数据资产（data asset）是指由组织（政府机构、企事业单位等）合法拥有或控制的数据，以电子或其他方式记录，如文本、图像、语音、视频、网页、数据库、传感信号等结构化或非结构化数据，可进行计量或交易，能直接或间接带来经济效益和社会效益。

在组织中，并非所有的数据都构成数据资产，数据资产是能够为组织产生价值的数据。从数据价值性视角出发定义数据资产，涉及的主体包括政府机构与企业事业单位，并不严格区分数据资产的经济效益和社会效益。

数据是资产已成为共识，越来越多的企业将数据管理演变为对数据资产的管理，以提升数据质量和保障数据安全为基础要求，围绕数据全生命周期，统筹开展数据管理，以释放数据资产价值为核心目标，制定数据赋能业务发展战略，持续运营数据资产，推动企业数字化转型。

1.3.2 数据资产的特征

数据资产的特点主要包括以下方面。

（1）虚拟性：数据资产以数字形式存在，可以在电子设备上存储和传输，不依赖于物理形态。

（2）共享性：数据资产可以由多个用户同时使用，每次使用不会消耗其价值，类似于其他无形资产。

（3）时效性：数据资产的价值会随着时间的变化而变化，如过时的信息可能不再具有价值。

（4）安全性：数据资产的安全性较差，容易受到复制成本低的影响，需要采取措施保护数据资产。

（5）交换性：数据资产可以通过交换、转让等方式进行价值转移。

（6）规模性：数据资产的价值与其规模和维度有关，随着数据量的增加，其价值可能会提升。因此，其具有"规模报酬递增"的特性。

（7）依附性：数据资产不能独立发挥作用，通常需要依附于相应的软件、硬件或其他数据资产。

（8）增值性：企业通过稳定发展，可以促使数据资产在原有的基础上，实现数据规模和数据维度的不断积累，以及整体价值的进一步提升。这充分体现了"乘数效应"。

（9）战略性：数据资产在企业战略中扮演重要角色，有助于企业优化决策和提高竞争力。

需要注意的是，数据资产在会计领域可能被视为一种新的资产类别，需要单独列账和评估。

1.3.3 数据资产应用中存在的问题

数据资产的上述特征，决定了国家、企业在数据资产的收集、使用、管理过程存在一些问题，重点表现在以下方面。

1. 数据质量难以及时满足业务预期

目前，多数企业面临数据质量不达预期、质量提升缓慢的问题。究其原因，主要包括以下三个方面：一是未进行源头数据质量治理，"垃圾"数据流入大数据平台；二是数据资产管理人员未与数据使用者之间形成协同，数据质量规则并未得到数据生产者或数据使用者的确认；三是数据质量管理的技术支持不足，手工操作在数据质量管理中占比较高，导致数据质量问题发现与整改不及时。

2. 数据资产无法持续运营

由于多数组织仍处于数据资产管理的初级阶段，尚未形成数据资产运营的理念，难以充分调动数据使用方参与数据资产管理的积极性，数据资产管理方与使用方之间缺少良性沟通和反馈机制，降低了数据产品的应用效果。

数据资产运营是指通过对数据服务、数据流通情况进行持续跟踪和分析，以数据价值管理为参考，从数据使用者的视角出发，全面评价数据应用效果，建立科学的正向反馈和闭环管理机制，促进数据资产的迭代和完善，不断适应和满足数据资产的应用和创新需求。建立可共享可复用的数据资产体系，构建多层级数据资产目录，是开展数据资产运营的基础和前提。

3. 对数据资产的创新应用缺少协同治理

数据治理是一个涵盖多个方面的综合性管理活动，它的目标是确保数据的质量、一致性、安全性、可靠性和合规性。一个完整的数据治理方案需要从多个方面综合考虑，确保数据的质量、一致性、安全性、可靠性和合规性，帮助企业更好地管理和利用数据资产，在实施数据治理方案时，需要注意以下几个方面。

（1）建立合适的数据治理组织架构，明确各个团队的职责和责任。

（2）制定和实施全面的数据治理政策和规范，确保数据的一致性和可靠性。

（3）建立完整的数据资产清单和元数据管理体系，确保数据资产的完整性和可追溯性。

（4）实施定期的数据质量检查和维护工作，确保数据的准确性、完整性、一致性和可靠性。

（5）建立全面的数据安全管理体系，确保数据的安全性和合规性。

（6）通过培训和教育，提高员工的数据治理意识和能力。

（7）选择和采用适合企业的数据治理工具和技术，提高数据治理效率和水平。

4. 缺少数据资产创新应用的人才支撑

数据资产作为一种新型的资产，跟现有的实物资产相比有其独特的特点，其管理没有经验可以借鉴，也没有现成的专业人才可以利用。

1.3.4 数据治理与数据通用语言

我们重点分析与本书关系最密切的两个内容。

1. 数据治理政策和规范

数据治理政策和规范的设计需要考虑到公司整体战略、行业标准和法规要求、数据访问和控制、数据质量管理、数据生命周期管理、数据治理组织和流程等多个方面,以确保数据的正确性、完整性、保密性和可用性。制定和实施数据治理政策和规范,包括数据分类和命名规范、数据标准和元数据管理规范、数据访问和使用规范、数据质量和数据安全规范等。这些规范应该被广泛传播和理解,以确保数据的一致性和可靠性。

数据治理政策和规范需要考虑以下几个方面。

(1) 目标和原则。明确数据治理的目标和原则,以确保数据的正确性、完整性、保密性和可用性。这些目标和原则应该是公司或组织整体战略的一部分。

(2) 规范和标准。设计符合行业标准和法规的数据规范和标准,包括数据的格式、定义、分类、标签、清洗等。这些规范和标准应该是可执行的、实用的和易于理解的。

(3) 数据访问和控制。定义数据的访问和控制策略,包括访问控制、数据安全和隐私保护等方面。这些策略应该为公司的各个业务部门提供足够的灵活性,同时也能够保证数据的安全性和隐私性。

(4) 数据质量管理。设计数据质量管理的政策和规范,包括数据的收集、清洗、存储、处理、分析和报告。这些政策和规范应该确保数据的准确性、一致性和可靠性。

(5) 数据生命周期管理。定义数据的生命周期管理政策和规范,包括数据的创建、存储、使用和销毁。这些政策和规范应该在数据被创建时就开始实施,并且要考虑到数据保留期限和法规要求。

(6) 数据治理组织和流程。设计数据治理的组织结构和流程,包括数据所有者、数据管理员、数据治理委员会等角色的定义,以及数据治理流程的设计和实施。这些组织和流程应该在公司内部得到充分的推广和应用。

2. 数据资产清单和元数据管理

数据资产清单和元数据管理是数据管理领域的两个重要概念。数据资产清单是数据治理的基础,而元数据管理则是数据资产清单的补充,可通过管理元数据来提高数据治理的效率和质量。同时,元数据管理还可以支持数据集成、数据分析和数据应用的开发和维护,提高数据利用价值和效率。

数据资产清单是一个组织内所有数据资产的列表,包括数据集、数据库、文档、报告等。而元数据管理则是对这些数据资产的描述信息进行管理,以便更好地理解、使用和维护这些数据。

元数据是描述数据的数据,可以包括数据的结构、格式、来源、质量、安全性、访问权限等信息。元数据管理的目的是使数据的元数据可发现、可理解、可用于分析和管理数据资产。通过元数据管理,组织可以更好地管理其数据资产,了解数据的质量和价值,并在必要时进行数据清理和维护。

综上所述,在数据资产管理中,由于数据资产特有的共享性、规模性、价值性等特征,需要企业在跨部门、跨企业甚至跨供应链共享数据资产,这就需要数据资产遵守统一的标准,用数据领域中的"通用"语言来表达数据。其中,GS1系统就是世界通用的数据语言。

本章小结

本章从国家数字化战略和企业数字化转型的现实需求出发，系统介绍了企业数字化转型中涉及的信息技术（工业互联网、物联网、数据模型、编码标准等），重点分析了数据标准化在数据资产管理中的地位和作用。可以说，没有数据的标准化，就没有数据的资产化和数据的共享。本章的重点是介绍数字化转型中面临的主要问题和对策；难点是标准化在数据资产管理中的地位和作用。通过本章的学习，读者可充分认识到标准化在数字资产采集、存储、传输、分析、共享中的作用，明确推广和应用本书中 GS1 系统的重要性。

本章习题

1. 什么是数字化社会？数字化社会的特征有哪些？
2. 企业在数字化转型中面临的主要问题有哪些？标准化在其中能解决哪些问题？
3. 上网搜集"顶固"智能化改造的相关信息，找出智能化改造中采用的编码标准。
4. 简述数据作为资产的重要性。
5. 以你接触到的行业为例，说明数字化给我们的生活、工作带来的变化及面临的挑战。

【在线测试题】

扫描二维码，在线答题。

第 2 章　GS1 标准体系

导入案例

GS1 编码系统为"丽水山耕"配上"升级码"

"丽水山耕"（见图 2-1）是丽水市生态农业协会于 2014 年 9 月创立的品牌，已吸引数百家农业主体加入"母子品牌"运作。经"丽水山耕"背书的农产品远销北京、上海、深圳等 20 多个省、市，平均溢价 33%。"丽水山耕"通过产前、产中、产后一体化经营，三生共赢、三产融合，将现代农业技术与传统农耕文化融合，发展现代农业生产经营主体，打造面向城乡居民品质消费需求的生态精品现代农业。

图 2-1　丽水山耕

"丽水山耕"通过引入全球统一标识系统（GS1 系统），助推丽水生态精品农业智慧化、精益化发展，打造"丽水山耕"全程追溯升级版，探索标准化具有推广性的农业供给侧结构性改革道路。"丽水山耕"产品主要分为预包装产品和生鲜产品两大类。其追溯流程和 GS1 应用方案有所区别。

1. 在预包装产品的应用

目前"丽水山耕"大部分产品为预包装产品，其具有以下特点：定量成型包装，产品规格标准化，便于进行统一编码，也易于进行条码标识；生产过程和环节相对规范，企业信息化程度相对较高，易于开展规范化管理，生产流通环节信息相对便于采集；商品条码（GS1 系统中全球贸易项目代码 GTIN 的表现形式）覆盖率较高，便于在统一体系下深入开展应用；存储运输要求不是很高，全过程跟踪追溯应用实施难度较小。

在预包装产品的种植到销售过程中对各环节的对象进行统一编码和标识，既可满足各环节自动识读要求，又满足了全程跟踪追溯要求，在区域农产品公共平台（以下简称平台）应用实施的简要流程如图 2-2 所示。平台目前所使用的编码主要通过批次码关联种植和生产信息，各环节采用 GS1 统一编码的对应内容如图 2-3 所示。

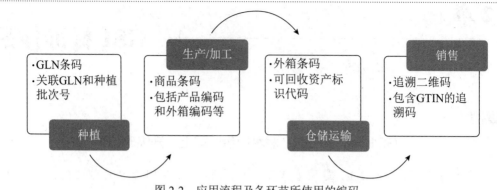

图 2-2 应用流程及各环节所使用的编码

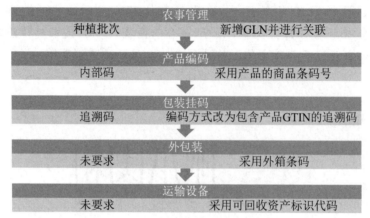

图 2-3 平台流程中应用的编码内容

平台应用 GS1 系统的各类编码的关系参照图 2-4。生产企业和平台可进行扫码管理，用信息化打通种植、生产、运输、销售等流通环节，提升平台企业的信息化管理水平，为深入供应链优化打下基础，同时提升平台追溯管理的效率和准确率。

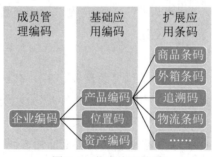

图 2-4 各类编码关系

2. 在生鲜类产品的应用

生鲜类产品具有以下特点：一般不具有定量包装，不进行深加工，在运输、销售等环节不利于固定信息的标识；由于没有包装，因此不易于进行加贴标识；生产地点、人员相对分散，并且信息化程度较低，现场信息采集记录手段比较薄弱。其中，平台应用实施的简要流程见图 2-5。平台目前所使用的编码主要通过全球位置码（Global Location Number，GLN）和全球可回收资产代码（Global Returnable Asset Identifier，

GRAI）关联种植和物流信息，流程中应用的编码内容见图2-6。

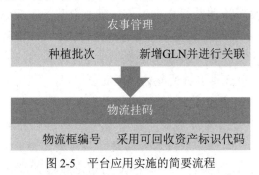

图2-5　平台应用实施的简要流程

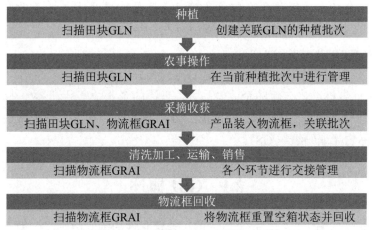

图2-6　平台流程中应用的编码内容

目前生鲜类在采摘到销售整个过程中，"丽水山耕"已有物流箱作为标准化容器进行管理。具体操作如下。

（1）位置编码环节。通过供销社、生产企业等组织为所属的农户或田块用全球位置码（GLN）进行标识，并在田头用条码标识。通过移动终端（手机客户端等）进行扫码操作，便于进行信息录入和管理。

（2）物流筐编码管理环节。平台可将物流筐采用GS1编码体系的全球可回收资产代码（GRAI）进行标识和管理，在物流筐上采用条码或射频标签进行标识。

在收获时将生鲜产品按标准放入物流筐，同时可通过手机客户端进行扫物流筐条码进行关联产品批次等。在收获之后的加工、运输、销售等流通环节，均以物流筐为单元进行操作管理，在整个链条中各个环节可通过扫描物流筐进行信息传递与交接。

通过采用GS1编码体系进行农产品的全程数据采集和管理，"丽水山耕"达到了如下效果。

①提升"丽水山耕"全程追溯智慧管理能力。基于GS1全球统一标识创建农产品标识编码管理体系，以条码、射频等自动识别技术为数据采集手段建立农产品质量安全溯源信息管理体系，将条码技术、网络技术、通信技术、数据库技术等多种技术融

合在一起，建设智慧生态精品农业。

②提升"丽水山耕"追溯数据应用能力。目前亚马逊、天猫等电子商务平台均因产品管理等需求将 GS1 系统纳入其产品管理系统中。"丽水山耕"平台在统一的标准编码体系下，可以与这些平台开展信息交换与共享，同时与生产企业、零售企业、流通企业一起参与管理，提升供应链的整体效率和准确率。

③提升"丽水山耕"整体物流管理能力。溯源体系的建立不仅有利于企业对产品流动、仓储管理及对不合格原料和生产过程的控制，而且有利于加强企业与消费者、政府的沟通，增强产品的透明度和可信度，从而提高企业的经济效益。今后，在统一编码 GS1 的基础上，可实现上下游企业间信息传递的"无缝"对接，以及数据的自动采集与分析，从而优化仓储物流管理，降低物流成本，提升供应链效率与透明度。

资料来源：http://www.ancc.org.cn/。

"一流的企业做标准，二流的企业做品牌，三流的企业做产品。"数据标准化给"丽水山耕"插上了一双在全国范围内腾飞的翅膀。那么谁来制定标准，谁来维护标准呢？本章我们将介绍国际物品编码组织 GS1。

2.1 GS1 概述

GS1 为国际物品编码组织，是全球性的、非营利性的国际组织，致力于以国际通用的标准为基础，建立"全球统一标识系统和通用商务标准——GS1 系统"，通过向供应链参与方及相关用户提供增值服务，提高整个供应链的效率。从全球来看，商品条码是一个全球统一的体系，国际上由 GS1 负责。截至 2024 年 12 月，GS1 拥有 118 个成员组织，超过 250 万家企业用户，服务于 150 多个国家和地区，以及 25 个应用领域。全球商超每天扫码的次数达 100 亿次，手机扫码达百亿次。

2.1.1 GS1 简介

GS1 系统起源于美国，由美国统一代码委员会（UCC，于 2005 年更名为 GS1 US）于 1973 年创建。UCC 创造性地采用 12 位数字标识代码（UPC）。1974 年，标识代码和条码首次在开放的贸易中得以应用。继 UPC 系统成功之后，欧洲物品编码协会，即早期的国际物品编码协会（EAN International，2005 年更名为 GS1），于 1977 年成立并开发了与之兼容的系统并在北美以外的地区使用。EAN 系统设计意在兼容 UCC 系统，主要用 13 位数字编码。随着条码与数据结构的确定，GS1 系统得以快速发展。

2005 年 2 月，EAN 和 UCC 正式合并更名为 GS1。GS1 中的"1"，同时包含了 4 个含义：

（1）一个全球统一的系统。

（2）一个全球统一的标准。

(3)一个全球统一的解决方案。

(4)一种全球统一的服务。

GS1 系统为在全球范围内标识货物、服务、资产和位置提供了准确的编码。这些编码能够以条码符号来表示,以便进行商务流程所需的电子识读。该系统克服了厂商、组织使用自身的编码系统或部分特殊编码系统的局限性,提高了贸易的效率和对客户的响应能力。

这套标识代码也用于电子数据交换(EDI)、XML 电子报文、全球数据同步(GDSN)、产品电子代码信息服务(EPCIS)和 GS1 网络系统。GS1 系统的编码、标识和共享如图 2-7 所示。

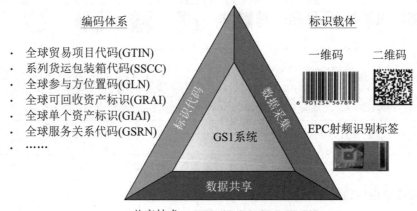

图 2-7 GS1 系统的编码、标识与共享

在提供唯一的标识代码的同时,GS1 系统也提供附加信息,如保质期、系列号和批号等,这些都可以用条码、射频标签的形式来表示。

按照 GS1 系统的设计原则,使用者可以设计应用程序来自动处理 GS1 系统数据。系统的逻辑保证从 GS1 认可的条码采集的数据能生成准确的电子信息,以及对它们的处理过程可完全进行预编程。GS1 系统适用于任何行业和贸易部门。对于系统的任何变动都会予以及时通告,从而不会对当前的用户有负面的影响。

2.1.2 GS1 技术体系总体框架

"GS1 全球统一编码标识技术体系"简称"GS1 技术体系",是以对贸易项目、物流单元、位置、资产、服务关系等进行编码为核心的集条码、射频等自动数据采集、电子数据交换、全球产品分类、全球数据同步、产品电子代码(EPC)等系统于一体的、服务于全球物流供应链的开放的标准体系,也被称为商品条码技术体系。GS1 系统由三部分组成(见图 2-8)。

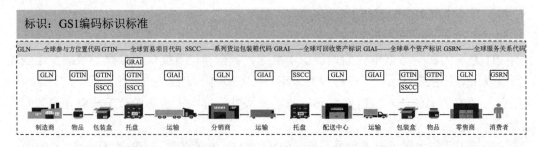

图 2-8 GS1 技术体系总体框架

（1）覆盖全供应链的编码标识标准主要包括：

①全球贸易项目代码（Global Trade Item Number，GTIN）；

②全球参与方位置代码（Global Location Number，GLN）；

③系列货运包装箱代码（Serial Shipping Container Code Barcode，SSCC）；

④全球可回收资产代码（GRN/GIAI）；

⑤全球文档标识代码（Global Document Type Idenrtifier，GDTI）；

⑥全球服务关系代码（Global Service Relationship Number，GSRN）。

（2）各种形式的载体技术标准包括条码（一维条码和二维条码）、RFID：

① GS1-128；

② ITF-14；

③ GS1 Databar；

④ GS1 Datamatrix；

⑤ GS1 QR Code；

⑥ EPC/RFID。

（3）全流程的数据共享标准包括：

①全球数据同步网络 GDSN；

② GS1 XML；

③ EPC 信息服务（EPCIS）。

2.1.3 GS1 系统的特点

作为一个全球性的标准体系，GS1 系统具有下列特点。

（1）全球统一性。编码结构和分配方式保证全球唯一性，广泛应用于全球商贸流通领域，被多个国际组织引用，已成为事实上的国际标准。

（2）系统性。GS1 系统拥有一套完整的编码体系（见表 2-1）。采用该系统对供应链各参与方、贸易项目、物流单元、资产、服务关系等不同类型的实体进行编码，解决了供应链上信息编码不唯一的难题。这些标识代码是计算机系统信息查询的关键字，也是信息共享的重要手段，同时，还为采用高效、可靠、低成本的自动识别和数据采集技术奠定了基础。

表 2-1　GS1 编码体系

实体	实体类型	简单 GS1 标识代码	应用标示符 AI
贸易项目类别	抽象	GTIN	AI（01）
贸易项目组件	抽象	ITIP	AI（8006）
物流单元	物理	SSCC	AI（00）
法律实体/物理位置/数字位置/功能实体	抽象/物理/数字	GLN	AI（417）/（414）/（415）等
可回收资产	抽象	GRAI	AI（8003）
单个资产	物理/抽象	GIAI	AI（8004）
文件类型	抽象	GDTI	AI（253）
服务关系提供者	物理/抽象	GSRN	AI（8017）
服务关系接受者	物理/抽象	GSRN	AI（8018）
托运	抽象	GINC	AI（401）
装运	抽象	GSIN	AI（402）
优惠券	物理/数字	GCN	AI（255）
组件/部件类型	抽象	CPID	AI（8010）
产品型号	抽象	GMN	AI（8013）

GS1 编码体系可标识 9 种不同类型的实体：贸易项目、物流单元、参与方、资产、文件、服务关系、运输组合、优惠券、组件/部件。

（3）科学性。GS1 系统对不同的编码对象采用不同的编码结构，各编码结构具有衔接配套关系，比如 GTIN-13 与 GTIN-12 的兼容；应用标识符将各编码链接在同一个条码符号里等。

（4）可维护性。全球标准化管理流程（Global Standards Management Proces，GSMP）于 2002 年 1 月起实施，参与者有商贸流通企业、自动识别设备制造企业、软件服务商、标准化行业协会等，采用动态可维护机制对 GS1 系统标准技术方案的开发、管理和应用推广等进行不断创新和完善。

（5）可扩展性。GS1 系统是可持续发展的。随着信息技术的发展和应用，该系统也在不断发展和完善。GS1 系统通过向供应链参与方及相关用户提供增值服务（见图 2-9），来优化整个供应链的管理效率。GS1 系统已经广泛应用于全球供应链中的物流业和零售业，避免了众多互不兼容的系统所带来的时间和资源的浪费，降低系统的运行成本。采用全球统一的标识系统，能保证全球企业采用一个共同的数据语言实现信息流和物流快速、准确的无缝链接。

GS1系统——相互关联的标准、指南、服务和解决方案的集合	1.GS1标准——GSMP	a.技术标准	标识标准：标识代码、AIDC数据标识、标识语法等
			采集标准：条码、EPC/RFID标签等
			共享标准：数据标准、通信标准、解析器标准等
		b.应用标准	针对特定业务需求的技术标准选择，如GTS
	2.GS1指南——GSMP	辅助实施GS1标准的指导性技术文件，如物流标签指南	
	3.GS1数据服务	基于标准，满足特定业务需求而开发的应用，可能是静态的（如GPC浏览器），或动态的（VbG）等	
	4.GS1解决方案	满足特定业务需求的方案，集合了标准、指南、数据服务、培训等，如GS1追溯	

图 2-9　GS1 系统

2.1.4　GS1 系统应用

GS1 系统致力于全球交易数据的可追溯性（TRACEABILITY），它的应用可以概括如下：

①跟踪（track）；②溯源（trace）；③防伪（authentication）；④可信（trust）；⑤谱系（PEDIgree）；⑥退货（returns）；⑦下架（withdraw）；⑧召回（recall）。

其具体应用我们将在后续章节中介绍。

2.2　GS1 编码体系

GS1 编码体系由编码标识、标识载体、数据共享三部分组成，它们共同组成了完整的数据编码、数据采集、数据共享的技术标准。

编码体系是整个 GS1 系统的核心，是对流通领域中所有产品与服务（包括贸易项目、物流单元、资产、位置和服务关系等）的标识代码及附加属性代码，如图 2-10 所示。附加属性代码不能脱离标识代码独立存在。

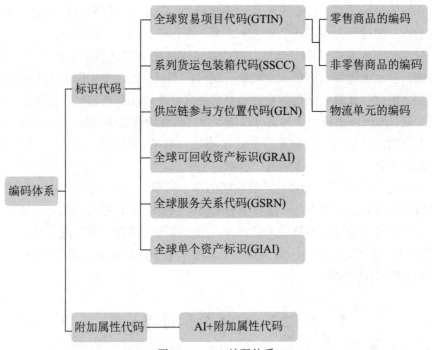

图 2-10　GS1 编码体系

EPC 编码体系是新一代的与 GTIN 兼容的编码标准，它是全球统一标识系统的延伸和拓展，也是全球统一标识系统的重要组成部分，还是 EPC 系统的核心与关键。EPC 代码是由标头、厂商识别代码、对象分类代码、序列号等数据字段组成的一组数字，具体结构如表 2-2 所示。

表 2-2　EPC 编码结构

标头	厂商识别代码	对象分类代码	序列号
8	28	24	36

EPC 编码具有以下特性。

（1）科学性。结构明确，易于使用、维护。

（2）兼容性。EPC 编码标准与目前广泛应用的 EAN.UCC 编码标准是兼容的，GTIN 是 EPC 编码结构中的重要组成部分，目前广泛使用的 GTIN、SSCC、GLN 等都可以顺利转换到 EPC 中去。

（3）全面性。可在生产、流通、存储、结算、跟踪、召回等供应链的各环节全面应用。

（4）合理性。由 EPC global、各国 EPC 管理机构（中国的管理机构称为 EPC global China）、被标识物品的管理者分段管理、共同维护、统一应用，具有合理性。

（5）国际性。不以具体国家、企业为核心，编码标准全球协商一致，具有国际性。

（6）无歧视性。编码采用全数字形式，不受地方色彩、语言、经济水平、政治观点的限制，是无歧视性的编码。

除此之外，EPC 系统还有下列特点。

（1）开放的结构体系。EPC 系统采用全球最大的公用的互联网网络系统。这就避免了系统的复杂性，同时也大大降低了系统的成本，并且还有利于系统的增值。

（2）独立的平台与高度的互动性。EPC 系统识别的对象是一个十分广泛的实体对象，不可能有哪一种技术适用所有的识别对象。同时，不同地区、不同国家的射频识别技术标准也不相同。因此，开放的结构体系必须具有独立的平台和高度的交互操作性。EPC 系统网络建立在互联网网络系统上，并且可以与互联网网络所有可能的组成部分协同工作。

（3）灵活的可持续发展的体系。EPC 系统是一个灵活的、开放的可持续发展的体系，可在不替换原有体系的情况下实现系统升级。

EPC 系统是一个全球的大系统，供应链的各个环节、各个节点、各个方面都可受益，但对低价值的识别对象，如食品、消费品等来说，它们对 EPC 系统引起的附加价格十分敏感。EPC 系统正在考虑通过本身技术的进步，进一步降低成本，同时通过系统的整体改进使供应链管理得到更好的应用，提高效益，以便抵销和降低附加价格。我们将在第 11 章中详细介绍 EPC 编码标准。

2.3　GS1 标识体系

GS1 标识体系包括条码（一维条码和二维条码）、RFID 等，用于实现数据的自动采集。

2.3.1　条码

条码技术是 20 世纪中叶发展并广泛应用的集光、机、电和计算机技术为一体的高新技术。它解决了计算机应用中数据采集的"瓶颈"，实现了信息的快速、准确获取与传输，是信息管理系统和管理自动化的基础。条码符号具有操作简单、信息采集速度快、信息采集量大、可靠性高、成本低廉等特点。以商品条码为核心的 GS1 系统已经成为事实上服务于全球供应链管理的国际标准。

目前，主流的条码主要分为一维条码和二维条码两大类（见图 2-11）。

一维条码是在一个方向（一般是水平方向）由一组按照一定编码规则排列，宽度不等的条（bar）和空（space）及其对应的字符组成的标识，用以表示一定信息。GS1 系统中的一维条码编码规则有 EAN/UPC 码、GS1-128 码、ITF-14 等。一维条码简单直观，管理方案成熟，运用广泛。但是一维条码所携带的信息量有限，如商品条码（EAN-13 码）仅能容纳 13 位阿拉伯数字，更多的信息只能依赖商品数据库的支持，所以在一定程度上也限制了一维条码的应用范围。

二维条码是在一维条码的基础上发展而来的，可在水平和垂直方向的平面二维空间存储信息。相比一维条码，二维条码信息容量大，在一个二维条码中可以存储 1 000 个字节以上的数据；信息密度高，同样面积大小的二维条码可以是一维码信息密度的 100 倍以上；识别率极高，由于二维条码有极强的数据纠错技术，即便存在部分破损、污损的面积也能被正确读出全部信息；编码范围广，凡是可以数字化的信息均可编码。常见的二维条码编码规则有 PDF417、QR Code、Data Matrix 等。

一维条码　　　　　　　二维条码

图 2-11　一维条码和二维条码

有关内容我们会在第 9 章、第 10 章详细介绍。

2.3.2　无线射频识别技术（RFID）

无线射频识别技术（Radio Frequency Identification，RFID）是 20 世纪中叶进入实用阶段的一种非接触式自动识别技术。射频识别系统包括射频标签和读写器两部分。射频标签是承载识别信息的载体，读写器是获取信息的装置。射频识别的标签与读写器之间利用感应、无线电波或微波进行双向通信，实现标签存储信息的识别和数据交换。

射频识别技术的特点如下：

（1）可非接触识读（识读距离可以从十厘米至几十米）。

（2）可识别快速运动物体。

（3）抗恶劣环境，防水、防磁、耐高温，使用寿命长。

（4）保密性强。

（5）可同时识别多个识别对象等。

射频识别技术应用领域广阔。多用于移动车辆的自动收费、资产跟踪、物流、动物跟踪、生产过程控制等。由于射频标签较条码标签成本偏高，目前很少像条码那样用于消费品标识，多用于人员、车辆、物流等管理，如证件、停车场、可回收托盘、包装箱的标识。

EPC（electronic product code）标签是射频识别技术中应用于 GS1 系统 EPC 编码的电子标签，是按照 GS1 系统的 EPC 规则进行编码，并遵循 EPC global 制定的 EPC 标签与读写器的无接触空中通信规则设计的标签。EPC 标签是产品电子代码的载体，当 EPC 标签贴在物品上或内嵌在物品中时，该物品与 EPC 标签中的编号则是一一对应的。

1999 年，美国麻省理工学院的一位天才教授提出了 EPC 开放网络（物联网）构想，在国际条码组织（EAN.UCC）、宝洁公司（P&G）、吉列公司（Gillette Company）、可口可乐、沃尔玛、联邦快递、雀巢、英国电信、SAP、SUN、PHILIPS、IBM 全球 83 个跨国公司的支持下，开始了这个发展计划。该计划于 2003 年完成了技术体系的规模场地使用测试，于 2003 年 10 月成立了 EPC global 全球组织推广 EPC 和物联网的应用。欧、美、日等发达国家在全力推动符合 EPC 技术电子标签应用，全球最大的零售商美国沃尔玛宣布：从 2005 年 1 月份开始，前 100 名供应商必须在托盘中使用 EPC 电子标签，2006 年必须在产品包装中使用 EPC 电子标签。今天，RFID 技术已广泛应用于我们的日常生活中，如高速路不停车收费、物流港的不停车进港/出港、无人超市、无人停车场等。我们将在第 11 章详细介绍 GS1 技术标准中的 RFID 技术。

2.4 GS1 信息共享

信息共享是实现供应链管理的基础。供应链的协调运行建立在各个节点企业高质量的信息传递与共享的基础之上。因此，信息共享作为维持合作伙伴间合作关系的重要途径，受到了供应链上企业的广泛关注。信息在共享时需要满足一定的特征：

（1）信息必须准确。首先，信息本身是对客观现实的反映，信息系统遵循"垃圾进去——垃圾出来"的规则，要从源头保证信息的准确。其次，还要确保共享信息在传递过程中的准确性，即保持共享信息的一致性，对于同一信息共用一个数据源，避免信息在不同节点之间传递造成的错误。

（2）信息必须及时获取。信息具有时间价值。准确的信息常常存在，但随时间的推移，这些信息要么已经过时，要么其形式可能不适用，此时信息的价值将大大降低，因此要作出科学的决策，需要的是及时且可利用的信息。信息共享的时间价值取决于信息提供方处理信息的能力与信息提供方共享信息的意愿。

（3）信息必须是有效的。信息的有效性主要是指共享信息的可替代性与冗杂。共享信息的可替代性程度越低，冗杂度越低，节点处理共享信息的效率会更高，所需提取为自用信息的时间也相应越少。因此，企业必须考虑哪些信息应该保留，并且辨别重要的信息。

GS1 系统中，保证供应链伙伴之间正确、及时、有效的信息共享的数据交换系统有 EDI、GS1 XML、GDSN 和 EPCIS 等。

2.4.1 电子数据交换技术（EDI）

电子数据交换技术（EDI）是由国际标准化组织（ISO）推出使用的国际标准，具体指商业贸易伙伴之间，将按标准、协议规范化和格式化的信息通过电子方式，在计算机系统之间进行自动交换和处理。一般来讲，EDI 具有以下特点：使用对象是不同的计算机系统；传送的资料是业务资料；采用共同的标准化结构数据格式；尽量避免介入人工操作；可以与用户计算机系统的数据库进行平滑连接，直接访问数据库或从数据库生成 EDI 报文等。

EDI 的基础是信息，这些信息可以由人工输入计算机，但更好的方法是通过采用条码和射频标签快速准确地获得数据信息。EDI 的特点如下：

（1）EDI 使用电子方法传递信息和处理数据。一方面，EDI 用电子传输的方式取代了以往纸单证的邮寄和递送，从而提高了传输效率；另一方面，它通过计算机处理数据取代人工处理数据，从而减少了差错和延误。

（2）EDI 采用统一标准编制数据信息。这是 EDI 与电传、传真等其他传递方式的重要区别，电传、传真等并没有统一格式标准，而 EDI 必须有统一的标准方能运作。

（3）EDI 是计算机应用程序之间的连接。一般的电子通信手段是人与人之间的信息传递，传输的内容即使不完整、格式即使不规范，也能被人所理解。这些通信手段仅仅是人与人之间的信息传递工具，不能处理和返回信息。EDI 实现的是计算机应用程序与计算机应用程序之间的信息传递与交换。由于计算机只能按照给定的程序识别和接收信息，所以电子单证必须符合标准格式并且内容完整准确。在电子单证符合标准且内容完整的情况下，EDI系统不仅能识别、接收、存储信息，还能对单证数据信息进行处理，自动制作新的电子单据并传输到有关部门。当有关部门就自己发出的电子单证进行查询时，计算机还可以反馈有关信息的处理结果和进展状况。当收到一些重要电子邮件时，计算机还可以按程序自动产生电子收据并传回对方。

（4）EDI系统采用加密防伪手段。EDI系统有相应的保密措施，EDI传输信息的保密通常是采用密码系统，各用户掌握自己的密码，可打开自己的"邮箱"取出信息，外人却不能打开这个"邮箱"，有关部门和企业发给自己的电子信息均自动进入自己的"邮箱"。一些重要信息在传递时还要加密，即把信息转换成他人无法识别的代码，接收方计算机按特定程序译码后还原成可识别信息。为防止有些信息在传递过程中被篡改，或防止有人传递假信息，还可以使用证实手段，即将普通信息与转变成代码的信息同时传递给接收方，接收方把代码翻译成普通信息进行比较，如二者完全一致，可知信息未被篡改，也不是伪造的信息。

2.4.2　XML 技术

在电子商务的发展过程中，传统的EDI作为主要的数据交换方式，对数据的标准化起到了重要的作用。但是传统的EDI有着相当大的局限性，比如EDI需要专用网络和专用程序，EDI的数据人工难于识读等。为此人们开始使用基于互联网的电子数据交换技术——XML技术。XML自从出现以来，以其可扩展性、自描述性等优点，被誉为信息标准化过程的有力工具，基于XML的标准将成为以后信息标准的主流，甚至有人提出了eXe的电子商务模式（"e"即"enterprise"，指企业，而"X"则指的是"XML"）。XML的最大优势之一就在于其可扩展性。可扩展性克服了HTML固有的局限性，并使互联网一些新的应用成为可能。

2.4.3　全球数据同步网络

在商务合作过程中，一个制造企业通常需要直接把产品和价格数据发送给成百上千的贸易合作伙伴。供应商尽管投入了大量的人力物力，往往还不能保障数据的及时性和准确性，导致生产方和购买方在订货和运输过程中又另外投入更多的精力来纠正已经发生的错误。商务合作应该建立在准确和同步信息的基础上，这样信息流能够自动转化为物流和现金流。

随着全球数据同步（Global Data Synchronization，GDS）的发布，供应商、零售商和分销商逐步认识到了第三方、独立的、安全的和公开的通信连接将是解决整个供应链参与者间的最终解决方案。

全球数据同步是国际物品编码组织（GS1）基于全球统一标识系统为电子商务的实施所提出的整合全球产品数据的全新理念。GDSN提供了一个全球产品数据平台，采用自愿协调一致的标准，通过遍布全球的网络系统，使贸易伙伴在供应链中连续不断地交换正确、完整、及时的高质量数据。GS1编码体系的GTIN、GLN、GDD、GPC等标准使全球供应链中产品的标识、分类和描述一致性成为可能，而GDS提供了实施这一目标的最佳途径。

由中国物品编码中心建立的GDS中国数据池，于2007年通过GS1权威认证顺利加入全球数据同步网络（GDSN）中，为国际、国内企业间交换数据提供服务。

通过全球数据同步网络（GDSN），贸易伙伴之间能够保持信息的高度一致。企业数据库中的任何微小改动，都可以自动地发送给所有的贸易伙伴。GDSN保证制造商和购买者能够分享最新、最准确的数据，并且传达双方合作的意愿，最终促使贸易伙伴以微小投入完成合作。GDSN提供了贸易伙伴间的无障碍对话平台，保证了商品数据的格式统一，确保供应商能够在正确的地方、正确的时间将正确数量的正确货物提供给正确的贸易伙伴。

2.4.4 EPCIS

产品电子代码信息服务（Electronic Product Code Information Service，EPCIS），提供一套标准的EPC数据接口。

GS1可视化标准——EPCIS，为贸易参与者在全球供应链中实时分享基于事件的信息提供了基础，EPCIS使企业内部和企业之间的应用/系统进行EPC相关数据的共享。为遵守追溯法规要求，防止产品被造假，医疗保健产品供应链参与者正在寻找一种在供应链中共享信息的方法，这里的信息与产品移动和产品状态有关。

EPCIS是一个EPC global网络服务，通过该服务，能够使业务合作伙伴通过网络交换EPC相关数据。EPCIS协议框架被设计成分层的、可扩展的、模块化，其多层框架EPCIS体系如图2-12所示。

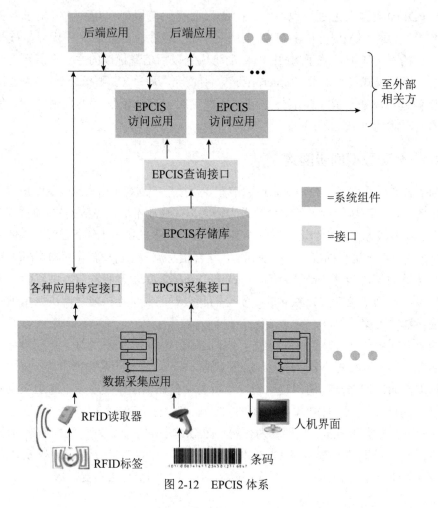

图2-12 EPCIS体系

EPCIS 是企业实时交换 RFID 和产品数据的一个标准，最初是为具有单独序列号的跟踪项目设计的，而现在更新的 EPCIS1.1 标准支持批次跟踪，可用于包括新鲜的农产品和肉类企业在内的食品行业。除了批次跟踪之外，EPCIS 标准还给那些未追踪单个事物的企业提供一个交换数据的机会，同时它还提供了一个追踪系列化事物更容易的转换方式。

2.5 GS1 中国

中国物品编码中心（GS1 China）是 GS1 在中国授权的成员组织，是商品条码和物品编码管理机构，隶属于国家市场监管总局，自 1988 年成立以来，一直致力于推广商品条码统一标识系统在我国的广泛应用。从 1990 年第一家条码企业用户产生到现在，已累计有 130 多万家企业加入，登记使用商品条码的消费品总量达 211 亿种（截至 2024 年 12 月），制定的条码、二维码、EDI 等相关国家标准达一百多项。

在我国改革开放和经济发展的各个阶段，商品条码都发挥了重要作用：

（1）第一阶段，解决了产品的出口急需，促进了我国外贸出口。比如，北京某知名厂家，1990 年 5 月，在法兰克福世界博览会上，由于没有条码，导致产品放在角落里堆放，遭受外商冷遇。回国后该企业主动申请条码，并成为我国第一家商品条码系统成员。

（2）第二阶段，解决了传统零售超市统一结算的问题，变革了商品流通模式，促进了国内商品流通。商品条码在最初的推广上面临很多困难。为推动条码技术的应用，编码中心在杭州解放路百货商店建立具有示范意义的全国首家 POS 系统，并成功使用到现在。

（3）第三阶段，服务国民经济各个行业和领域的应用，为行业信息化、食品追溯等提供了支撑技术。新疆吐鲁番的每一个哈密瓜都贴上了食品安全追溯条码，消费者可以上网查询哈密瓜从种植、检验、运输到销售的全程信息，做到放心食用。

（4）第四阶段，也就是现在，即物联网和电子商务时代，围绕物品编码体系、食品安全追溯和物联网技术，构建了以商品条码为关键字的整个物品编码体系。编码系统和商品信息服务平台，为整个网络经济、电子商务发展提供标准化的技术支撑，开展前瞻性技术研究。

中国物品编码中心作为物品编码的专门工作机构，可以为用户提供产品分类编码服务，统一商品条码登记服务，条码、二维码、RFID 等技术检测服务。同时，还建立了一个超过 59 万家企业，2.1 亿种条码产品数据库，包含商品条码、中英文产品名称、产品分类、品牌、规格、目标市场及产品高宽深等若干必填及选填信息，每天以近 5～6 万条的速度递增，并且能为社会和广大电商企业提供数据查询服务。中国物品编码中心已经跟一些电商企业进行了合作，如"阿里巴巴""百度""京东""奇虎 360"等，在商品条码有效性查验、条码准确信息搜索、信息发布规范等方面有了很好的合作基础。

中国物品编码中心作为国内权威的物品分类编码与标识标准研究中心和技术研发应用服务中心，承担了全国物品编码标准化技术委员会（TC287）、全国物流信息管理标准化技术委员会（TC267）秘书处工作。为促进电商标准化、规范化发展，GS1 中国目前已启动统一产品编码与分类规范化管理相关工作，开展了商贸 EDI、ebXML 报文、电子商务产品与服务分类、产品质量信用信息公示规范、电子商务参与方编码与基础信息规范、电子商务产品质量信息规范通则等系列标准制定修订工作，为统一线上线下产品基础信息，形成可信电子商务产品交易产品环境，促进电子商务健康快速发展奠定了基础。

中国物品编码中心于 20 世纪 90 年代末将 ECR 理念引入我国，2001 年成立 ECR 委员会，主要围绕信息解决方案、供应链优化、消费者需求、提高物流标准化、追溯等方面开展了大量工作。目前，已加入 ECR 委员会的企业有宝洁、青岛啤酒、伊利、华润、万东、沃尔玛、雀巢、IBM、埃森哲等零售商、供应商、系统方案解决商，以及市场研究咨询机构等，同时，阿里巴巴、美团、京东等电商也加入其中。

拓展阅读 2.1：
新质生产力

本章小结

本章系统介绍了国际物品编码组织 GS1 的发展过程、GS1 系统总体框架、特点及 GS1 技术标准中的编码标识、采集载体和数据共享；重点介绍了 GS1 系统的编码标识标准、采集载体。

本章习题

1. 简述 GS1 中的"1"所代表的含义。
2. 简述 GS1 系统的体系架构。
3. GS1 系统的编码标识包含哪些内容？
4. GS1 系统的采集载体主要包括哪些？
5. GS1 系统的数据共享方案有哪些？

【实训题】CODESOFT2023 使用

CODESOFT 是一款强大的条码标签设计与打印软件，它不仅支持各种运算符和工具以创建高度个性化和专业化的标签，还支持从多种数据源中导入和筛选数据，适用于各种应用场景。其工作界面如图 2-13 所示。

图 2-13 CODESOFT 软件界面

该软件具有以下特点。

（1）支持多种条码格式：CODESOFT 支持 UPC、EAN、ITF-14、GS1-128、QR Code 等常见的条码和二维码格式，可以满足考试管理中对于不同类型条码的需求。

（2）数据连接功能：CODESOFT 软件具备强大的数据库连接和筛选功能。CODESOFT 软件支持与多种类型的数据库建立连接，如 Microsoft Access、Microsoft SQL Server、Oracle、MySQL 等。这意味着用户可以轻松地将数据库中的信息整合到标签设计中，实现数据的实时同步。CODESOFT 允许用户将条码与外部数据源（如 Excel、Access 等）进行连接，方便生成大量不同的条码标签（见图 2-14 所示）。

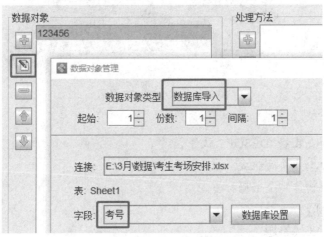

图 2-14　CODESOFT 数据库连接功能

（3）用户友好的界面：CODESOFT 具有直观、简洁的操作界面，即使没有专业知识也能轻松上手。

（4）高级设计功能：CODESOFT 支持各种设计元素（如文字、图片、形状等），用户可以根据需要进行个性化设计。

通过 CODESOFT 软件，你可以轻松地制作出高质量、易于扫描的条码，帮助你更好地管理和跟踪学生考试信息。

使用 CODESOFT 软件生成条码标签的步骤如下：

（1）打开 CODESOFT 软件并创建一个新的标签文档。
（2）在 CODESOFT 的工具栏上选择"条码"选项卡。
（3）选择所需的条码类型，如 CODE39。
（4）在"内容"栏中输入考试信息，如学生姓名、学生 ID、考试编号等。
（5）根据需要设置条码的大小和位置。
（6）在"编码"选项卡中选择所需的编码方法，如 UTF-8。
（7）保存并打印标签。

CODESOFT 还可以生成其他类型的条码，如 EAN-13、PDF417 码和 Data Matrix 码等。这些条码可以存储更多的信息，包括文本、图像和二进制数据。使用 CODESOFT 制作这些类型的条码也非常简单。CODESOFT 还具有其他功能，如图像处理、文本处理和数据库连接等，这些功能可以帮助你更轻松地制作和管理标签。

实训环境（见图 2-15）：

（1）电脑一台，需要能够上网。

（2）条码打印机一台，可共享一台条码打印机；

图 2-15　CODESOFT 软件

实训任务：

1. 学会下载和安装 CODESOFT 软件。

2. 熟悉软件的工作界面组成。

3. 尝试生成和制作一个条码标签。

【在线测试题】

扫描二维码，在线答题。

编码篇

第 3 章 编码技术

> **导入案例**
>
> **公民身份证号码的编码规则**
>
> 中华人民共和国为每个公民编定一个唯一的、终身不变的身份代码。
>
> 中华人民共和国公民身份证号码是由 18 位数字组成的,具有特定的编码规则和含义。具体来说,自左至右分别是:
>
> (1) 前 6 位数字为地址码,代表编码对象常住户口所在县(市、旗、区)的行政区划代码。
>
> (2) 接下来的 8 位数字为出生日期码,表示编码对象出生的年、月、日。
>
> (3) 紧接着的 3 位数字为顺序码,是县、区级政府所辖派出所的分配码,每个派出所分配码为 10 个连续号码,其中单数为男性分配码,双数为女性分配码。
>
> (4) 最后 1 位数字为校验码,是根据前面十七位数字码计算出来的检验码,用于检验身份证的正确性。如果校验码是 10,则用罗马数字的"X"来表示。
>
> 公民身份证号码是每个公民唯一的、终身不变的身份代码,由公安机关按照公民身份证号码国家标准编制。
>
> 资料来源:https://baike.baidu.com/item/11042821。

本章我们探讨在数据采集、数据共享、数据存储中最基础的技术——物品编码技术。

3.1 信息编码概述

在讲编码之前,先说说什么是代码。

3.1.1 代码的定义

代码(code)是表示特定事物或概念的一个或一组字符,是作为事物(实体)唯一标识的一个含义、一组字符组合。一般地,代码应便于计算机和人识别、处理。代码是人为确定的代表客观事物(实体)名称、属性或状态的符号或者是这些符号的组合。代码的作用表现在以下几个方面。

(1) 可以唯一标识一个分类对象(实体)。

(2) 加快输入,减少出错,便于存储和检索,节省存储空间。

(3) 使数据的表达标准化,简化处理程序,提高处理效率。

(4) 能够被计算机系统识别、接收和处理。

3.1.2 代码的特点

在信息系统中，代码的特点体现如下。

（1）**唯一化**。在现实世界中有很多东西如果我们不加以标识是无法区分的，这时处理起来就会十分困难。因此，能否将原来不能确定的东西，唯一地加以标识是编制代码的首要任务。

最简单、最常见的例子就是职工编号。在人事档案管理中我们不难发现，职工的姓名不管在一个多么小的单位里都很难避免重名。为了避免二义性，需要唯一标识每一位职工，所以编制了职工代码。

（2）**规范化**。唯一化虽是代码设计的首要任务。但如果我们仅仅为了唯一化来编制代码，那么代码编出来后仍可能是杂乱无章的，使人无法辨认，而且使用起来也不方便。因此，我们在唯一化前提下还要强调编码的规范化。例如，财政部关于会计科目编码的规定，以"1"开头的表示资产类科目，以"2"开头的表示负债类科目，以"3"开头的表示权益类科目，以"4"开头的表示成本类科目等。

（3）**系统化**。系统所用代码应尽量标准化。在实际工作中，一般企业所用的大部分编码都有国家或行业标准。在产成品和商品中各行业都有其标准分类方法，所有企业必须执行。另外一些需要企业自行编码的内容，如生产任务码、生产工艺码、零部件码等，都应该参照其他标准化分类和编码的形式来进行。

那么，如何给对象赋予一个代码呢？这个工作是由编码来完成的。

3.1.3 编码的含义

编码，就是给物品赋予一个代码的过程，如图 3-1 所示。

信息编码（information coding）是为了方便信息的存储、检索和使用，在进行信息处理时赋予信息元素以代码的过程，即用不同的代码与各种信息中的基本单位组成部分建立一一对应的关系。信息编码必须标准化、系统化，设计合理的编码系统是关系信息管理系统生命力的重要因素。

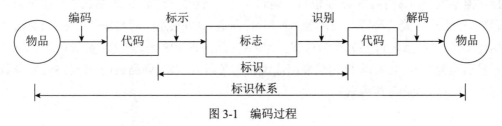

图 3-1　编码过程

编码是一个设计过程，编码的结果是代码。在实际应用中，我们往往不严格区分代码和编码。

3.1.4 代码、编码、条码

在日常使用中，人们经常分不清代码、编码、条码之间的区别和联系，我们需要厘清它们之间的关系。

（1）**要把编码和条码区分开**。编码，就是给物品或编码对象赋予一个代码，如一个 ID 或身份证；条码，是表示代码的一种特殊符号或图像。编码主要在信息流中使用，条码是在物流中使用。一般地，在条码符号（图像）下面均把该条码表示的代码也一并印刷，如商品条码将两者统一，既有编码，又有符号，从而实现高效的产品数据管理。

（2）**由厂商来编码**。编码到底应该谁来编？尤其是在产品统一的、流通的网络环境中，更需要有统一编码。作为产品，最好是源头编码，由制造商或产品的生产者来编码，可实现供应链各参与方成本的降低和社会利益的最大化。

（3）**统一体系**。统一的编码体系，既有编码，又有条码，不仅对传统零售很重要，而且对电商企业更加重要。电商企业更加需要注重消费者体验，重视数据流、信息流的管理，将"统一编码"作为基础技术支撑。

3.2 代码设计的原则

在为物品编码对象设计代码时，应该遵守以下原则。

（1）唯一性：是区别系统中每个实体或属性的唯一标识。

（2）简单性：尽量压缩代码长度，可降低出错机会。

（3）易识别性：为便于记忆、减少出错，代码应当逻辑性强，表意明确。

（4）可扩充性：不需要变动原代码体系，可直接追加新代码，以适应系统发展。

（5）合理性：必须在逻辑上满足应用需要，在结构上与处理方法相一致。

（6）规范性：尽可能采用现有的国标、行标、团标编码，结构统一。

（7）连续性：有的代码编制要求有连续性。

（8）系统性：要全面、系统地考虑代码设计的体系结构，要把编码对象分成组，然后分别进行编码设计，如建立物料编码系统、人员编码系统、产品编码系统、设备编码系统等。

（9）可扩展性：所有代码结构和位数要考虑未来发展，要留有余地，以便扩展。

GS1 系统为全球贸易中的贸易项目单元、物流单元、资产、位置等提供了一套完备的编码标准。在 GS1 标准基础上，由中国物品编码中心制定了系列国家标准，这些标准包括（但不限于）：《商品条码 零售商品编码与条码表示》《商品条码 物流单元编码与条码表示》《商品条码 资产编码与条码表示》《商品条码 服务关系编码与条码表示》《商品条码 应用标识符》《商品条码 条码符号放置指南》《商品条码 128 条码》《商品条码 条码符号印制质量的检验》《商品条码 储运包装商品编码与条码表示》《商品条码 参与方位置编码与条码表示》《商品条码 店内码》。

3.3 代码的设计方法

1. 线分类方法

线分类方法是目前使用最多的一种方法，尤其是在手工处理的情况下它几乎成了唯一的方法。线分类方法的主要出发点是：首先给定母项，母项下分若干子项，由对象的母项分大集合，由大集合确定小集合……最后落实到具体对象。

线分类方法是一个逐级展开、有层次的分类体系。同层级类目之间构成并列关系，不同层级类目之间构成隶属关系。同层级类目互不重复，互不交叉。如果以外形特点对电脑进行分类，不同外形的电脑之间是并列的关系，如台式机和笔记本互不重复、互不交叉。而台式机和电脑之间又形成了隶属关系（即台式机属于电脑中的一种），这时我们就使用线分类法，如图 3-2 所示。

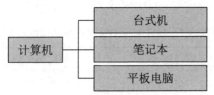

图 3-2　计算机的线分类法

线分类法划分时要掌握两个原则：一是要注意问题的唯一性，二是位类之间不要有交叉、重复。

线分类法的特点有：结构清晰，容易识别和记忆，容易进行有规律地查找；与传统方法相似，对手工系统有较好的适应性。主要缺点是结构不灵活，柔性较差。图 3-3 所示是企业利用线分类法对产品进行分类的结果，形成了一层套一层的线性关系。

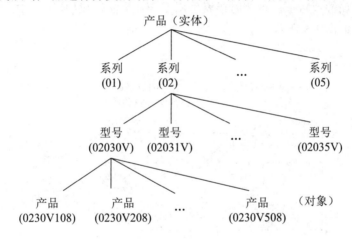

图 3-3　产品的线分类法

2. 面分类方法

面分类方法是将所选定的分类对象的若干属性或特征视为若干个"面"，每个"面"中又可分成彼此独立的若干个类目。例如，计算机可根据内存容量、硬盘容量等这些属性"面"来分类，这就是面分类方法，如图 3-4 所示。

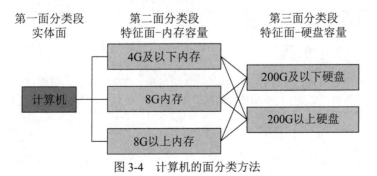

图 3-4　计算机的面分类方法

面分类方法的特点是：柔性好，面的增加、删除、修改都比较容易。可实现按任意组配面的信息检索，对机器处理有良好的适应性。缺点是不易直观识别，不便于记忆。表3-1所示的是按照面分类法对产品编码的结果。代码3212表示材料为钢制 $\phi 1.0$ mm 圆头的镀铬螺钉。

表 3-1 按照面分类法对产品编码的结果

材料	螺钉直径	螺钉头形状	表面处理
1- 不锈钢	1- $\phi 0.5$	1- 圆头	1- 未处理
2- 黄钢	2- $\phi 1.0$	2- 平头	2- 镀铬
3- 钢	3- $\phi 1.5$	3- 六角形状	3- 镀锌
		4- 方形头	4- 上漆

3. 混合分类法

混合分类法是将线分类法和面分类法组合使用，以其中一种分类法为主，另一种作为补充的信息分类方法。如果我们想知道计算机都有哪些外形，然后又想进一步了解不同外形计算机的其他属性或特征，这个时候就可用混合分类法，我们以线分类法为主，用面分类法作为补充，如图 3-5 所示。

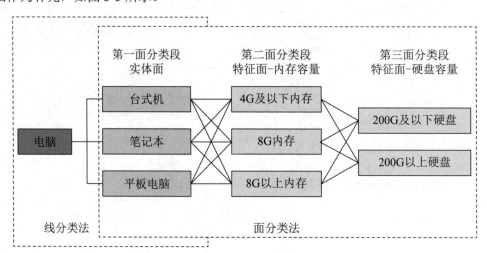

图 3-5 电脑的混合分类法

混合分类法中也容易出现类目间交叉重复或分类有空层、加层的错误，这里就不再重复举例。三种分类方法的优缺点，如表 3-2 所示。

表 3-2 三种分类方法的比较

分类方法	优点	缺点
线分类法	层次性好，能较好地反映类目之间的逻辑关系； 使用方便，既符合手工处理信息的传统习惯，又便于计算机处理信息	结构弹性较差，分类结构一经确定，不易改动； 效率较低，当分类层次较多时，代码位数较长，影响数据处理的速度

分类方法	优点	缺点
面分类方法	具有较大的弹性，一个面类目的改变，不会影响其他的面； 适应性强，可以根据需要组成任何类目，同时也便于机器处理信息； 易于添加和修改类目	不能充分利用代码容量，可组配的类目很多，但有时实际应用的类目不多； 难于手工处理信息
混合分类法	容量大； 弹性好	结构复杂，不利于手工处理； 需要注意避免交叉重合的情况

物品分类可以帮助我们更方便地存储、检索和使用信息，而物品分类的三种方法各有其适用的场景，也都有自己的局限性。物品分类和编码的标准在不断变化，物品分类也不是一项一劳永逸的工作，掌握科学的分类方法有助于我们快速适应企业信息分类和编码变更的需求。在从事信息分类工作时，也应当遵循这些原则和方法，保证物品信息的分享具有统一的标准，最终使信息成为资产。

4. 分类遵循的原则

一个良好的设计既要满足处理问题的需要，又要保证科学管理的需要。在实际分类时必须遵循如下几点。

（1）必须保证有足够的代码容量，要足以包括规定范围内的所有分类对象。如果代码容量不够，不便于今后变化和扩充，随着环境的变化，这种分类很快就失去了生命力。

（2）按系统奇偶物品分类对应的各种属性。分类不能是无原则的，必须遵循一定的规律。根据实际情况并结合具体管理的要求来划分是我们分类的基本方法。分类应按照处理对象的各种具体属性系统地进行。如在线分类方法中，某一层次按照什么属性来分类，某一层次该标识什么类型的对象集合等都必须系统展开，只有这样的分类才比较容易建立，也更容易被别人所接受。

（3）分类要有一定的柔性，不至于在出现变更时破坏分类的结构。所谓柔性，是指在一定情况下分类结构对于增设或变更处理对象的可容纳程度。柔性好的系统在一般情况下增加分类不会破坏其结构。但是柔性往往还带来一些其他问题，如冗余度大等，这都是设计分类时必须考虑的问题。

（4）注意本分类系统与外系统、已有系统的协调。任何一项工作都是在原有的基础上发展起来的，故分类时一定要注意新老分类的协调性，以便系统的联系、移植、协作及新老系统的平稳过渡。

3.4 代码的类型

代码的类型是指代码符号的表示形式，进行代码设计时可选择一种或几种代码类型组合。

（1）顺序码，也称为序列码，它用连续数字作为每个实体的标识。编码顺序可以是实体出现的先后或实体名的字母顺序等。其优点是简单、易处理、易扩充、用途广；缺点是没有逻辑含义、不能表示信息特征、无法插入，删除数据后会造成空码。表 3-3 表示一个家具制造商如何给它的每一个订单指派一个订单号码。使用这个简单的参照号码，公司可了解处理中的订单情况。

表 3-3　顺　序　码

订单号码	产品	顾客
0701	摇椅 / 带皮垫	张三 / 北京
0702	餐厅椅子 / 有软垫	李四 / 天津
0703	双人沙发 / 有软垫	王五 / 北京
0704	儿童摇椅 / 贴花图案	孙六 / 山东

（2）成组码，也称为块顺序码，它是常用的一种编码。它将代码分为几段（组），每段表示一种含义，每段都由连续数字组成。其优点是简单、方便、能够反映出分类体系、易校对、易处理；缺点是位数多不便记忆，必须为每段预留编码，否则不易扩充。例如，身份证编码。

（3）表意码，它将表示实体特征的文字、数字或记号直接作为编码。其优点是可以直接明白编码含义、易理解、易记忆；缺点是编码长度位数可变，给分类、处理带来不便。表 3-4 是课税减免项目的编码，该编码系统很简单：取每一类的首字母。

表 3-4　课税减免项目编码

编码	课税减免项目
I	支付利息（interest payments）
M	医药费（medical payments）
T	税（taxes）
C	捐款（contributions）
D	应付款（dues）
S	生活用品支出（supplies）

（4）专用码，它是具有特殊用途的编码，如汉字国标码、五笔字型编码、自然码、ASCII 代码等。

（5）组合码，它也叫合成码、复杂码。它由若干种简单编码组合而成，使用十分普遍。其优点是容易分类、容易增加编码层次、可以从不同角度识别编码、容易实现多种分类统计；缺点是编码位数和数据项个数较多。

3.5　代　码　校　验

为了减少编码过程中的错误，需要使用代码校验技术，也就是在原有代码的基础上，附加校验码的技术。校验码是根据事先规定好的算法构成的，将它附加到代码本体上以后，从而形成代码的一个组成部分。当代码输入计算机以后，系统将会按规定好的算法验证，从而检测代码的正确性。

常用的简单校验码是在原代码上增加一个校验位，并使得校验位成为代码结构中的一部分。系统可以按规定的算法对校验位进行检测，校验位正确，便认为输入代码正确。例如，"×××××"是设计好的代码共5位，增加校验位后共6位"××××××"，使用时需用6位。

使用时，应录入包括校验位在内的完整代码，代码进入系统后，系统将取该代码校验位前的各位，按照确定代码校验位的算法进行计算，并与录入代码的最后一位（校验位）进行比较：如果相等，则录入代码正确；否则，录入代码错误，则重新进行录入。

校验位的确定步骤如下。

设有一组代码为：$C_1C_2C_3C_4\cdots C_n$。

（1）第一步：为设计好的代码的每一位 C_i 确定一个权数 P_i（权数可为算术级数、几何级数或质数）。

（2）第二步：求代码每一位 C_i 与其对应的权数 P_i 的乘积之和 S。

$$S=C_1 \cdot P_1+C_2 \cdot P_2+\cdots+C_i \cdot P_i \ (i=1,2,\cdots,n)= \sum C_i \cdot P_i \ (i=1,2,\cdots,n)$$

（3）第三步：确定模 M。

（4）第四步：取余 $R=S\mathrm{MOD}(M)$。

（5）第五步：校验位 $C_{n+1}=R$。

最终代码为：$C_1C_2C_3C_4\cdots C_nC_{n+1}$。

使用时：$C_1C_2C_3C_4\cdots C_nC_{n+1}$。

以代码"32456"为例，确定权数为7，6，5，4，3，求代码每一位 C_i 与其对应的权数 P_i 的乘积之和 S：$S=3\times7+2\times6+4\times5+5\times4+6\times3=21+12+20+20+18=91$。

确定模 M，$M=11$。

取余 R，$R=S\mathrm{MOD}(M)=91\mathrm{MOD}(11)=3$。

校验位 $R=3$。

最终代码为：324563，使用时为：324563。

3.6 我国的物品编码体系

物品信息与"人"（主体）、"财"信息并列为社会经济运行的三大基础信息。与"人""财"信息相比，"物"的品种繁杂、属性多样，管理主体众多，运行过程复杂。如何真正建立起"物"的信息资源系统，实现全社会的信息交换、资源共享，一直是各界关注的焦点，也是未解的难题。

物品编码是数字化的"物"信息，是现代化、信息化的基石。近年来不断出现的物联网、云计算、智慧地球等新概念、新技术、新应用，究其根本，仍是以物品编码为前提的。

所谓物品，通常是指各种有形或无形的实体，在不同领域可有不同的称谓。例如，产品、商品、物资、物料、资产等，是需要信息交换的客体。物品编码是指按一定规则对物品赋予易于被计算机和人识别、处理的代码。物品编码系统是指以物品编码为关键字（或索引字）的物品数字化信息系统。物品编码体系是指由物品编码系统构成的相互联系的有机整体。

随着信息技术和社会经济的快速发展，各应用系统间信息交换、资源共享的需求日趋迫切。然而，由于数据结构各不相同，产生了一个个"信息孤岛"，不仅严重阻碍信息有效的利用，也造成社会资源的极大浪费。如何建立统一的物品编码体系，实现各编码系统的有机互联，解决系统间信息的交换与共享，高效、经济、快速整合各应用信息，形成统一的、基础性、战略性信息资源，已成为目前信息化建设的当务之急。

中国物品编码中心是我国物品编码工作的专门机构，长期以来，在深入开展国家重点领域物品编码管理与推广应用工作的同时，一直致力于物品编码的基础性、前瞻性、战略性研究，国家统一物品编码体系的建立，既是对我国物品编码工作的全面统筹规划和统一布局，也是有效整合国内物品信息，建立国家物品基础资源系统，保证各应用系统的互联互通与信息共享的重要保障。

物品编码体系框架由物品基础编码系统和物品应用编码系统两大部分构成，如图3-6所示。

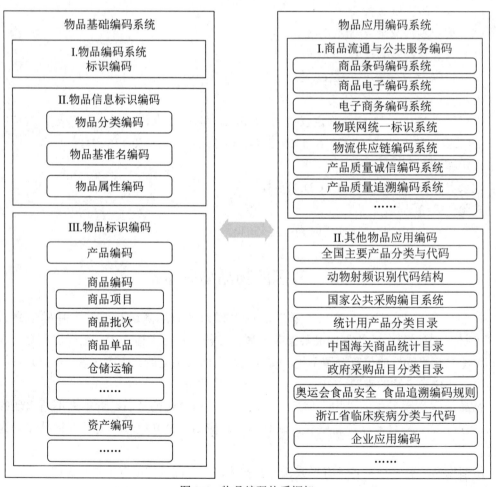

图3-6　物品编码体系框架

3.6.1 物品基础编码系统

物品基础编码系统是国家物品编码体系的核心,由物品编码系统标识编码、物品信息标识编码和物品标识编码三个部分组成。

1. 物品编码系统标识编码

物品编码系统标识编码(numbering system identifier,NSI)是国家统一的、对全国各个物品编码系统进行唯一标识的代码。通过它对各个物品编码系统进行唯一标识,可以保证应用过程物品代码相互独立且彼此协同。它是编码系统互联的基础和中央枢纽,是各编码系统解析的依据。物品编码系统标识编码由国家物品编码管理机构统一赋码。

2. 物品信息标识编码

物品信息标识编码是国家统一的、对物品信息交换单元进行分类管理与标识的编码系统,是各应用编码系统信息交换的公共映射基准。它包括物品分类编码、物品基准名编码及物品属性编码三个部分。

(1)物品分类编码。物品分类编码是按照物品通用功能和主要用途对物品进行聚类,形成的线性分类代码系统。该系统主要功能是明确物品相互间的逻辑关系与归属关系,有利于交易、交换过程信息的搜索,是物品信息搜索的公共引擎。物品分类编码由国家物品编码管理机构统一管理和维护。

(2)物品基准名编码。物品基准名编码是指对物品信息交换单元——物品基准名进行唯一标识的编码系统。它是对具有明确定义和描述的物品基准名的数字化表示形式,采用无含义标识代码,在物品全生命周期具有唯一性。物品基准名编码与物品分类编码建立对应关系,从分类可以找到物品基准名。物品基准名编码与物品分类编码可以结合使用,也可以单独使用。物品基准名编码由国家物品编码管理机构统一管理、统一赋码、统一维护。

(3)物品属性编码。物品属性编码是对物品基准名确定的物品本质特征的描述及代码化表示。物品信息标识系统的物品属性具有明确的定义和描述;物品属性代码采用特征组合码,由物品的若干个基础属性及与其相对应的属性值代码组成,结构灵活,可扩展。

物品属性编码必须与物品基准名编码结合使用,不可单独使用。物品属性编码及属性值编码由国家物品编码管理机构统一管理、统一赋码、统一维护。

3. 物品标识编码

物品标识编码是国家统一的、对物品进行唯一标识的编码系统,标识对象涵盖了物品全生命周期的各种存在形式,包括产品(商品)编码、商品批次编码、商品单品编码、资产编码等。物品标识编码由企业进行填报、维护,由国家物品编码管理机构统一管理。

3.6.2 物品应用编码系统

物品应用编码系统是指各个领域、各个行业针对信息化管理与应用需求建立的各类物品编码系统。物品应用编码系统包括商品流通与公共服务编码系统,以及其他物品应用编码系统两大部分。

1. 商品流通与公共服务编码系统

商品流通与公共服务编码系统是指多领域、多行业、多部门、多企业共同参与应用,或为社会提供公共服务的信息化系统采用的编码系统。目前已建立或正在建立的跨行业、跨领域的各类商品流通与公共服务编码系统包括商品条码编码系统、商品电子编码系统、电子商务编码系统、物联网统一标识系统、物流供应链编码系统、产品质量诚信编码系统和产品质量追溯编码系统等。商品流通与公共服务编码系统须根据物品基础编码系统确定的统一标准建立和实施。

2. 其他物品应用编码系统

其他物品应用编码系统是商品流通及公共服务之外的其他各行业、领域、区域、企业等在确定应用环境中，按照其管理需求建立的各种信息化管理用物品编码系统，如国家进行国民经济统计的"全国主要产品分类与代码"、海关用于进出口关税管理的"中华人民共和国海关商品统计目录"、林业部门用于树木管理的"古树名木代码与条码"、广东省用于特种设备电子监管的"广东省特种设备信息分类编码"等。其他物品应用编码系统应以物品基础编码系统为映射基准建立和实施。

拓展阅读3.1：
快递上的代码

本章小结

本章在厘清代码、编码的含义及它们之间关系的基础上，系统介绍了代码的编码原则、编码方法和常用代码类型。本章介绍的重点是三种编码的方法：线分类法、面分类方法和混合分类法。难点是如何根据实际应用的场景来选择合适的编码方法。

本章习题

1. 试分析公民身份证号码的编码结构，它采用的是哪一种代码类型？校验位是哪一位？
2. 收集超市中几种商品的代码，看看它们有什么共同的特点。
3. 以你所在的学校为例，收集学号、课程编号、教室等的编码长度和编码规则。
4. 简述给予新入学的学生一个唯一学号的重要性。
5. 你家的房门编号采用的是哪一种编码方式？

【在线测试题】
扫描二维码，在线答题。

第 4 章 零售商品编码

> **导入案例**
>
> **超市中的自助结算终端**
>
> 很多人都有这样的购物经历：在超市自由选购商品（可以是包装好的商品，也可以是称重的商品），然后到自助收款台上扫码结算。对消费者来说，这节省了大量排队的时间；对商家来说，这不仅节省了人力成本，还获得了一手的销售数据，通过数据分析，可得到更多的商业机会。
>
> 自助结算的基础技术就是零售商品编码和条码。
>
> 资料来源：作者撰写。

这一章，我们将系统介绍零售业中的商品编码技术。

4.1 零售商品与商品源数据

1. 零售商品（retail commodity）

GB 12904—2008《商品条码 零售商品编码与条码表示》中对零售商品的内涵作了明确的定义。零售商品是指零售业中，根据预先定义的特征而进行定价、订购或交易结算的任意一项产品或服务。零售商品具有如下特点。

（1）品种多，规格复杂。零售商品涵盖了多种类别和规格，能够满足消费者的多样化需求。

（2）交易次数频繁，数量零星。消费者可能会频繁地购买少量商品，这要求零售商能够快速、准确地提供服务。

（3）交易方式主要是"一手交钱、一手交货"的现金交易：这种方式简单直接，不需要复杂的财务处理。注意：这里的"一手交钱、一手交货"，也包括网上购物的下单即支付和自助结算终端的扫码支付。

（4）成交时间短：快速完成交易是零售服务的一个重要特点，可以提高效率和顾客满意度。

（5）交易方式多种多样：多渠道、多门店同时销售，线上、线下同款同价。

2. 零售商品的分类

零售商品分为预包装商品和散装商品。

（1）预包装商品是指销售前预先用包装材料或者包装容器将商品包装好，并有预先确定的量值（或者数量）的商品。这种商品在包装完成后即具有确定的量值，这一确定的量值应是"在一定量限范围内具有统一的质量或体积标识"。预包装商品可以分为定量包装商品和非定量包装商品两种。定量包装商品是指商品的量和包装量是固定且预先确定的，而非定量包装商品则是指商品的量和包装量不是固定或预先确定的。

（2）散装商品如水果、蔬菜、猪肉等产品，可以根据客户的需求量自由选择购买。为了便于结算，散装商品也需要唯一的编码，并在称重时需要打印条码。散装商品的标签含义包括。

①产品名称：标签上应明确写出产品的名称，以便消费者能够准确辨认。

②产地：标签上应注明产品的产地，这对于一些特殊食品来说尤为重要，因为产地可能与产品质量和口感有关。

③质量或数量：对于被称为计量单位的商品，应在标签上注明其净重或数量。

④保质期：有助于消费者了解产品保鲜和安全使用的时间范围。

⑤储存条件：某些食品需要特殊储存条件才能保持其最佳状态。标签上应该清楚地说明如何正确储存该食品。

⑥成分：对于一些特殊人群（如过敏性体质）来说，了解食品的成分非常重要，标签上应明确列出食品的主要成分。

⑦生产日期：标签上应注明产品的生产日期。

⑧生产厂商信息：标签上应提供产品的生产厂商信息，以便消费者在需要时能够联系到相关方等。

3. 零售商品代码（identification code for retail commodity）

零售业中，标识商品身份的唯一代码，具有全球唯一性。零售商品代码必须满足下列特点。

（1）唯一性。相同的商品分配相同的商品代码，基本特征相同的商品视为相同的商品。不同的商品应分配不同的商品代码，基本特征不同的商品视为不同的商品。通常情况下，商品的基本特征包括商品名称、商标、种类、规格、数量、包装类型等产品特性。企业可根据所在行业的产品特征及自身的产品管理需求为产品分配唯一的商品代码。

（2）无含义性。零售商品代码中的商品项目代码不表示与商品有关的特定信息。

（3）稳定性。零售商品代码一旦分配，若商品的基本特征没有发生变化，就应保持不变。

4. 商品源数据（Trusted Source of Data，TSD）

"源数据"是指以商品条码为关键字，由产品生产厂商自主提供的商品生产源头的数据，具有来源可靠、真实可信、质量高等特点。利用基于GS1标准的"源数据"，能够实现商品的全球唯一标识，更好地打通线上线下全渠道，提高商品流通效率，大大降低社会共享成本。

零售商品的"源数据"由产品的生产厂商提供，以商品条码为关键字，通过"中国商品信息服务平台"自主填报和维护。因这些信息由企业自主填报并维护，具有信息来源可靠、准确及时、发布权威、全球通用的特点。

商品源数据的采集简单来说可以分为以下7个步骤。

第1步：首先进行产品分类、录入商品信息，准确地填写商品名称，应填写商品规范化、标准化的名称。

第2步：填写产品尺寸。使用专业的产品包装尺寸测量仪器，也可通过编码中心设立在各地的商品源数据工作室,确保包装尺寸测量的准确性和一致性,这一步是贸易伙伴间成功实施数据同步的关键。此处的"测量"概念包括长度测量、质量测量,确定默认表面及高、宽、深和测量公差。

第3步:拍摄并上传产品照片。推荐使用专业级的智能自动拍照光箱为产品采集标准化专业图片,使贸易过程中数字图像的使用更加一致和便利。图片可选JPEG、PNG或TIF格式,背景颜色必须选择纯白色,图片还需按照产品边缘线进行裁切,力求精益求精。同时,明确图片的命名规则也很重要,在移动端有效展示的商品信息需具有商品品牌、商品形态、商品特征和商品尺寸等多个属性。

第4步:填写产品净含量。即确认包装所包含的贸易项目的总量。当包装上印刷有多个净含量声明时,由制造商提供全部的声明。

第5步:填写产品品牌信息,包括:品牌所有者,即产品的责任人,也是产品品牌注册商标的权利人;品牌名称,即产品品牌的合法注册商标名称;子品牌/商品系列,即区分类似的产品线为产品命名不同系列名称,有时也可被注册为商标,但应和包装上的或与注册的名称一致。

第6步:填写产品特征属性。产品属性分为产品通用属性和产品特征属性两个部分。目前,在中国商品信息服务平台中设置了10个品类的产品特征属性,分别是:食品饮料类、保健品类、酒类、箱包类、洗化用品类、烟草类、药品类、餐具类、鞋类和种子类,产品信息采集过程中需逐一填报。

第7步:存储数据、共享数据。在服务平台上备案商品、存储数据、管理数据。通过共享中心将数据分享到零售商、电商、手机应用、搜索引擎等。

通过应用商品源数据,能够为商品的"身份认证"提供真实可信的数据,为信息互联互通提供行业通用标准,为线下线上融合提供全面的服务方案。同时,将商品源数据信息应用到进口商、海关、零售商、消费者等各环节,还能够实现:商品报关过程中的快速、高效、简单,提高办事效率;在通关过程中,依赖数据支撑快速通关;提供大数据分析,精确智能预警;建立产品标准库,优化海关及各行政管理部门的自动化水平。

由中国物品编码中心提出,中国条码技术与应用协会归口的《商品源数据 数据质量实施规范》系列标准已于2023年发布实施。该系列标准包括四个标准,分别是:《商品源数据 数据质量 第1部分 质量管理》《商品源数据 数据质量 第2部分 质量控制》《商品源数据 数据质量 第3部分 质量核查》《商品源数据 数据质量 第4部分 质量评价》。上述团体标准的发布与实施,为商品源数据的采集、使用和质量控制提供了标准支撑。

4.2 零售商品的编码标准

为零售商品赋予一个全球唯一的代码,是实现全球供应链协同和数据共享的基础。国家标准《商品条码 零售商品编码与条码表示》(GB 12904—2008)规定了零售商品的编码规则。

4.2.1 零售商品的代码结构

标准定义了三种代码结构:GTIN-13、GTIN-12和GTIN-8,分别适应不同的情形。

GTIN（global trade item number）的含义是全球贸易项目代码，是一种为全球贸易项目提供唯一标识的代码。

（1）13位数字代码结构。13位数字代码由厂商识别代码、商品项目代码、校验码三部分组成，分为4种结构，其结构如表4-1所示。

表4-1 13位代码结构

结构种类	厂商识别代码	商品项目代码	校验码
结构一	$X_{13}\,X_{12}\,X_{11}\,X_{10}\,X_9\,X_8\,X_7$	$X_6\,X_5\,X_4\,X_3\,X_2$	X_1
结构二	$X_{13}\,X_{12}\,X_{11}\,X_{10}\,X_9\,X_8\,X_7\,X_6$	$X_5\,X_4\,X_3\,X_2$	X_1
结构三	$X_{13}\,X_{12}\,X_{11}\,X_{10}\,X_9\,X_8\,X_7\,X_6\,X_5$	$X_4\,X_3\,X_2$	X_1
结构四	$X_{13}\,X_{12}\,X_{11}\,X_{10}\,X_9\,X_8\,X_7\,X_6\,X_5\,X_4$	$X_3\,X_2$	X_1

①厂商识别代码。厂商识别代码由7～10位数字组成，由中国物品编码中心负责分配和管理。厂商识别代码的前3位代码为前缀码，国际物品编码协会已分配给中国物品编码中心的前缀码为690～699和680～689。

②商品项目代码。商品项目代码由2～5位数字组成，一般由厂商编制，也可由中国物品编码中心负责编制。

③校验码。校验码为1位数字，用于检验整个编码的正误。校验码的计算方法是：首先，确定代码的位置序号，位置序号是指包括校验码在内的、由右至左的顺序号（校验码的代码位置序号为1）；然后，按下列步骤计算校验码。

a. 从代码位置序号2开始，所有偶数位的数字代码求和。

b. 将步骤a的和乘以3。

c. 从代码位置序号3开始，所有奇数位的数字代码求和。

d. 将步骤b与步骤c的结果相加。

e. 用10减去步骤d所得结果的个位数作为校验码（若个位数为0，校验码为0）。

【例1】 13位代码690123456789X_1校验码的计算见表4-2。

表4-2 13位代码校验码的计算方法示例

步骤	举例说明												
自右向左顺序编号	位置序号	13	12	11	10	9	8	7	6	5	4	3	2	1
	代码	6	9	0	1	2	3	4	5	6	7	8	9	X_1
a. 从序号2开始求出偶数位上数字之和①	9+7+5+3+1+9=34 ①												
b. ①×3=②	34×3=102 ②												
c. 从序号3开始求出奇数位上数字之和③	8+6+4+2+0+6=26 ③												
d. ②+③=④	102+26=128 ④												
e. 用10减去④所得结果的个位数作为校验码	10−8=2 校验码 $X1=2$												

（2）8位代码结构。8位代码由前缀码、商品项目代码和校验码三部分组成，其结构见表4-3。

表4-3 8位代码结构

前缀码	商品项目代码	校验码
$X_8X_7X_6$	$X_5X_4X_3X_2$	X_1

①前缀码。$X_8 \sim X_6$ 是前缀码，国际物品编码协会已分配给中国物品编码中心的前缀码为690～699和680～689。

②商品项目代码。$X_5 \sim X_2$ 是商品项目代码，由4位数字组成，中国物品编码中心负责分配和管理。

③校验码。X_1 是校验码，为1位数字，用于检验整个编码的正误。校验码的计算方法同13位。

【例2】8位代码$6901234X_1$校验码的计算见表4-4。

表4-4 8位代码校验码的计算方法示例

步骤	举例说明								
自右向左顺序编号	位置序号	8	7	6	5	4	3	2	1
	代码	6	9	0	1	2	3	4	X_1
a. 从序号2开始求出偶数位上数字之和①	4+2+0+6=12 ①								
b. ①×3=②	12×3=36 ②								
c. 从序号3开始求出奇数位上数字之和③	3+1+9=13 ③								
d. ②+③=④	36+13=49 ④								
e. 用10减去④所得结果的个位数作为校验码	10−9=1 校验码 $X_1=1$								

（3）12位代码结构。根据客户要求，出口到北美地区的零售商品可采用12位代码。12位代码由厂商识别代码、商品项目代码和校验码组成，其结构如下：

$$X_{12} \ X_{11} \ X_{10} \ X_9 \ X_8 \ X_7 \ X_6 \ X_5 \ X_4 \ X_3 \ X_2 \ X_1$$

厂商识别代码和商品项目代码 ——————————— ———— 校验码

①厂商识别代码。厂商识别代码是统一代码委员会（GS1 US）分配给厂商的代码，由左起6～10位数字组成。X_{12} 为系统字符，其应用规则见表4-5。

表4-5 系统字符应用规则

系统字符	应用范围
0, 6, 7	一般商品
2	商品变量单元
3	药品及医疗用品
4	零售商店内码
5	代金券
1, 8, 9	保留

②商品项目代码。商品项目代码由厂商编码,由 1～5 位数字组成。
③校验码。校验码为 1 位数字,计算方法同 13 位代码结构。

4.2.2 零售商品代码的编制

为零售商品赋予代码时,要考虑下列几种情形。

(1)**独立包装的单个零售商品代码的编制**。独立包装的单个零售商品是指单独的、不可再分的独立包装的零售商品。其商品代码的编制通常采用 13 位代码结构。当商品的包装很小,符合以下三种情况任意之一时,可申请采用 8 位代码结构:

① 13 位代码的条码符号的印刷面积超过商品标签最大面积的 1/4 或全部可印刷面积的 1/8 时。

②商品标签的最大面面积小于 40 cm^2 或全部可印刷面积小于 80 cm^2 时。

③产品本身是直径小于 3 cm 的圆柱体时。

(2)**组合包装的零售商品代码的编制**如下。

①标准组合包装的零售商品代码的编制。标准组合包装的零售商品是指由多个相同的单个商品组成的标准的、稳定的组合包装的商品。其商品代码的编制通常采用 13 位代码结构,但不应与包装内所含单个商品的代码相同。

②混合组合包装的零售商品代码的编制。混合组合包装的零售商品是指由多个不同的单个商品组成的标准的、稳定的组合包装的商品。其商品代码的编制通常采用 13 位代码结构,但不应与包装内所含商品的代码相同。

(3)**变量零售商品代码的编制**。变量零售商品的代码用于商店内部或封闭系统中的商品消费单元。其商品代码的选择见 GB/T 18283,我们将在下一节介绍。

4.3 店 内 码

超市中销售的散装蔬菜、水果、鱼虾等生鲜商品,预先没有包装,消费者自行挑选后需要先到称重台称重,打印条码后结算台结算。《商品条码 店内条码》(GB/T 18283—2008)规定了商店自行加工店内销售的商品和变量零售商品的编码结构。某超市中散装的蔬菜标签如图 4-1 所示。

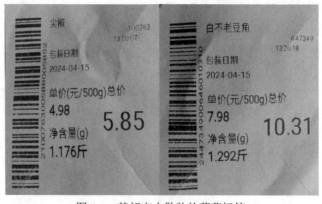

图 4-1 某超市中散装的蔬菜标签

4.3.1 相关概念

《商品条码 店内条码》（GB/T 18283—2008）中定义了变量零售商品相关的术语。

（1）**变量零售商品**（variable measure retail commodity），是指在零售贸易过程中，无法预先确定销售单元，按基本计量单位进行定价、销售的商品。例如，新鲜蔬菜、水果、海鲜、肉类等。

（2）**自有品牌商品**（private brand，PB）。自有品牌是批发商或零售商自己创立并使用的品牌，用于区别于其他品牌的商品或者服务。这里的自有品牌商品主要是指零售商自行加工店内销售的商品。由于该商品仅在店内销售，不参与市场的流通，可以使用店内码。

需要说明的是，在2024版《GS1通用规则》中，提出了"限域分销代码（RCN）"的概念。限域分销代码（restricted distribution code，RCN）是指在封闭式环境中使用的标识代码，其数据长度可以是8位、12位或13位。8位代码的称为RCN-8，12位代码的称为RCN-12，13位代码的称为RCN-13。

本书中，我们依然采用了国家标准《商品条码 店内条码》中的术语"店内码"，以便保持与国家标准一致。

4.3.2 代码结构

（1）**不包含价格等信息的13位代码**。不包含价格等信息的13位代码由前缀码、商品项目代码和校验码组成，其结构如表4-6所示。

表4-6 不包含价格等信息的13位代码结构

前缀码	商品项目代码	校验码
$X_{13}X_{12}$	$X_{11}X_{10}X_9X_8X_7X_6X_5X_4X_3X_2$	X_1

①前缀码。$X_{13}X_{12}$为前缀码，其值为20～29。
②商品项目代码。$X_{11}\sim X_2$为商品项目代码，由10位数字组成，由商店自行编制。
③校验码。X_1为校验码，为1位数字，根据前12位计算而成，用于检验整个代码的正误。

（2）**包含价格等信息的13位代码**。包含价格等信息的13位代码由前缀码、商品种类代码、价格或度量值的校验码、价格或度量值代码和校验码等5部分组成。其中，价格或度量值的校验码可以默认。包含价格等信息的13位代码共4种结构，其结构如表4-7所示。

表4-7 包含价格等信息的13位代码结构

结构种类	前缀码	商品种类代码	价格或度量值的校验码	价格或度量值代码	校验码
结构一	$X_{13}X_{12}$	$X_{11}X_{10}X_9X_8X_7X_6$	无	$X_5X_4X_3X_2$	X_1
结构二	$X_{13}X_{12}$	$X_{11}X_{10}X_9X_8X_7$	无	$X_6X_5X_4X_3X_2$	X_1
结构三	$X_{13}X_{12}$	$X_{11}X_{10}X_9X_8X_7$	X_6	$X_5X_4X_3X_2$	X_1
结构四	$X_{13}X_{12}$	$X_{11}X_{10}X_9X_8$	X_7	$X_6X_5X_4X_3X_2$	X_1

①前缀码。$X_{13}X_{12}$是前缀码，其值为20～29。

②商品种类代码。由 4～6 位数字组成，用于标识不同种类的零售商品，由商店自行编制。

③价格或度量值代码。由 4 到 5 位数字组成，用于表示某一具体零售商品的价格或度量值信息。

④价格或度量值的校验码。结构三和结构四包含价格或度量值的校验码，为 1 位数字，根据价格或度量值代码的各位数字计算而成，用于检验整个价格或度量值代码的正误。其计算方法见第 4.3.3 小节。

（3）8 位代码。8 位代码由前缀码、商品项目代码和校验码组成，其结构如表 4-8 所示。

表 4-8　店内条码的 8 位代码结构

前缀码	商品项目代码	校验码
2	$X_7X_6X_5X_4X_3X_2$	X_1

①前缀码，由 1 位数字组成，其值为 2。
②商品项目代码。$X_7 \sim X_2$ 是商品项目代码，由 6 位数字组成，由商店自行编制。
③校验码。X_1 为校验码，为 1 位数字，根据前 7 位计算而成，用于检验整个代码的正误。

4.3.3　价格或度量值的校验码计算方法

（1）加权积。在价格或度量值的校验码计算过程中，要对价格或度量值代码中每个代码位置分配一个特定的运算规则，即加权因子，包括 2−，3，5+，5− 四种。根据相应的加权因子，对价格或度量值代码中的数值进行数学运算得出的结果称为加权积。

表 4-9 至表 4-12 分别给出了数值 0～9 依照加权因子 2−，3，5+，5− 运算得出的加权积。

表 4-9　加权因子 2− 对应的加权积

代码数值	0	1	2	3	4	5	6	7	8	9
加权积	0	2	4	6	8	9	1	3	5	7

表 4-10　加权因子 3 对应的加权积

代码数值	0	1	2	3	4	5	6	7	8	9
加权积	0	3	6	9	2	5	8	1	4	7

表 4-11　加权因子 5+ 对应的加权积

代码数值	0	1	2	3	4	5	6	7	8	9
加权积	0	5	1	6	2	7	3	8	4	9

表 4-12　加权因子 5– 对应的加权积

代码数值	0	1	2	3	4	5	6	7	8	9
加权积	0	5	9	4	8	3	7	2	6	1

（2）4 位数字的价格或度量值代码的校验码计算。价格或度量值代码位置序号按从左至右顺序排列。

第一步：表 4-13 给出了每个代码位置应采用的加权因子。对照表 4-9、表 4-10 和表 4-12 得出各代码位置的数值所对应的加权积。

表 4-13　4 位数字的价格或度量值代码的加权因子分配规则

代码位置序号	1	2	3	4
	X_5	X_4	X_3	X_2
加权因子	2–	2–	3–	5–

第二步：将第一步的结果相加求和。

第三步：将第二步的结果乘以 3，所得结果的个位数字即为校验码的值。

【例 3】价格代码 2875（即 28.75 元）校验码的计算示例。

代码位置序号			1	2	3	4	
加权因子			2–	2–	3	5–	
价格代码			2	8	7	5	
1. 根据表 4-9、表 4-10 和表 4-12 得加权积			4	5	1	3	
2. 求和			4 +	5 +	1 +	3 =	13
3. 用 3 乘以第 2 步的结果						=	3<u>9</u>

取乘积的个位数字 9 为所求价格校验码──────────↑

（3）5 位数字的价格或度量值代码的校验码计算。价格或度量值代码位置序号按从左至右顺序排列。

第一步：表 4-14 给出了每个代码位置应采用的加权因子。对照表 4-9、表 4-11 和表 4-12 得出各代码位置的数值所对应的加权积。

表 4-14　5 位数字价格或度量值代码加权因子的分配规则

代码位置序号	1	2	3	4	5
	X_6	X_5	X_4	X_3	X_2
加权因子	5+	2–	5–	5+	2–

第二步：将第一步的结果，即各加权积，相加求和。

第三步：用大于或等于第二步所得结果且为 10 的最小整数倍的数，减去第二步所得结果。

第四步：在表 4-12 中查找与第三步所得结果数值相同的加权积，该加权积所对应的代码数值即为校验码的值。

【例4】 价格代码14685（即146.85元）校验码的计算示例。

代码位置序号	1	2	3	4	5
加权因子	5+	2−	5−	5+	2−
价格代码	1	4	6	8	5
1. 根据表 A1、A3 和 A4 得加权积	5	8	7	4	9
2. 求和	5 + 8 + 7 + 4 + 9 = 33					
3. 用大于或等于第二步所得结果且为 10 的最小整数倍的数减去第二步所得结果	40−33=7				
4. 查表 4-12 得加权积 7 所对应的代码数值为 6，即 6 为所求校验码。					

本章小结

本章系统介绍了基于 GS1 技术标准的零售商品的编码规则及应用。《商品条码 零售商品编码与条码表示》（GB 12904—2008）和《商品条码 - 店内条码》（GB/T 18283—2008）分别规定了定量贸易项目和只在店内销售的商品的编码规则、校验码计算方法等内容。应重点掌握企业的"厂商识别代码"的获取和贸易项目代码的赋值方法，并能够根据编码规则为企业的每一个产品赋予一个唯一的代码。

拓展阅读 4.1：商品源数据质量管理团体标准

本章习题

1. 查看一瓶娃哈哈矿泉水、一包乐事薯片、一袋康师傅方便面的代码和条码，找出它们的编码规律，并说明各部分的含义。

2. 到附近的超市购买一种称重的商品（如水果），分析标签上的编码结构。

3. 到附近不同的超市分别购买一份称重的水果，分析其标签上的代码长度是否跟我们所讲的国家标准规定的长度一致？

4. 什么是商品源数据？商品源数据都包含哪些信息？

5. 分析商品代码在商品源数据中的作用。

【实训题】零售商品的编码

A 企业是全国知名的食品饮料生产企业，其产品涵盖蛋白饮料、包装饮用水、碳酸饮料、茶饮料等十余类两百多个品种。随着"一带一路"经济贸易的发展和中国茶文化在"一带一路"共建国家的传播，A 企业的茶饮料也越来越受到欢迎，出口前景广阔。近期，A 企业又开发了一款冷泡型茶饮料，共 5 种口味，分别是乌龙茶、白茶、绿茶、薄荷茶和茉莉花茶。此前已有 267 款产品上市并获得市场的广泛认可。为便于销售和储藏运输，销售部门设计了两种规格的包装单元：6杯/箱和12杯/箱。

中国物品编码管理机构已为企业发放了厂商识别代码"682123456"，企业为产品赋予项目代码的规则是：按产品上市的顺序赋码，此前已有267个产品上市。

1. 请为新款冷泡型茶饮料的产品编制代码。（提醒：每种口味的产品都是一个独立的产品，须单独编码。）

2. 计算每一个代码的校验码。

【在线测试题】

扫描二维码，在线答题。

第 5 章　储运包装商品编码

> **导入案例**
>
> ### 京东无人仓库
>
> 京东上海亚洲一号仓每日包裹量可达 20 万个，这种体量仅分拣就需要 300 人同时操作，无人仓可以实现全部无人操作。无人仓实现了作业无人化、运营数字化和决策智能化。
>
> （1）作业无人化。无人仓要具备极高技术水平、极致产品能力和极强协作能力。无人仓内智能设备上千台，智能设备使用密度极高，通过自动立体仓库、3D 视觉识别、自动包装等技术，实现了各种设备、机器、系统之间的高度协同。
>
> （2）运营数字化。无人仓需要具备自感知、自适应、自决策、自诊断、自修复的能力，"小红人"以最优路线完成商品的分拣，出现常规故障时能在 30 秒内自动修复。
>
> （3）决策智能化。数据能让上游的供应商和下游的配送及时响应，快速调整决策，进而形成整个社会的、全供应链的共同协同、共同智能化。无人仓还大大减轻了工人的劳动强度，效率是传统仓库的 10 倍，实现了成本、效率、体验的最优。
>
> 在无人分拣区，300 个带着"京东红"涂装的分拣机器人（见图 5-1）在往来穿梭。这些"小红人"的速度惊人，每秒行进速度可达 3 米，按照不同的轨道进行货物运送。若是加急的货物，其他"小红人"会自动让道，让加急货物优先运送。
>
>
>
> 图 5-1　"京东红"涂装的分拣机器人
>
> 这一切的背后是一个超级"智能大脑"。这个智能大脑可在 0.2 秒的时间内计算出 300 多个机器人运行的 680 亿条可行线路，并作出最佳选择。其智能系统的反应速度为 0.017 秒，运营效率提升 3 倍。
>
> 无人仓这么高度智能，那会不会出现差错呢？当然会！如果包裹上的条码（见图 5-2）处于机器人的视觉盲点，系统就无法获取商品信息。

图 5-2 仓储商品上的条码标签

对入库的每一件包裹和每一个库位准确编码,是实现无人仓的最基础和最关键的一步。

资料来源:https://www.sohu.com/a/346382557_99893990。

京东无人仓的实现,得益于每一个包装上都粘贴了条码标签。

5.1 仓储管理与编码标准化

在自动贩卖机上销售的矿泉水,是以"瓶"为单位的;但在超市中购买时,除了按"瓶"销售,也可以按"托""箱"等单位销售。为了便于储存和运输,矿泉水都是以 6 瓶 /箱、12 瓶 / 箱、24 瓶 / 箱等为单位的。在仓库(见图 5-3)存放时,为更好地利用存储空间,方便装卸搬运,需要对库位和物品统一编码。

图 5-3 仓库示例

仓储管理(warehouse management,WM)涉及仓储和库存两个基本概念。仓储是解决供应(生产)与需求(消耗)之间不协调的一种措施。国家标准《物流术语》(GB/T 18354—2021)指出:仓储是指利用仓库及相关设备进行物品的入库、存储、出库的活动;库存是指储存作为今后按预定的目的使用而处于闲置或非生产状态的物品。广义的库存包括处于加工状态和运输状态的物品。

5.1.1 现代仓储管理系统的形成

现代仓储管理系统的形成一般基于 4 个方面的原因：降低运输和生产成本、协调供求关系、辅助生产和支持市场销售。

（1）**降低运输和生产成本**。库存一方面会增加费用，另一方面也可能提高运输和生产效率，降低运输和生产成本，达到新的平衡。

（2）**协调供求关系**。许多产品的生产往往具有季节性，如粮食、水果等，但粮食和水果的需求是持续的，仓储是协调供求关系的手段之一。另外，有些原材料和产品的市场价格随时间变化非常大，如钢材、石油等，会促使一些企业为了享受低价而提前购买，这时也需要仓储。

在整个供应链中，仓储是缓冲器。由于供应链中的成员在地理位置上是相互分离的，为了实现产品在时间和空间上的衔接，有必要在供应链的各个环节——供应与采购、采购与生产、生产与销售、分销与中介、中介与消费者之间建立库存，以起到缓解和缓冲的作用。

（3）**辅助生产**。有些产品（大家熟悉的葡萄酒、醪糟、酱油、醋等需要发酵的食品）在生产制造过程中，需要储存一定的时间使产品发生变化，这样也需要仓储。为了避免因关键设备故障而出现停工，也为了使存在速度差异的作业工序实现均衡物流，需要在工厂内的制造作业之间经常保持在制品库存。

（4）**支持市场销售**。仓储使产品更接近客户，缩短运送时间或使供给随时可得，提高了客户满意度，增强销售能力。如在"双十一""618"等电商大促时，电商企业会根据预售/加购的数据事先设置"前置仓"，也就是把商品事先放到离消费者最近的仓库中，一旦客户下单，马上出库送货，这样保证了物流的效率，大大提高了客户的购买体验和满意度。

产成品库存的存在可以极大降低因无法预料的需求或提前期的变动引起的缺货概率，大大提高客户服务水平。

5.1.2 仓储系统的功能

仓储系统的功能主要有 3 个：储存、搬运和信息传递。具体包括如下功能。

（1）**仓位管理**。将库区、仓位划分好，为每一个仓位编制唯一的代码，贴上条码标签作为标识，并在系统上搭建仓位数据库，可让不同货物均与对应仓位绑定关系，加快了找货、盘点、上架等操作速度，也提高了仓库利用效率。

（2）**基本信息管理**。对仓储内容的基本信息进行管理，包括对仓储物品的分类、标识和记录。

（3）**入库管理**。负责货物的接收和入库操作，确保货物按照规定的程序和标准进入仓库，并进行准确的记录。货物到库时，仓库操作人员先清点完货物，然后打印并粘贴标签，完成入库。个人数字助理（personal digital assistant，PDA）扫码枪上显示上架仓位，库内叉车司机将货物放到指定位置，扫描仓位的条码，让货物与仓位绑定。

（4）**出库管理**。处理货物的出库请求，确保货物按照订单或生产需求从仓库中发出，并记录出库信息。系统可以创建和打印出库单，PDA 扫码枪上显示出库仓位，仓库操作人员前往指定位置扫描货物条码，自动对系统出库单进行检验，防止拣错货、拣漏货的情况。在发货前，可将货物与订单进行一次校验，确保出库的精准性。在装车发货前，货物与出库单通过扫描再做一次确认，同时同步更新发货和装车信息。

（5）**盘点管理**。定期对仓库中的货物进行清点和检查，确保库存数据的准确性。

（6）**库存管理**。监控和控制仓库中的存货水平，以保证生产、销售和供应链的需求得到满足。

（7）**数据统计分析管理**。对仓库管理数据进行分析和统计，为决策提供支持。

（8）**溯源管理**。通过货物批次管理和一物一码条码技术，在各个仓库操作环节当中都有记录货物信息，可以打造完整的溯源链条，确保货物流向可控和可溯源。

为了对库存商品进行准确记录和实现智能化的出库、入库管理，需要对仓储商品进行统一编码，并对编码进行标识。

5.1.3　储运包装商品

由于现代仓储的作用不仅是保管，更多是物资流转中心，对仓储管理的重点更多关注的是如何运用现代技术，如信息技术、自动化技术来提高仓储运作的速度和效益。因此，更加需要对仓储商品进行统一编码。

国家标准《商品条码 储运包装商品编码与条码表示》（GB/T 16830—2008）对储运包装商品给出了明确的定义。储运包装商品（dispatch commodity）就是由一个或若干个零售商品组成的用于订货、批发、配送及仓储等活动的各种包装的商品。这里还要区分是定量储运包装商品还是变量储运包装商品。

定量零售商品（fixed measure retail commodity）是指按相同规格（类型、大小、质量、容量等）生产和销售的零售商品。变量零售商品（variable measure retail commodity）是指在零售过程中，无法预先确定销售单元，按基本计量单位计价销售的零售商品。

定量储运包装商品（fixed measure dispatch commodity）是由定量零售商品组成的稳定的储运包装商品。例如，一箱 12 瓶矿泉水和一箱 24 瓶矿泉水，都属于定量储运包装商品。变量储运包装商品（variable measure dispatch commodity）是由变量零售商品组成的储运包装商品，如一箱茶叶、一筐苹果等。

5.2　储运包装商品的编码规则

5.2.1　代码结构

储运包装商品的编码采用 GTIN-13 位或 GTIN-14 位数字代码结构。

（1）13 位代码结构（GTIN-13）。13 位储运包装商品的代码结构与 13 位零售商品的代码结构相同，代码结构如表 4-1 所示，这里不再重复。

（2）14 位代码结构（GTIN-14）。储运包装商品 14 位代码结构如表 5-1 所示。

表 5-1 储运包装商品 14 位代码结构

储运包装商品包装指示符	内部所含零售商品代码前 12 位	校验码
V	$X_{12}\ X_{11}\ X_{10}\ X_9\ X_8\ X_7\ X_6\ X_5\ X_4\ X_3\ X_2\ X_1$	C

①储运包装商品包装指示符。储运包装商品 14 位代码中的第一位数字为包装指示符，用于指示储运包装商品的不同包装级别，取值范围为：1，2，…，8，9。其中：1～8 用于定量储运包装商品，企业根据实际需要分配指示符来为贸易项目组合创建标识代码；指示符的使用可以提供 8 个单独的 GTIN-14 来标识不同数量的相同贸易项目构成的贸易项目组合（见表 5-2）。

表 5-2 定量贸易项目组合

指示符	组合内单个贸易项目的 GTIN（不包含校验码）	新校验码	描述	数量
	061414112345	2	贸易项目	一个
1	061414112345	9	贸易项目组合	一个组合
…	…	…	…	…
8	061414112345	8	贸易项目组合	另一个组合

当 8 个指示符用完后，则必须用新的 GTIN-12 或 GTIN-13 对更多的贸易项目组合进行标识。而 9 则用于变量储运包装商品。数字 9 指示符表明被标识项目为非 POS 扫描的变量贸易项目。

②内部所含零售商品代码前 12 位。储运包装商品 14 位代码中的第 2 位到第 13 位数字为内部所含零售商品代码前 12 位，是指包含在储运包装商品内的零售商品代码去掉校验码后的 12 位数字。

③校验码。储运包装商品 14 位代码中的最后一位为校验码，计算方法见第 5.2.3 小节。

5.2.2 代码编制

（1）**标准组合式储运包装商品**。标准组合式储运包装商品是多个相同零售商品组成标准的组合包装商品。标准组合式储运包装商品的编码可以采用与其所含零售商品的代码不同的 13 位代码，也可以采用 14 位的代码（包装指示符为 1～8）。

（2）**混合组合式储运包装商品**。混合组合式储运包装商品是多个不同零售商品组成标准的组合包装商品，这些不同的零售商品的代码各不相同。混合组合式储运包装商品可采用与其所含各零售商品的代码均不相同的 13 位代码，编码方法见第 4.2 节。

（3）**变量储运包装商品**，采用 14 位的代码（包装指示符为 9）。

（4）**同时又是零售商品的**储运包装商品，则按 13 位的零售商品代码进行编码。

5.2.3 储运包装商品 14 位代码中校验码的计算

（1）**代码位置序号**。代码位置序号是指包括检验码在内的，由右至左的顺序号（校验码的代码位置序号为1）。

（2）**计算步骤**。校验码的计算步骤如下。

①从代码位置序号 2 开始，所有偶数位的数字代码求和。

②将步骤①的和乘以 3。

③从代码位置序号 3 开始，所有奇数位的数字代码求和。

④将步骤②与步骤③的结果相加。

⑤用 10 减去步骤④所得结果的个位数作为校验码（个位数为 0，校验码为 0）。

代码 0690123456789C 的校验码 C 计算如表 5-3 所示。

表 5-3　14 位代码的校验码计算方法

步骤	举例说明														
1. 自右向左顺序编号	位置序号	14	13	12	11	10	9	8	7	6	5	4	3	2	1
	代码	0	6	9	0	1	2	3	4	5	6	7	8	9	C
2. 从序号 2 开始求出偶数位上数字之和①	9+7+5+3+1+9=34 ①														
3. ①×3=②	34×3=102 ②														
4. 从序号 3 开始求出奇数位上数字之和③	8+6+4+2+0+6=26 ③														
5. ②+③=④	102+26=128 ④														
6. 用 10 减去结果④所得结果的个位数作为校验码（个位数为 0，校验码为 0）	130–128=2 校验码 C=2														

本章小结

本章介绍了仓储包装商品的代码结构和编制方法。本章的重点是准确理解仓储包装商品的含义，并对每一个仓储包装商品赋予唯一的代码；本章的难点是 14 位代码中包装指示符 V 的正确使用及校验位的计算方法。

拓展阅读 5.1：
京东智慧仓储
管理系统

本章习题

1. 请以电商"双十一"促销为例，论述仓储的作用。
2. 收集 3～5 仓储包装商品上的编码，分析其编码结构并说明各部分的含义。
3. 举例说明储运商品代码中的第一位上的"9"的含义。
4. 分析仓库中库位编码与仓储商品编码如何建立关联关系。
5. 简述校验码的计算过程。

【实训题】仓储商品编码

为订货、仓储方便，A企业设计了5款仓储包装商品，分别如下：

（1）单一口味的6杯/箱；

（2）单一口味的12杯/箱；

（3）混合口味的6杯/箱；

（4）混合口味的12杯/箱；

（5）混合口味的24杯/箱。

其中，第1～3三款产品既用于仓储，也可以直接在零售终端销售；第4款、第5款产品仅用于订货和仓储。请根据国家标准《商品条码 储运包装商品编码与条码表示》GB/T 16830—2008的规定，为A企业的5款包装储运商品编制代码并计算校验位，将设计结果填入下表并说明编制思路和选择代码结构的理由。

储运包装商品	代码结构	代码	校验位
单一口味的6杯/箱			
单一口味的12杯/箱			
混合口味的6杯/箱			
混合口味的12杯/箱			
混合口味的24杯/箱			

【在线测试题】

扫描二维码，在线答题。

第6章 物流单元编码

> **导入案例**
>
> **中欧班列上的物流单元**
>
> 中欧班列（见图6-1）是由中国铁路牵头开展的一项国际铁路联运项目，连接中国、欧洲及"一带一路"共建国家。这个项目以固定的车次、线路、时间表和运行时刻表，运输集装箱货物，已成为中国铁路在国际物流领域的一个著名品牌，赢得了"'一带一路'上的钢铁驼队"之称。
>
> 自2011年3月19日首列班列（重庆至杜伊斯堡）开行以来，中欧班列已有十多年的运营历史。目前，中欧班列已发展为西、中、东三大运输通道，覆盖八十多条线路，连接欧洲二十多个国家的二百多个城市。累计开行班列超过6万列，运输的货物价值超过2 900亿美元。中欧班列作为国际物流的陆路运输主力，对促进亚欧国家间的经贸交流和区域经济社会发展起着重要作用。
>
>
>
> 图6-1 中欧班列
>
> 我们以出口为例来说明其操作流程。
>
> 1. 拼箱
>
> （1）根据货物数据（件数、毛重、体积）和货好时间，询问合适的舱位，一般要考虑发货地到集货仓库的时间，尽量与截仓时间匹配。订舱后一般会提供一份指定仓库的进仓单，物流需要凭单进仓。如果是保税仓库，需要提前核对好报关资料后才可以提前一天预约进仓。2022年3月国铁集团规定：为防止货物瞒报谎报及方便车站海关查验，所有货物进仓需在每件货物的显著位置贴有中文品名的标签，标签品名必须和报关及随车品名相一致。

（2）提交报关资料（电子版箱单、发票、合同、报关单、申报要素、报关委托书等）给报关行出报关草单，核对好报关草单后等正式报关（一般班列发车前1～2个工作日安排统一报关），保税区会在进仓前报关一次，出仓前报关一次。

（3）核对提单草稿件，一般需要在发车前完成，还要留底一个收货人联系邮箱，方便国外代理发到货通知用。

（4）发运后收账单，付运费及查收更新运踪，如有到门订单，等班列到终点，代理提柜拆箱；清关后，安排后程派送任务，直至派送到门，取得签收单。中欧班列运踪一般都是由国铁对应的班列平台提供，暂时无法在网络上查询。

2. 整箱

（1）首先寻求距离货源地近的始发站路线（可减少拖车费的支出）进行订舱，订舱后班列平台会给到重柜落箱的指令，在某个车站或者堆场，提供落箱文件等信息。

（2）如拼箱货一样要提供报关资料，柜货还需要提供随车运单导入表之类的文件。

（3）核对运单草稿件，着重核对发货人，货物品名、HS、件数/毛重/箱重/总重等信息，俄线还要核对第25栏DTHC信息。

（4）发运后收账单，付运费及查收更新运踪，如有到门订单，等班列到站；清关后，安排拖车到门点卸柜，再还空到相应堆场即完成订单。

中欧班列运单是承运人与货主之间缔结的运输契约的证明，类似于合同，然而和海运提单不同，中欧班列运单为非物权凭证，不具备流通属性。中欧班列的运单格式是统一的，由发货人编制并提交给缔约承运人。完整的运单由一整套票据包括带编号的六张和必要份数的补充运行报单组成。国际货协SMGS运单的格式如图6-2所示。

第一联：运单正本（给收货人）：此联运单随同货物至到达站，并连同第六联和货物一起交给收货人。

第二联：运行报单（给向收货人支付货物的承运人），此联运单随同货物至到达站，并留存到铁路目的地。

第三联：货物交付单（给向收货人交付货物的承运人），此联同第二联一样，随同货物至到达站，并留存到铁路目的地。

第四联：运单副本（给发货人），在运输合同缔结后，交给发货人。它用于运输合同签订、外汇核销等，是平时业务操作中最常见的一联。

第五联：货物接收单（给缔约承运人），一般是给发运承运人，即发运铁路。

第六联：货物到达通知单（给收货人）：随同货物运至到达站，并连同第一联和货物一起交给收货人，作为收货人进口报关文件。

补充运行报单（无号码）：给接续承运人，即给货物运送途中的承运人（将货物交付收货人的承运人除外）。

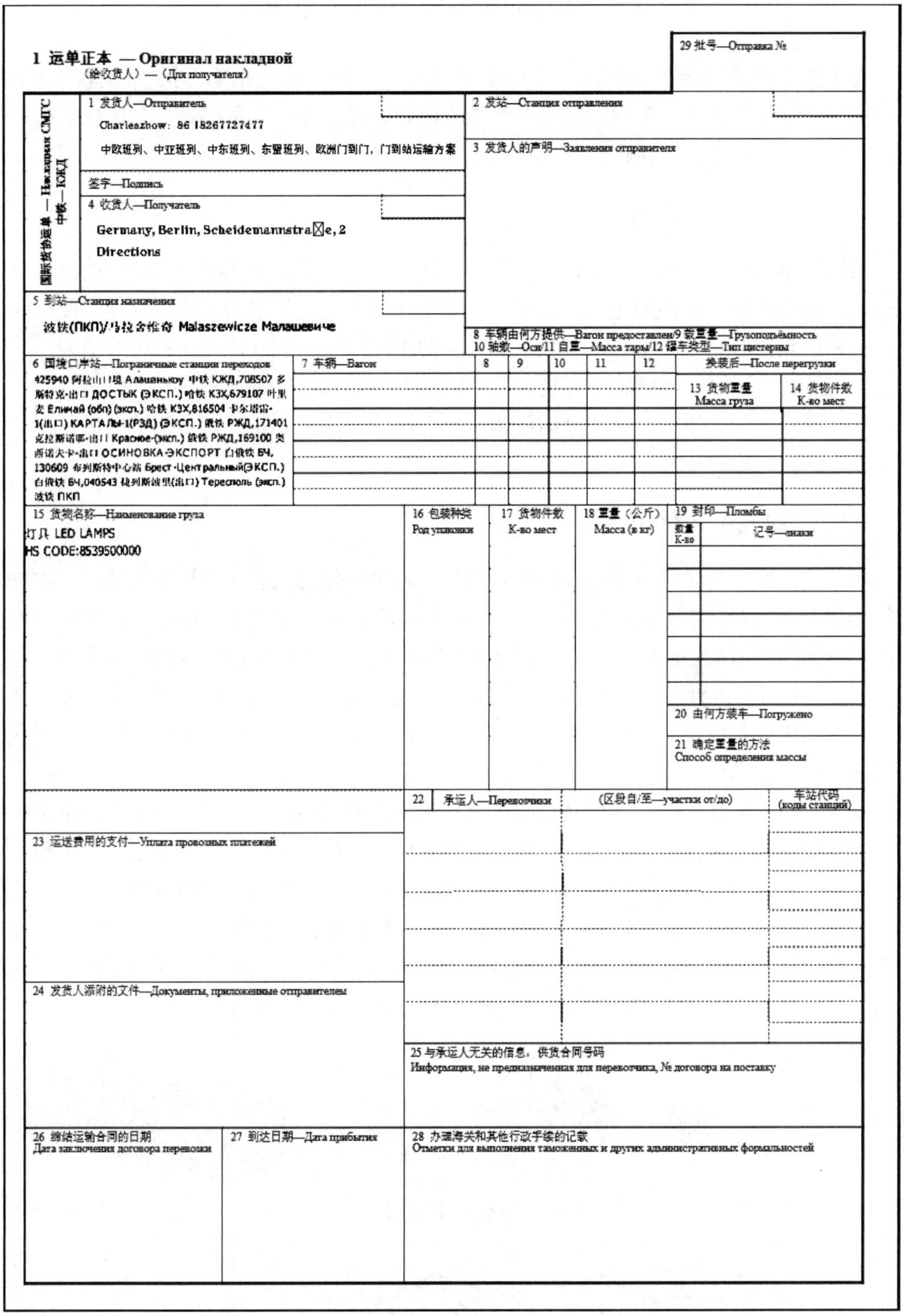

图 6-2 中欧班列运单格式（示例）

资料来源：https://zhuanlan.zhihu.com/p/560942490。

6.1 物流单元化与物流单元

为了便于在供应链上不同伙伴之间运输物料和产品,需要把零散的、单件的商品打包,以便于运输、仓储、搬运,从而降低物流成本。按照什么规则打包?如何标识打包的单元?本节就来探讨这些问题。

6.1.1 物流单元的含义

国家标准《商品条码 物流单元编码与条码表示》(GB/T 18127—2009)对物流单元(logistics units)做了明确的定义。物流单元是指在供应链过程中为运输、仓储、配送等建立的包装单元。例如,一箱有不同颜色和尺寸的12件裙子和20件夹克的组合包装,一个含有40箱饮料的托盘(每箱12盒装)都可以视为一个物流单元。

物流单元是为了便于运输和仓储而建立的任何组合包装单元。在供应链中需要对其进行个体的跟踪与管理。

6.1.2 物流单元化技术

单元化的概念包含两个方面:一是对物品进行单元化的包装(即标准的单元化物流容器的概念),将单件或散装物品通过一定的技术手段,组合成尺寸规格相同,质量相近的标准"单元",而这些标准"单元"作为一个基础单位,又能组合成更大的集装单元。二是围绕这些已经单元化的物流容器,它们的周边设备包括工厂的工位器具的应用和制造也有一个单元化技术的含义在里面,包括规格尺寸的标准化、模块化的制造技术和柔性化的应用技术。

从包装的角度来看,单元化是按照一定单元将杂散物品组合包装的形态。由于杂、散货物难以像大型的单件货物那样进行处理,而且体积、质量都不大,需要进行一定程度的组合,有利于物流活动的开展。从运输角度来看,单元化集装所组合的组合体往往又正好是一个装卸运输单位,非常便利运输和装卸,比如托盘或其他集装方式。

单元化有若干种典型的方式,一般可分为三大类,即集装箱系列、托盘系列、周转箱系列。各种典型的单元化方式和它们之间的变形方式如图6-3至图6-5所示。

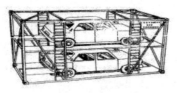

图6-3 集装箱

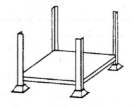

图6-4 托盘

  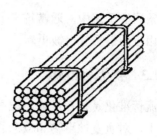

图 6-5 周转箱

托盘系列最典型的是平托盘，包括塑料平托盘、木托盘等。其变形体有柱式托盘、架式托盘（集装架）、笼式托盘（仓库笼）、箱式托盘、可折叠式托盘、仓库笼等。与托盘配合的周转箱有可插式和可折叠式及直壁式等。集装箱系列最典型的是标准运输用集装箱。这样从周转箱到托盘、车，再到集装箱，形成了整个物流系统中的单元器具链。当然，每个行业有不同的应用范围。

单元化技术首先是一种包装方式，必须达到包装的基本要求，既能有效保护物料，节省空间，便于搬运等，但又远远超出包装的范畴，如单元化容器的尺寸必须配合汽车的尺寸、托盘的尺寸，甚至滚道的宽度尺寸、货架的尺寸，以及其自身互相组合的尺寸等。

单元化技术能有效地将分散的物流各项活动联结成一个整体，是物流系统化中的核心内容和基础内容。在单元化系统中，首要的问题是将货物形成集装状态，即形成一定大小和质量的组合体，这是"集零为整"的方式。将零散货物集中成一个较大的单元，称为单元组合，又称集装。单元化器具也称为集装器具。

单元化的特点就是将形状、尺寸各异的物料集中成为一个个标准的货物单元。这种"集小为大"是按物流的标准化、通用化要求而进行的，这就使中、小件散杂货的搬运效率大大提高。单元化的效果实际上是这种优势的结果，主要优点体现在以下几方面。

(1) 促使装卸合理化。有些人认为，这是单元化的最大效果。和单个物品的逐一装卸处理比较，这一效果主要表现在：

①大大缩短装卸时间，这是由于多次装卸转为集装一次装卸而带来的效果。

②使装卸作业劳动强度降低，将工人从繁重的体力劳动中解放出来。过去，中、小件大数量物料装卸，工人劳动强度极大，工作时极易出差错，造成货物损坏。采用单元化后不但减轻了装卸劳动强度，而且凭借单元化货物的保护作用，可以有效防止装卸时的碰撞损坏及散失丢失。

③使包装合理化。采用单元化后，可降低物品的单体包装及小包装要求，甚至可以去掉小包装从而在包装材料上有很大节约。由于集装的大型化和防护能力的增强，有利于保护货物。由于集装整体进行运输和保管，在设计上强调可堆垛性与合理的尺寸链，这样能充分利用运输工具和保管场地的空间。

④降低物流成本。在材质与结构上可重复使用，从长期来说可以降低物流成本。

(2) 单元化系统的效果，是将原来分立的物流各环节有效地联合为一个整体，使整个物流系统实现合理化成为可能。可以说单元化是物流现代化的基础。

(3) 现代单元化技术，使得单元集装器具成为物流和信息流的节点。在现代物料搬运系统中，单元器具不仅是物料的载体（比如说一托盘多少件物料），而且是信息流的载体。

在使用条码的系统中，通常箱子上的条码或看板就载有该物料的相关信息，该物料被取走后，则相应的信息就会被更新。

6.1.3 物流标准化

物流标准化是指在运输、配送、包装、装卸、保管、流通加工、资源回收及信息管理等环节中，对重复性事物和概念通过制定发布和实施各类标准，达到协调统一，以获得最佳秩序和社会效益。物流标准化包括以下3个方面的含义。

（1）从物流系统的整体出发，制定其各子系统的设施、设备、专用工具等的技术标准，以及业务工作标准。

（2）研究各子系统技术标准和业务工作标准的配合性，按配合性要求，统一整个物流系统的标准。

（3）研究物流系统与相关其他系统的配合性，谋求物流大系统的标准统一。

要实现物流系统与其他相关系统的沟通和交流，需要在物流系统和其他系统之间建立通用的标准。首先要在物流系统内部建立物流系统自身的标准，而整个物流系统的标准的建立又必然包括物流各个子系统的标准。因此，物流要实现最终的标准化必然要实现以上3个方面的标准化。

物流标准化的内容如下。

（1）物流设施标准化：托盘标准化、集装箱标准化等。

（2）物流作业标准化：包装标准化、装卸/搬运标准化、运输作业标准化、存储标准化等。例如，GB/T 15233—2008 包装单元货物尺寸，GB/T 191—2008 包装储运图示标志等。

（3）物流信息标准化：EDI/XML 标准电子报文标准化、物流单元编码标准化、物流节点编码标准化、物流单证编码标准化、物流设施与装备编码标准化、物流作业编码标准化、物流单元编码标准化。

6.2 物流单元编码标准

GS1 系统的一个重要应用是跟踪和追溯供应链中的物流单元。扫描每个物流单元标识代码，通过物流与相关的信息流链接，可跟踪并追溯每个物流单元的实物移动，并为在更大范围内的应用创造了机会，比如直接转运、运输路线安排、自动收货等。

物流单元的编码就是给每一个物流单元赋予一个唯一的代码的过程。国家标准《商品条码 物流单元编码与条码表示》（GB/T 18127—2009）中明确规定了物流单元的编码规则。

6.2.1 物流单元的代码结构

物流单元使用 GS1 标识代码——系列货运包装箱代码（serial shipping container code, SSCC）进行标识。SSCC 保证了物流单元标识的全球唯一性。

不管物流单元本身是否标准，所包含的贸易项目是否相同，SSCC 都可标识所有的物流单元。厂商如果希望在 SSCC 数据中区分不同的生产厂（或生产车间），可以通过分配每个生产厂（或生产车间）SSCC 区段来实现。SSCC 在发货通知、交货通知和运输报文中公布。

属性信息如货物托运代码 AI（401）作为可选项，可以采用国际通用的数据结构和条码符号，以实现准确的解释。

物流单元标识代码 SSCC 由扩展位、厂商识别代码、系列号和校验码四个部分组成，是 18 位的数字代码，分为四种结构，如表6-1 所示。其中，扩展位由 1 位数字组成，取值 0～9；厂商识别代码由 7～10 位数字组成；系列号由 6～9 位数字组成；校验码为 1 位数字。

表 6-1 SSCC 结构

结构种类	扩展位	厂商识别代码	系列号	校验码
结构一	N_1	$N_2\ N_3\ N_4\ N_5\ N_6\ N_7\ N_8$	$N_9\ N_{10}\ N_{11}\ N_{12}\ N_{13}\ N_{14}\ N_{15}\ N_{16}\ N_{17}$	N_{18}
结构二	N_1	$N_2\ N_3\ N_4\ N_5\ N_6\ N_7\ N_8\ N_9$	$N_{10}\ N_{11}\ N_{12}\ N_{13}\ N_{14}\ N_{15}\ N_{16}\ N_{17}$	N_{18}
结构三	N_1	$N_2\ N_3\ N_4\ N_5\ N_6\ N_7\ N_8\ N_9\ N_{10}$	$N_{11}\ N_{12}\ N_{13}\ N_{14}\ N_{15}\ N_{16}\ N_{17}$	N_{18}
结构四	N_1	$N_2\ N_3\ N_4\ N_5\ N_6\ N_7\ N_8\ N_9\ N_{10}\ N_{11}$	$N_{12}\ N_{13}\ N_{14}\ N_{15}\ N_{16}\ N_{17}$	N_{18}

6.2.2 附加信息代码的结构

附加信息代码是标识物流单元相关信息（如物流单元内贸易项目的 GTIN、贸易与物流量度、物流单元内贸易项目的数量等信息）的代码，由应用标识符（application identifier，AI）和编码数据组成。如果使用物流单元附加信息代码，则需与 SSCC 一并处理。物流单元中常用的附加信息代码见表6-2，数据格式见《商品条码 应用标识符》（GB/T 16986—2018）。我们将在第 8 章详细介绍应用标示符 AI。

表 6-2 常用的附加信息代码结构

AI	编码数据名称	编码数据含义	格式
02	CONTENT	物流单元内贸易项目的 GTIN	n_2+n_{14}
33nn，34nn，35nn，36nn	GROSS WEIGHT, LENGTH 等	物流量度	n_4+n_6
37	COUNT	物流单元内贸易项目的数量	$n_2+n\cdots8$
401	CONSIGNMENT	货物托运代码	$n_3+an\cdots30$
402	SHIPMENGT NO.	装运标识代码	n_3+n_{17}
403	ROUTE	路径代码	$n_3+an\cdots30$
410	SHIP TO LOC	交货地全球位置码	n_3+n_{13}
413	SHIP FOR LOC	货物最终目的地全球位置码的标识符	n_3+n_{13}
420	SHIP TO POST	同一邮政区域内交货地的邮政编码	$n_3+an\cdots20$
421	SHIP TO POST	具有 3 位 ISO 国家（地区）代码的交货地邮政编码	$n_3+n_3+an\cdots9$

1. 物流单元内贸易项目的应用标识符 AI（02）

应用标识符"02"对应的编码数据的含义为物流单元内贸易项目的GTIN，此时应用标识符"02"应与同一物流单元上的应用标识符"37"及其编码数据一起使用。

当N_1为0，1，2，…，8时，物流单元内的贸易项目为定量贸易项目；当$N_1=9$时，物流单元内的贸易项目为变量贸易项目。当物流单元内的贸易项目为变量贸易项目时，应对有效的贸易计量标识。应用标识符及其对应的编码数据格式见表6-3。

表6-3　AI（02）及其编码数据格式

应用标识符	物流单元内贸易项目的GTIN	校验码
02	$N_1\,N_2\,N_3\,N_4\,N_5\,N_6\,N_7\,N_8\,N_9\,N_{10}\,N_{11}\,N_{12}\,N_{13}$	N_{14}

物流单元内贸易项目的GTIN：表示在物流单元内包含贸易项目的最高级别的标识代码。

2. 物流量度应用标识符 AI（33nn），AI（34nn），AI（35nn），AI（36nn）

应用标识符"33nn，34nn，35nn，36nn"对应的编码数据的含义为物流单元的量度和计量单位。物流单元的计量可以采用国际计量单位，也可以采用其他单位计量。通常一个给定物流单元的计量单位只应采用一个量度单位。然而，相同属性的多个计量单位的应用不妨碍数据传输的正确处理。物流量度编码数据格式见表6-4。

表6-4　AI（33nn），AI（34nn），AI（35nn），AI（36nn）及其编码数据格式

应用标识符	量度值
$A_1\,A_2\,A_3\,A_4$	$N_1\,N_2\,N_3\,N_4\,N_5\,N_6$

应用标识符$A_1 \sim A_4$，其中，$A_1 \sim A_3$表示一个物流单元的计量单位，见表6-5、表6-6。应用标识符A_4表示小数点的位置，例如，A_4为0表示没有小数点，A_4为1表示小数点在N_5和N_6之间。

量度值：对应的编码数据为物流单元的量度值。物流量度应与同一单元上的标识代码SSCC或变量贸易项目的GTIN一起使用。

表6-5　物流单元的计量单位应用标识符（公制物流计量单位）

AI	编码数据含义（格式n_6）	单位名称	单位符号	编码数据名称
330n	毛重	千克（公斤）	kg	GROSS WEIGHT
331n	长度或第一尺寸	米	m	LENGTH
332n	宽度、直径或第二尺寸	米	m	WIDTH
333n	深度、厚度、高度或第三尺寸	米	m	HEIGHT
334n	面积	平方米	m^2	AREA
335n	毛体积、毛容积	升	l	NET VOLUME
336n	毛体积、毛容积	立方米	m^3	NET VOLUME

表 6-6　物流单元的计量单位应用标识符（非公制物流计量单位）

AI	编码数据含义（格式 n_6）	单位名称	单位符号	编码数据名称
340n	毛重	磅	lb	GROSS WEIGHT
341n	长度或第一尺寸	英寸	in	LENGTH
342n	长度或第一尺寸	英尺	ft	LENGTH
343n	长度或第一尺寸	码	yd	LENGTH
344n	宽度、直径或第二尺寸	英寸	in	WIDTH
345n	宽度、直径或第二尺寸	英尺	ft	WIDTH
346n	宽度、直径或第二尺寸	码	yd	WIDTH
347n	深度、厚度、高度或第三尺寸	英寸	in	HEIGHT
348n	深度、厚度、高度或第三尺寸	英尺	ft	HEIGHT
349n	深度、厚度、高度或第三尺寸	码	yd	HEIGHT
353n	面积	平方英寸	in^2	AREA
354n	面积	平方英尺	ft^2	AREA
355n	面积	平方码	yd^2	AREA
362n	毛体积、毛容积	夸脱	qt	VOLUME
363n	毛体积、毛容积	加仑	gal (US)	VOLUME
367n	毛体积、毛容积	立方英寸	in^3	VOLUME
368n	毛体积、毛容积	立方英尺	ft^3	VOLUME
369n	毛体积、毛容积	立方码	yd^3	VOLUME

3. 物流单元内贸易项目数量应用标识符 AI（37）

应用标识符"37"对应的编码数据的含义为物流单元内贸易项目的数量，应与 AI（02）一起使用。编码数据格式如表 6-7 所示。

表 6-7　AI（37）及其编码数据格式

AI	贸易项目的数量
37	$N_1, \cdots, N_j (j \leq 8)$

4. 货物托运代码应用标识符 AI（401）

应用标识符"401"对应的编码数据的含义为货物托运代码，用来标识一个需整体运输的货物的逻辑组合（内含一个或多个物理实体），具体规则如下。

（1）发货人、货运代理人或承运人可能会将多个物流单元一起作为一个整体进行托运/装运，这样，托运货物/装运货物可能包含一个或多个物理实体，不需要在物理上将其附在一起，而是采用货物托运代码 AI（401）和装运标识代码 AI（402）来标识一个需整体运输的货物逻辑组合。当一个物理实体上标识的货物托运代码 AI（401）或装运标识代码 AI（402）被识读之后，即表明此物理实体应和其他标有相同货物托运代码 AI（401）或装运标识代码 AI（402）的物理实体联系起来综合处理。

（2）作为一个整体进行运输的货物逻辑组合内的任何单个物理实体应分配一个独立的 SSCC，并符合代码结构的规定。

（3）货物托运代码由货运代理人、承运人或事先与货运代理人订立协议的发货人编制。AI（401）及其对应的编码数据格式见 GB/T 16986。其条码符号应放置在承运商区段。

（4）装运标识代码（提货单）AI（402）由发货人编制。AI（402）及其对应的编码数据格式见 GB/T 16986。其条码符号应放置在承运商区段。

货物托运代码由货运代理人、承运人或事先与货运代理人订立协议的发货人分配。货物托运代码由货物运输方的厂商识别代码和实际委托信息组成。编码数据格式如表 6-8 所示。

表 6-8 AI（401）及其编码数据格式

AI	货物托运代码	
	厂商识别代码	委托信息
401	$N_1, \cdots, N_i$ $X_{i+1}, \cdots, X_j$ ($j \leqslant 30$)	

厂商识别代码：见 GB 12904。

货物托运代码为字母数字字符，如表 6-9 所示。委托信息的结构由该标识符的使用者确定。

表 6-9 唯一图形字符的分配表

符号图形	名称	编码表示	字符	名称	编码表示
!	感叹号	2/1	M	大写字母 M	4/13
"	引号	2/2	N	大写字母 N	4/14
%	百分号	2/5	O	大写字母 O	4/15
&	"和"的符号	2/6	P	大写字母 P	5/0
'	省略符号	2/7	Q	大写字母 Q	5/1
(	左括号	2/8	R	大写字母 R	5/2
)	右括号	2/9	S	大写字母 S	5/3
*	星号	2/10	T	大写字母 T	5/4
+	加号	2/11	U	大写字母 U	5/5
,	逗号	2/12	V	大写字母 V	5/6
-	连字号	2/13	W	大写字母 W	5/7
.	句点	2/14	X	大写字母 X	5/8
/	斜线分隔号	2/15	Y	大写字母 Y	5/9
0	数字 0	3/0	Z	大写字母 Z	5/10
1	数字 1	3/1	_	下划线	5/15
2	数字 2	3/2	a	小写字母 a	6/1
3	数字 3	3/3	b	小写字母 b	6/2
4	数字 4	3/4	c	小写字母 c	6/3
5	数字 5	3/5	d	小写字母 d	6/4
6	数字 5	3/6	e	小写字母 e	6/5
7	数字 7	3/7	f	小写字母 f	6/6

续表

符号图形	名称	编码表示	字符	名称	编码表示
8	数字 8	3/8	g	小写字母 g	6/7
9	数字 9	3/9	h	小写字母 h	6/8
:	冒号	3/10	i	小写字母 i	6/9
;	分号	3/11	j	小写字母 j	6/10
<	小于号	3/12	k	小写字母 k	6/11
=	等号	3/13	l	小写字母 l	6/12
>	大于号	3/14	m	小写字母 m	6/13
?	问号	3/15	n	小写字母 n	6/14
A	大写字母 A	4/1	o	小写字母 o	6/15
B	大写字母 B	4/2	p	小写字母 p	7/0
C	大写字母 C	4/3	q	小写字母 q	7/1
D	大写字母 D	4/4	r	小写字母 r	7/2
E	大写字母 E	4/5	s	小写字母 s	7/3
F	大写字母 F	4/6	t	小写字母 t	7/4
G	大写字母 G	4/7	u	小写字母 u	7/5
H	大写字母 H	4/8	v	小写字母 v	7/6
I	大写字母 I	4/9	w	小写字母 w	7/7
J	大写字母 J	4/10	x	小写字母 x	7/8
K	大写字母 K	4/11	y	小写字母 y	7/9
L	大写字母 L	4/12	z	小写字母 z	7/10

货物托运代码在适当的时候可以作为单独的信息处理，或与出现在相同单元上的其他标识数据一起处理。数据名称为 CONSIGNMENT。如果生成一个新的货物托运代码，在此之前的货物托运代码应从物理单元中去掉。

5. 装运标识代码应用标识符 AI（402）

应用标识符"402"对应的编码数据的含义为装运标识代码，用来标识一个需整体装运的货物的逻辑组合（内含一个或多个物理实体）。装运标识代码（提货单）由发货人分配。装运标识代码由发货方的厂商识别代码和发货方参考代码组成。

如果一个装运单元包含多个物流单元，应采用 AI（402）表示一个整体运输的货物的逻辑组合（内含一个或多个物理实体）。它为一票运输货载提供了全球唯一的代码。它可以作为一个交流的参考代码被运输环节中的各方使用，如 EDI 报文中能够用于一票运输货载的代码和发货人的装货清单。编码数据格式如表 6-10 所示。

表 6-10 AI（402）及其编码数据格式

应用标识符	装运标识代码		
402	厂商识别代码 →	← 发货方参考代码	校验码
	$N_1 N_2 N_3 N_4 N_5 N_6 N_7 N_8 N_9 N_{10} N_{11} N_{12} N_{13} N_{14} N_{15} N_{16}$		N_{17}

厂商识别代码为发货方的厂商识别代码，见 GB 12904。

发货方参考代码由发货方分配。

校验码：校验码的计算参见 GB/T 16986 附录 B。

装运标识代码在适当的时候可以作为单独的信息处理，或与出现在相同单元上的其他标识数据一起处理，数据名称为 SHIPMENT NO。建议按顺序分配代码。

6. 路径代码应用标识符 AI（403）

应用标识符"403"对应的编码数据的含义为路径代码。路径代码由承运人分配，目的是提供一个已经定义的国际多式联运方案的移动路径。路径代码为字母数字字符，其内容与结构由分配代码的运输商确定。编码数据格式如表 6-11 所示。

表 6-11 AI（403）及其编码数据格式

AI	路径代码
403	$X_1 \cdots X_j (j \leqslant 30)$

路径代码由承运人分配，提供一个已经定义的国际多式联运方案的移动路径。

路径代码为字母数字字符，包含 GB/T 1988—1998 表 2 中的所有字符，见表 6-9。其内容与结构由分配代码的运输商确定。如果运输商希望与其他运输商达成合作协议，则需要一个多方认可的指示符指示路径代码的结构。

路径代码应与相同单元的 SSCC 一起使用，数据名称为 ROUTE。

7. 交货地全球位置码应用标识符 AI（410）

应用标识符"410"对应的编码数据的含义为交货地位置码。该单元数据串用于通过位置码 GLN 实现对物流单元的自动分类。交货地位置码由收件人的公司分配，由厂商识别代码、位置参考代码和校验码构成。编码数据格式如表 6-12 所示。

表 6-12 AI（410）及其编码数据格式

AI	厂商识别代码 →	← 位置参考代码	校验码
410	$N_1 N_2 N_3 N_4 N_5 N_6 N_7 N_8 N_9 N_{10} N_{11} N_{12}$		N_{13}

厂商识别代码：见 GB 12904。

位置参考代码由收件人的公司分配。

检验码：检验码的计算参见第 6.2.4 节。

交货地全球位置码可以单独使用，或与相关的标识数据一起使用。数据名称 SHIP TO LOC。

8. 货物最终目的地全球位置码 AI（413）

应用标识符"413"对应的编码数据的含义为货物最终目的地全球位置码。用于标识物理位置或法律实体。由厂商识别代码、位置参考代码和校验码构成。编码数据格式如表 6-13 所示。

表 6-13 AI（413）及其编码数据格式

AI	厂商识别代码　位置参考代码　校验码
413	$N_1\ N_2\ N_3\ N_4\ N_5\ N_6\ N_7\ N_8\ N_9\ N_{10}\ N_{11}\ N_{12}\ N_{13}$

厂商识别代码见 GB 12904，位置参考代码由最终收受人的公司确定，校验码计算参见第 6.2.4 节。

货物最终目的地全球位置码可以单独使用，或与相关的标识数据一起使用。数据名称 SHIP FOR LOC。注：货物最终目的地全球位置码是收货方内部使用，承运商不使用。

9. 同一邮政区域内交货地的邮政编码应用标识符 AI（420）

应用标识符"420"对应的编码数据的含义为交货地地址的邮政编码（国内格式）。该单元数据串是为了在同一邮政区域内使用邮政编码对物流单元进行自动分类。数据格式如表 6-14 所示。

表 6-14 AI（420）及其编码数据格式

AI	邮政编码
420	$X_1\cdots X_j\ (j\leqslant 20)$

邮政编码：由邮政部门定义的收件人的邮政编码。同一邮政区域内交货地的邮政编码通常单独使用。数据名称为 SHIP TO POST。

10. 具有 3 位 ISO 国家（或地区）代码的交货地邮政编码应用标识符 AI（421）

应用标识符"421"对应的编码数据的含义为交货地地址的邮政编码（国际格式）。该单元数据串可利用邮政编码对物流单元自动分类。由于邮政编码是以 ISO 国家代码为前缀码，故在国际范围内通用。编码数据格式如表 6-15 所示。

表 6-15 AI（421）及其编码数据格式

AI	ISO 国家（或地区）代码	邮政编码
421	$N_1\ N_2\ N_3$	$X_4\cdots X_j\ (j\leqslant 12)$

ISO 国家（或地区）代码 $N_1N_2N_3$ 为 GB/T 2659.1—2022 中的国家和地区名称代码。它是由邮政部门定义的收件人的邮政编码。具有 3 位 ISO 国家（或地区）代码的交货地邮政编码通常被单独使用。数据名称为 SHIP TO POST。

6.2.3 物流单元标识代码的编制规则

（1）**基本原则**。

①唯一性原则。每个物流单元都应分配一个独立的 SSCC，并在供应链过程中及整个生命周期内保持唯一不变。

②稳定性原则。一个 SSCC 分配以后，从货物起运日期起的一年内，不应重新分配给新的物流单元。有行业惯例或其他规定的可延长期限。

（2）**扩展位**。SSCC 的扩展位用于增加编码容量，由厂商自行编制。

（3）**厂商识别代码**。厂商识别代码的编制规则见 GB 12904—2008。由中国物品编码中心统一分配。

（4）**系列号**。系列号由获得厂商识别代码的厂商自行编制。

（5）**校验码**。校验码根据 SSCC 的前 17 位数字计算得出，计算方法见第 6.2.4 节。

（6）**附加信息代码的编制规则**。附加信息代码由用户的实际需求根据 6.2.2 节描述的规则编制。

6.2.4 校验码计算

GS1 数据结构标准校验码的计算方法及 18 位编码数据校验码的计算实例分别如表 6-16 和表 6-17 所示。

表 6-16 GS1 数据结构标准校验码的计算方法

	数字位置																	
EAN/UCC-8											N_1	N_2	N_3	N_4	N_5	N_6	N_7	N_8
UCC-12							N_1	N_2	N_3	N_4	N_5	N_6	N_7	N_8	N_9	N_{10}	N_{11}	N_{12}
EAN/UCC-13						N_1	N_2	N_3	N_4	N_5	N_6	N_7	N_8	N_9	N_{10}	N_{11}	N_{12}	N_{13}
EAN/UCC-14					N_1	N_2	N_3	N_4	N_5	N_6	N_7	N_8	N_9	N_{10}	N_{11}	N_{12}	N_{13}	N_{14}
18 digits	N_1	N_2	N_3	N_4	N_5	N_6	N_7	N_8	N_9	N_{10}	N_{11}	N_{12}	N_{13}	N_{14}	N_{15}	N_{16}	N_{17}	N_{18}
每个位置乘以相应的数值																		
×3	×1	×3	×1	×3	×1	×3	×1	×3	×1	×3	×1	×3	×1	×3	×1	×3	×1	×3
乘积结果求和																		
以大于或等于求和结果数值 10 的整数倍数字减去求和结果，所得的值为校验码数值。																		

表 6-17 18 位编码数据校验码的计算实例

18 位编码数据校验码的计算实例																			
位置	N_1	N_2	N_3	N_4	N_5	N_6	N_7	N_8	N_9	N_{10}	N_{11}	N_{12}	N_{13}	N_{14}	N_{15}	N_{16}	N_{17}	N_{18}	
没有校验码的数据	3	7	6	1	0	4	2	5	0	0	2	1	2	3	4	5	6		
步骤 1：乘以权数	×	×	×	×	×	×	×	×	×	×	×	×	×	×	×	×	×		
	3	1	3	1	3	1	3	1	3	1	3	1	3	1	3	1	3		
步骤 2：乘积结果求和	=	=	=	=	=	=	=	=	=	=	=	=	=	=	=	=	=		
	9	7	18	1	0	4	6	5	0	0	6	1	6	3	12	5	18		=101
步骤 3：以大于步骤 2 结果 10 的整数倍数字 110 减去步骤 2 的结果为校验码数值 9																			
带有校验码的数据	3	7	6	1	0	4	2	5	0	0	2	1	2	3	4	5	6	9	

6.3 物流单元标签和位置码

物流标签上表示的信息有两种基本的形式：由文本和图形组成的供人识读的信息；为自动数据采集设计的机读信息。作为机读符号的条码是传输结构化数据的可靠而有效的方法，允许在供应链中的任何节点获得基础信息。表示信息的两种方法能够将一定的含义添加于同一标签上。GS1 物流标签由 3 个部分构成：各部分的顶部包括自由格式信息，中部包括文本信息和对条码解释性供人识读的信息，底部包括条码和相关信息。

6.3.1 物流单元标签设计

物流标签的版面划分为 3 个区段：供应商区段、客户区段和承运商区段。当获得相关信息时，每个标签区段可在供应链上的不同节点使用。此外，为便于人、机分别处理，每个标签区段中的条码与文本信息是分开的。标签制作者，即负责印制和应用标签者，决定标签的内容、形式和尺寸。

对所有 GS1 物流标签来说，SSCC 是唯一的必备要素。如果需要增加其他信息，则应符合《GS1 通用规范》的相关规定。

一个标签区段是信息的一个合理分组。这些信息一般在特定时间才知道。标签上有 3 个标签区段，每个区段表示一组信息。一般来说，标签区段从顶部到底部的顺序依次为：承运商、客户和供应商，然而，根据需要可进行适当调整。

（1）**供应商区段**。供应商区段所包含的信息一般是供应商在包装时知晓的。SSCC 在此作为物流单元的标识。如果过去使用 GTIN，在此也可以与 SSCC 一起使用。对供应商、客户和承运商都有用的信息，如生产日期、包装日期、有效期、保质期、批号、系列号等，皆可包含在内。

（2）**客户区段**。客户区段所包含的信息，如到货地、购货订单代码、客户特定运输路线和装卸信息等，通常是在订购时和供应商处理订单时知晓的。

（3）**承运商区段**。承运商区段通常包含在装货时就已确定的信息，如到货地邮政编码、托运代码、承运商特定路线和装卸信息。标签示例见图 6-6。

图 6-6 物流单元标签示例

6.3.2 参与方位置码 GLN

在物流单元标签中，涉及了一个非常重要的信息：位置，如交货地、到货地等。如何唯一表示一个位置呢？

国家标准《商品条码 参与方位置编码与条码表示》(GB/T 16828—2021)规定了参与方位置编码 GLN（Global Location Number，GLN）的定义、代码结构和条码符号表示与应用。

参与方位置编码是指对参与供应链等活动的法律实体、功能实体和物理实体进行唯一标识的代码。其中：

（1）法律实体是指合法存在的机构，如供应商、客户、银行、承运商等。

（2）功能实体是指法律实体内的具体的部门，如某公司的财务部。

（3）物理实体是指具体的位置，如建筑物的某个房间、仓库或仓库的某个门、交货地等。

（1）**代码结构**。参与方位置编码由厂商识别代码、位置参考代码和校验码组成，用 13 位数字表示，具体结构见表 6-18。

表 6-18 参与方位置编码结构

结构种类	厂商识别代码	位置参考代码	校验码
结构一	$X_{13}X_{12}X_{11}X_{10}X_9X_8X_7$	$X_6X_5X_4X_3X_2$	X_1
结构二	$X_{13}X_{12}X_{11}X_{10}X_9X_8X_7X_6$	$X_5X_4X_3X_2$	X_1
结构三	$X_{13}X_{12}X_{11}X_{10}X_9X_8X_7X_6X_5$	$X_4X_3X_2$	X_1

其中：

①厂商识别代码。厂商识别代码由 7～9 位数字组成，具体结构见第 4 章。

②位置参考代码。位置参考代码由 3～5 位数字组成。

③校验码。校验码为 1 位数字，计算方法如下。

校验码以 10 为模数，3、1 为权重因子，按下列步骤计算：

第一步：将 13 位数字（包括校验码）按自右向左顺序编号，由 1 开始。

第二步：将所有序号为偶数的位置上的数值相加。

第三步：用数值 3 乘第二步的结果。

第四步：从序号 3 开始，将所有序号为奇数的位置上的数值相加。

第五步：将第三步的结果与第四步的结果相加。

第六步：用一个不小于第五步的结果且为 10 的最小整数倍的数减去第五步的结果，其差即为所求的校验码的值。

例：计算 690123456789C 的校验码 C 的值。

第一步如下：

序号	13	12	11	10	9	8	7	6	5	4	3	2	1
代码	6	9	0	1	2	3	4	5	6	7	8	9	C

第二步：9+7+5+3+1+9=34

第三步：34×3=102

第四步：8+6+4+2+0+6=26

第五步：102+26=128

第六步：130–128=2

校验码 C 的值为 2。

（2）**参与方位置码应用标示符**。当用条码符号表示参与方位置编码时，应与参与方位置编码应用标识符（见 GB/T 16986）一起使用。条码符号采用 GS1-128 条码（见本书第 10 章第 3 节）。参与方位置编码应用标识符见表 6-19。

表 6-19　参与方位置编码应用标识符

参与方位置编码应用标识符	表示形式	含义
410	410+ 参与方位置编码	交货地
411	411+ 参与方位置编码	受票方
412	412+ 参与方位置编码	供货方
413	413+ 参与方位置编码	货物最终目的地
414	414+ 参与方位置编码	物理位置
415	415+ 参与方位置编码	开票方

6.4　货物托运单元与装运单元代码的编制

发货人、货运代理人或承运人可能会将多个物流单元一起作为一个整体进行托运/装运，这样，托运货物/装运货物可能包含一个或多个物理实体，不需要在物理上将其附在一起，而是采用货物托运代码 AI（401）和装运标识代码 AI（402）来标识一个需整体运输的货物逻辑组合。当一个物理实体上标识的货物托运代码 AI（401）或装运标识代码 AI（402）被识读之后，即表明此物理实体应和其他标有相同货物托运代码 AI（401）或装运标识代码 AI（402）的物理实体联系起来综合处理。

作为一个整体进行运输的货物逻辑组合内的任何单个物理实体应分配一个独立的 SSCC，并符合编码的规定。

货物托运代码由货运代理人、承运人或事先与货运代理人订立协议的发货人编制。AI（401）及其对应的编码数据格式见 GB/T 16986。其条码符号应放置在承运商区段。

装运标识代码（提货单）AI（402）由发货人编制。AI（402）及其对应的编码数据格式见 GB/T 16986。其条码符号应放置在承运商区段。

拓展阅读 6.1：
多式联运与物流单元标准化

本章小结

本章在介绍物流单元标准化的基础上，系统介绍了物流单元的编码规则，以及在物流单元标签中经常用的位置码的编码规则及代码结构。本章的重点是介绍系列货运包装箱代码 SSCC 的代码结构和编码规则，本章的难点是理解在物流标签中正确使用 SSCC 和位置码 GLN，以及与物流有关的应用标识符。

本章习题

1. 简述物流单元标准化的含义和作用。
2. 举例说明创建的物流单元技术。
3. 有下列物流单元标签（见下图），请说明最下方（00）数字符号的含义。

4. 有下列物流单元标签（见下图），请说明标签中部（420）数字符号的含义。

5. 在物流标签中常用的位置码有哪些？请说明表示不同位置信息的应用标识符。

【实训题】物流单元编码

在第135届中国进出口商品交易会（广交会，2024年4月15日至5月5日在广州举办）上，A企业凭借着过硬的产品质量和完善的客户服务，赢得了西班牙采购商的一大笔订单：采购了24杯/箱的正山小种冷泡茶300箱，双方商定：产品的生产日期必须是发货前一周内生产，并且采用中欧班列运输。

实训任务：

1. 请你为A企业的此笔订单设计物流单元；
2. 为每一个物流单元编制全球唯一的代码；
3. 要求在物流标签上注明产品生产日期和发货日期，设计物流标签人可识别的内容。

【在线测试题】

扫描二维码，在线答题。

第 7 章 服务关系与可回收资产编码

> **导入案例**
>
> **中国国际服务贸易交易会**
>
> 　　为增强中国服务业和服务贸易国际竞争力，充分发挥服务业和服务贸易在加快转变经济发展方式中的作用，自 2012 年起，中华人民共和国商务部、北京市人民政府共同主办中国（北京）国际服务贸易交易会，成为国际服务贸易领域传播理念、衔接供需、共享商机、共促发展的重要平台，是全球服务贸易领域规模最大的综合性展会和中国服务贸易领域的龙头展会。
>
> 　　在经济全球化的潮流中，服务业和服务贸易成为推动世界经济、贸易增长的重要力量，服务业贡献了全球生产总值的 65%，提供了超 50% 的就业岗位，服务贸易成为国际贸易中最具活力的重要组成部分。服贸会是专门为服务贸易搭建的国家级、国际性、综合性大规模展会和交易平台，也是中国扩大开放、深化合作、引领创新的重要平台。
>
> 资料来源：https://www.ciftis.org/。

7.1 服务贸易与服务关系

7.1.1 服务贸易

　　服务贸易是一国的法人或自然人在其境内或进入他国境内向外国的法人或自然人提供服务的贸易行为。其主要方式有：从一成员境内向任何其他成员境内提供服务；在一成员境内向任何其他成员的服务消费者提供服务；一成员的服务提供者在任何其他成员境内为商业存在提供服务；一成员的服务提供者在任何其他成员境内以自然人存在提供服务。其中，服务包括商业服务、通信服务、建筑及有关工程服务、销售服务、教育服务、环境服务、金融服务、健康与社会服务等。广义的服务贸易既包括有形的活动，也包括服务提供者与使用者在没有直接接触下交易的无形活动。

　　西方学者对服务贸易概念的探讨是从"服务"本身的概念开始的。目前为理论界所公认的服务概念是 1977 年希尔（T.P. Hill）提出来的。希尔指出："服务是指人或隶属于一定经济单位的物在事先合意的前提下由于其他单位的活动所发生的变化……服务的生产和消费同时进行，即消费者单位的变化和生产者单位的变化是同时发生的，这种变化是同一的。服务一旦生产出来必须由消费者获得而不能储存，这与其物理特性无关，而只是逻辑上的不可能。"

服务区分为两类：一类是需要物理上接近的服务，另一类是不需要物理上接近的服务。以此为基础，巴格瓦蒂将服务贸易的方式分为4种。

（1）消费者和生产者都不移动的服务贸易；

（2）消费者移动到生产者所在国进行的服务贸易；

（3）生产者移动到消费者所在国进行的服务贸易；

（4）消费者和生产者移动到第三国进行的服务贸易。

服务贸易包括多个行业，主要涉及以下领域。

（1）商业服务，包括专业服务、计算机及相关服务、研究与开发服务、不动产服务、租赁服务等。

（2）通信服务，涵盖邮电服务、电信服务和视听服务等。

（3）建筑及有关工程服务，包括从设计、选址到施工的整个服务过程。

（4）销售服务，包括批发服务、零售服务、特许经营服务和其他销售服务等。

（5）教育服务，涵盖初中高等教育服务和继续教育服务等。

（6）环境服务，包括污水处理服务、废物处理服务、卫生及相似服务等。

（7）金融服务，包括银行服务、债券市场服务和保险服务等。

（8）健康与社会服务，包括医疗服务和社会服务等。

（9）旅游及相关服务，涵盖住宿服务、餐饮服务和导游服务等。

（10）运输服务，主要包括货物运输服务、旅客运输服务、船舶服务和附属于交通运输的服务等。

（11）文化服务，包括文化交流服务、文艺演出服务和体育训练服务等。

此外，服务贸易还包括国际运输、国际保险与再保险、国际信息处理和传递、海外工程承包和劳务输出输入、跨国银行和国际性融资投资机构的服务、技术贸易、服务外包、文化贸易等其他领域。这些领域涵盖了从传统服务如教育、医疗和通信到现代服务如金融服务、环境服务和文化娱乐等多个方面，充分体现了服务贸易的广泛性和多样性。

在第6章中提到的"中欧班列"，就是我国服务贸易的一个典型应用。国铁集团为全球的贸易方提供货物的运输服务，其服务对象遍布全球。每一次货物的交付，就是一次服务关系的建立过程。在服务贸易中，服务提供方对提供的每一次服务都应赋予其唯一的代码。

7.1.2　服务关系

服务是指为他人做事，并使他人从中受益的一种有偿或无偿的活动。不以实物形式而以提供劳动的形式满足他人某种特殊需要。例如，游客通过旅行社订购了7天6晚的泰国全景游产品，在签订旅游合同时，旅行社和游客就建立了服务关系。

随着时代的发展，"服务"被不断赋予新意，如今"服务"已成为整个社会不可或缺的人际关系的基础。社会学意义上的服务，是指为别人、为集体的利益而工作或为某种事业而工作。经济学意义上的服务，是指以等价交换的形式，为满足企业、公共团体或其他社会公众的需要而提供的劳务活动，它通常与有形的产品联系在一起。与实体不同，"服务"具有如下特点。

（1）"服务行为"具有无形性、同时性及不可储存性的特点。
（2）具有连续履行性。
（3）其性质既具有贸易性，也具有投资性。
（4）其适用的法律规范主要是国际服务贸易法。

全球服务关系代码（global service relationship number，GSRN）是指商品条码系统中，标识服务关系中服务对象的全球统一的代码。

7.2 服务关系编码规则

国家标准《商品条码 服务关系编码与条码表示》（GB/T 23832—2022）定义了全球唯一的服务关系代码的代码结构和编码规则。

7.2.1 代码结构

全球服务关系代码由厂商识别代码、服务对象代码和校验码三部分组成，为18位数字代码，分为4种结构，如表7-1所示。其中，厂商识别代码由7～10位数字组成；服务对象代码由7～10位数字组成；校验码为1位数字。

表 7-1 服务关系代码结构

结构种类	厂商识别代码	服务对象代码	校验码
结构一	$X_1X_2X_3X_4X_5X_6X_7$	$X_8X_9X_{10}X_{11}X_{12}X_{13}X_{14}X_{15}X_{16}X_{17}$	X_{18}
结构二	$X_1X_2X_3X_4X_5X_6X_7X_8$	$X_9X_{10}X_{11}X_{12}X_{13}X_{14}X_{15}X_{16}X_{17}$	X_{18}
结构三	$X_1X_2X_3X_4X_5X_6X_7X_8X_9$	$X_{10}X_{11}X_{12}X_{13}X_{14}X_{15}X_{16}X_{17}$	X_{18}
结构四	$X_1X_2X_3X_4X_5X_6X_7X_8X_9X_{10}$	$X_{11}X_{12}X_{13}X_{14}X_{15}X_{16}X_{17}$	X_{18}

7.2.2 编码规则

厂商识别代码、服务对象代码和校验码的编制规则如下。

1. 厂商识别代码

厂商识别代码的编制规则见第4章第2节，由中国物品编码中心统一分配。

2. 服务对象代码

服务对象代码由获得厂商识别代码的服务提供方负责编制并保证唯一性。

3. 校验码

校验码可根据服务关系代码的前17位数字计算得出，计算步骤如下：

（1）从代码位置序号2开始，所有偶数位的数字代码求和。
（2）将步骤（1）的和乘以3。
（3）从代码位置序号3开始，所有奇数位的数字代码求和。
（4）将步骤（2）与步骤（3）的结果相加。
（5）用10减去步骤（4）所得结果的个位数作为校验码（如个位数为0，则校验码为0）。

示例：代码 69012345678912345C 的校验码 C 的值计算如表 7-2 所示。

表 7-2　18 位代码校验码计算方法

步骤	举例说明																		
1. 自右向左顺序编号	位置序号	18	17	16	15	14	13	12	11	10	9	8	7	6	5	4	3	2	1
	代码	6	9	0	1	2	3	4	5	6	7	8	9	1	2	3	4	5	C
2. 从序号 2 开始求出偶数位上数字之和①	5+3+1+8+6+4+2+0+6=35									①									
3. ①×3=②	35×3=105									②									
4. 从序号 3 开始求出奇数位上数字之和③	4+2+9+7+5+3+1+9=40									③									
5. ②+③=④	105+40=145									④									
6. 用 10 减去结果④所得结果的个位数作为校验码（如个位数为 0，则校验码为 0）	10−5=5 校验码 C=5																		

7.2.3　应用案例

服务关系代码用来表示服务主体为服务对象（客体）提供的某种服务产品，不管这个产品是有形的还是无形的，都需要一个全球唯一的代码来表示。

1. 银行信用评估中的应用

某评估咨询公司在评估与银行有业务往来的企业信贷信用等级证书上采用了全球服务关系标识。某评估咨询公司（服务提供方）申请的厂商识别代码为 6901234，被评估企业（服务对象）的代码为 5000000011，按第 7.2 节中规定的计算方法得出校验码为 2。被评估企业资信等级证书见图 7-1。

图 7-1　企业资信等级证书示意

2. 图书馆中的应用

名为"XYZ"图书馆的厂商识别代码为 6901234，"XYZ"分配给借阅者（即服务对象）"ABC"先生的服务对象代码为 5678912345，按第 7.2 节规定的计算方法得出校验码为 5，则"ABC"先生的全球服务关系代码为 690123456789123455。"ABC"先生的借阅证见图 7-2。

图 7-2　图书借阅证示意图

7.3　可回收资产编码

2021 年 8 月，由商务部、发展改革委、财政部、自然资源部、住房和城乡建设部、交通运输部、海关总署、市场监管总局、邮政局联合印发了《商贸物流高质量发展专项行动计划（2021—2025 年）》，其中提到：提升商贸物流标准化水平，加快标准托盘（1 200 mm×1 000 mm）、标准物流周转箱（筐）等物流载具推广应用，支持叉车、货架、月台、运输车辆等上下游物流设备设施标准化改造，应用全球统一标识系统（GS1），拓展标准托盘、周转箱（筐）信息承载功能，推动托盘条码与商品条码、箱码、物流单元代码关联衔接。

在整个供应链中，GS1 都有相应的编码标准（见图 7-3）。其中 GRAI 定义了托盘的编码规则。

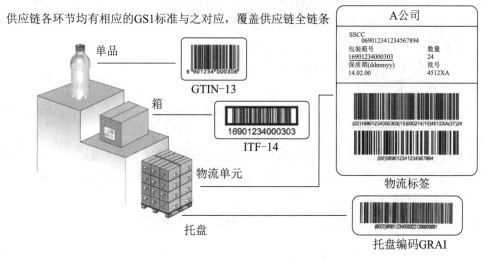

图 7-3　不同物流层级的 GS1 标准

7.3.1 全球可回收资产标识 GRAI

可回收资产是指具有一定价值、可重复使用的包装或运输设备，如啤酒桶、气瓶、塑料托盘或板条箱。GS1 系统用于可回收资产的标识即全球可回收资产代码（global returnable asset identifier，GRAI），可跟踪并记录可回收资产的所有相关数据。

资产标识符的一个典型应用案例是跟踪可回收的啤酒桶。啤酒桶的所有者采用一种永久性标签把载有全球可回收资产代码 GRAI 的条码符号标记于啤酒桶上。在装满啤酒交给顾客和顾客归还空桶时扫描该条码，这样啤酒桶的所有者可以自动采集给定啤酒桶的全生命周期的历史记录，需要时也可用于押金处理。下面我们主要介绍托盘和物流周转箱的编码标准。

7.3.2 托盘编码

国家标准《托盘编码及条码表示》GB/T 31005—2014 规定了单个可重复使用的托盘的编码规则。

1. 编码结构

单个可重复使用托盘的编码结构如表 7-3 所示。

表 7-3 单个可重复使用托盘的编码结构

应用标识符	填充位	厂商识别代码	托盘种类代码	校验码	系列号
8003	0	$N_1N_2N_3N_4N_5N_6N_7N_8N_9N_{10}N_{11}N_{12}$		N_{13}	$X_1 \cdots X_j\ (j=10)$

（1）厂商识别代码：可以使用托盘生产企业或者托盘使用企业的厂商识别代码。

（2）$N_{11}N_{12}$：标识托盘的具体种类，按照托盘尺寸、材质、动载划分。

（3）校验码：用于检验整个编码的正误，通过校验码之前的数字（填充位＋厂商识别代码＋托盘种类代码）按固定公式计算得出。

（4）系列号：由获得厂商识别代码的托盘企业自动分配，共 10 位数字，其中前两位 X_1X_2 为年份代码，标识托盘生产日期的年份。

2. 编制规则

（1）可重复使用托盘使用应用标识符 AI（8003）。

（2）填充位用 "0" 表示。

（3）厂商识别代码由 7～10 位表示，由中国物品编码中心负责分配与管理，编制规则见 GB 12904。

（4）托盘种类代码。托盘种类代码由 2～5 位代码组成，编码规则如下：对采用 7 位厂商识别代码的托盘，$N_8 \sim N_{10}$ 为 0；对采用 8 位厂商识别代码的托盘，N_9，N_{10} 为 0；对采用 9 位厂商识别代码的托盘，N_{10} 为 0。

$N_{11}N_{12}$ 表示托盘的具体种类，其取值和种类如表 7-4 所示。

表 7-4 托盘的具体种类和取值

序号	托盘种类			代码（$N_{11}N_{12}$ 取值）
	尺寸	材质	动载	
1	1 200 mm × 1 000 mm	木质	1t ~ 1.5t	01
2	1 200 mm × 1 000 mm	塑料		02
3	1 200 mm × 1 000 mm	金属		03
4	1 200 mm × 1 000 mm	木塑		04
5	1 200 mm × 1 000 mm	其他		05
6	1 200 mm × 1 100 mm	木质		06
7	1 200 mm × 1 100 mm	塑料		07
8	1 200 mm × 1 100 mm	金属		08
9	1 200 mm × 1 100 mm	木塑		09
10	1 200 mm × 1 100 mm	其他		10
11	其他尺寸	各种材质		19
12	1 200 mm × 1 000 mm	木质	1.5t 以上	30
13	1 200 mm × 1 000 mm	塑料		31
14	1 200 mm × 1 000mm	金属		32
15	1 200 mm × 1 000 mm	木塑		33
16	1 200 mm × 1 000 mm	其他		34
17	1 200 mm × 1 100 mm	木质		17
18	1 200 mm × 1 100 mm	塑料		18
19	1 200 mm × 1 100 mm	金属		19
20	1 200 mm × 1 100 mm	木塑		20
21	1 200 mm × 1 100 mm	其他		29
22	其他尺寸	各种材质		39

（5）校验码。N_{13} 为 1 位数字，用于校验整个编码的正误。校验码的计算请参见第 4.3 节。

（6）系列号 $X_1 \sim X_{10}$ 为 10 位数字，由获得厂商识别代码的托盘企业自行分配。其中 X_1X_2 为年份，表示托盘生产日期的年份。

3. 托盘标签设计

托盘标签的制作和放置要求如下。

（1）标签通常采用铝制、PVC 塑料或不干胶贴等形式制作。

（2）为了便于扫描，应在托盘的两个对立面或相邻面上安置，建议在托盘中间垫块两端的凹槽内居中安置，标签四角可以采用 U 形钉固定。

（3）标签安装后不应超出垫块的外廓，不易发生挤压、拆卸、擦碰等（见图 7-4）。

图 7-4　托盘标签示例

7.3.3　物流周转箱编码

周转箱（carton）是指用于存放物品，可重复、循环使用的小型集装器具。国家标准《物流周转箱标识与管理要求》GB/T 40569—2021 规定了物流周转箱的编码规则。

1. 代码结构

物流周转箱标识代码由填充位、厂商识别代码、周转箱类型代码、校验码、系列号组成，为 26 位数字代码，其代码结构如表 7-5 所示。

表 7-5　物流周转箱的编码结构

应用标识符	填充位	厂商识别代码	周转箱类型代码	校验码	系列号
8003	0	$N_1N_2N_3N_4N_5N_6N_7N_8$	$N_9N_{10}N_{11}N_{12}$	N_{13}	$X_1 \cdots X_j$ (j=12)

（1）周转箱类型代码：标识周转箱的具体类型，由企业根据需要自行分配。

（2）校验码：用于检验整个编码的正误，通过校验码之前的数字（填充位＋厂商识别代码＋周转箱类型代码）按固定公式计算得出。

（3）系列号：由获得厂商识别代码的企业自动分配，共 12 位数字，其中前两位 X_1X_2 为年份代码，标识周转箱生产日期的年份。

2. 编码规则

（1）填充位。填充位为数字 0。

（2）厂商识别代码。厂商识别代码由物品编码管理部门负责统一分配和管理，编制规则见 GB 12904—2008。厂商是对周转箱的使用进行维护管理的机构，如生产商、第三方租赁企业等。

（3）周转箱类型代码。周转箱类型代码由 2～5 位数字组成，表示周转箱的具体类型。不同材质、结构、尺寸的周转箱应编制不同的周转箱类型代码，由获得厂商识别代码的周转箱管理机构根据需要自行分配。

（4）校验码。校验码为 1 位数字，用于校验整个编码的正误。校验码的计算方法见第 4.3 节。

（5）系列号。系列号 $X_1 \sim X_{12}$ 为 12 位数字，由获得厂商识别代码的周转箱管理机构自行分配。它在一个给定的周转箱类型内标识一个单独的周转箱。其中，系列号的前两位 X_1X_2 为年份代码，标识周转箱生产日期的年份，如 2017 年生产的周转箱，X_1X_2 用 17 表示。为充分利用编码容量和方便管理，$X_3 \sim X_{12}$ 宜使用顺序号。

3. 物流周转箱编码管理

每一个物流周转箱在其生命周期内应具有唯一编码。一方赋码，多方使用（见图 7-5）。

图 7-5　周转箱编码应用

本章小结

本章介绍了在服务关系中由服务主体为服务客体建立的一个服务产品赋予一个唯一代码的代码结构和编制原则，并通过两个应用实例来说明服务关系代码的应用方案。在了解全球可回收资产定义的基础上，介绍了可回收资产（托盘、周转箱）的代码结构和编码规则。本章的重点是介绍服务关系、托盘、物流周转箱的代码结构，本章的难点是理解根据实际业务需要如何编制唯一的代码。

拓展阅读 7.1：《商贸物流高质量发展专项行动计划（2021—2025 年）》

本章习题

1. 举例说明服务贸易中服务关系代码的重要性。

2. 随着国际贸易的不断扩大，涉外贸易纠纷也不断增多。为了保证与外商签订贸易合同的规范性，A 企业决定聘请 L 律师事务所作为自己的法律顾问，并签订了 3 年的法律服务合同。请你根据服务关系编码的编码规则，为该服务关系编制唯一的代码。

3. 结合实际应用场景，说明托盘代码的编制规则。你认为由谁来为托盘编码更科学、合理？说明理由。

4. 结合实际应用场景，说明物流周转箱代码的编制规则。你认为由谁来为物流周转箱编码更科学、合理？说明理由。

5. 分析托盘、物流周转箱统一编码的好处。

【在线测试题】

扫描二维码，在线答题。

第 8 章 属性代码——应用标识符 AI

> **导入案例**
>
> **因未标注生产日期、保质期被罚**
>
> 毛某通过淘宝网在某食品店开设的店铺购买了涉案产品 47 件，共计支付价款 2 611.7 元。毛某收到货物后发现涉案产品未标注生产日期、保质期，其外包装标注的生产企业及批准文号均无法查明，其分装企业早已解散。毛某认为涉案产品为不符合食品安全标准的食品，因与某食品店交涉无果，为此诉至本院，请求法院判令某食品店退还货款 2 611.7 元及十倍赔偿 26 117 元。
>
> 法院认为，某食品店作为食品经营者，在电商平台销售无生产日期、无保质期、生产企业及批准文号均无法查明的食品，根据《中华人民共和国食品安全法》规定，消费者除可以要求赔偿损失外，还可以向经营者要求支付价款十倍的赔偿金。综上，法院认为某食品店应承担赔偿责任，判决某食品店退还毛某货款 2 611.7 元，并支付货款金额十倍赔偿款 26 117 元。
>
> 随着网络购物的普及，消费者在购买食品时面临着一些新的风险。由于交易环境的虚拟化，消费者无法直接检查食品的质量和安全性，因此，食品包装标签上的信息就显得十分重要。预包装食品包装标签上缺少生产日期、保质期限、生产企业等信息，消费者就无法对食品安全作出判断，存在损害消费者身体健康和生命安全的重大隐患。本案裁判认定电商经营者销售未标明生产日期、保质期限、生产企业及批准文号的预包装食品，违反了食品安全法规，对消费者权益造成损害，应承担惩罚性赔偿责任。通过惩罚性赔偿有利于压实食品经营者主体责任，进一步规范网络食品交易秩序，从而为消费者提供更安全合规的食品。
>
> 资料来源：https://m.thepaper.cn/baijiahao_26694635。

8.1 应用标识符（AI）概述

如需标识储运包装商品的属性信息（如所含零售商品的数量、质量、长度等），可在 13 位或 14 位代码的基础上增加属性信息。属性信息由《商品条码 应用标识符》GB/T 16986—2018 定义。

8.1.1 应用标识符的定义

应用标识符（application identifier，AI）是标识数据含义与格式的字符，由 2 至 4 位数字组成。

8.1.2 应用标识符及其对应数据的编码结构

1. 编码结构

应用标识符及其对应的数据编码共同完成特定信息的标识。应用标识符对应的编码数据可以是数字字符、字母字符或数字字母字符,数据结构与长度取决于对应的应用标识符。应用标识符及其对应数据编码的含义、格式和数据名称如表 8-1 所示。

表 8-1 所有应用标识符

AI	含义	格式	数据名称
00	系列货运包装箱代码	n_2+n_{18}	SSCC
01	全球贸易项目代码	n_2+n_{14}	GTIN
02	物流单元内贸易项目的 GTIN	n_2+n_{14}	CONTENT
10	批号	$n_2+an\cdots20$	BATCH/LOT
11	生产日期(YYMMDD)	n_2+n_6	PROD DATE
12	付款截止日期(YYMMDD)	n_2+n_6	DUE DATE
13	包装日期(YYMMDD)	n_2+n_6	PACK DATE
15	保质期(YYMDD)	n_2+n_6	BEST BEFORE 或 SELL BY
17	有效期(YYMMDD)	n_2+n_6	USE BY 或 EXPIRY
20	产品变体	n_2+n_6	VARIANT
21	系列号	n_2+n_2	SERIAL
22	医疗卫生行业产品二级数据	$n_2+an\cdots20$	QTY/DATE/BATCH
240	附加产品标识	$n_2+an\cdots29$	ADDITIONAL ID
241	客户方代码	$n_3+an\cdots30$	CUST.PART NO.
242	定制产品代码	$n_3+an\cdots30$	MTO Variat
250	二级系列号	$n_3+n\cdots6$	SECONDARY SERIAL
251	源实体参考代码	$n_3+an\cdots30$	REF.TO SOURCE
253	全球文件/单证类型代码	$n_3+an\cdots30$	DOC. ID
254	GLN 扩展部分代码	$n_3+n_{13}+n\cdots17$	GLN EXTENSION
30	可变数量	$n_3+an\cdots20$	VAR.COUNT
310n-369n	贸易与物流量度	$n_2+n\cdots8$	KG PER m²
337n	kg/m²	n_4+n_6	COUNT
37	物流单元内贸易项目的数量	n_4+n_6	AMOUNT
390n	单一货币区内的应付款金额	$n_2+n\cdots8$	AMOUNT
391n	具有 ISO 货币代码的应付款金额	$n_4+n\cdots15$	PRICE
392n	单一货币区内的应付金额(变量贸易项目)	$n_4+n_3+n\cdots15$	PRICE
393n	具有 ISO 货币代码的应付款金额(变量贸易项目)	$n_4+n_3+n\cdots15$	ORDER NUMBER
400	客户订购单代码		CONSIGNMENT
401	货物托运代码	$n_3+an\cdots30$	SHIPMENT NO.
402	装运标识代码	$n_3+an\cdots30$	ROUTE
403	路径代码	n_3+n_{17}	SHIP TO LOC
410	交货地全球位置码	$n_3+an\cdots30$ n_3+n_{13}	

续表

AI	含义	格式	数据名称
411	受票方全球位置码	n_3+n_{13}	BILL TO
412	供货方全球位置码	n_3+n_{13}	PURCHASE FROM
413	最终收货方全球位置码	n_3+n_{13}	SHIP FOR LOC
414	标识物理位置的全球位置码	n_3+n_{13}	LOC NO
415	开票方全球位置码	n_3+n_{13}	PAY TO
420	同一邮政区域内交货地的邮政编码	$n_3+an\cdots20$	SHIP TO POST
421	具有3位ISO国家（或地区）代码的交货地邮政编码	$n_3+n_3+an\cdots9$	SHIP TO POST
422	贸易项目的原产国（或地区）	n_3+n_3	ORIGIN
423	贸易项目初始加工的国家（或地区）	$n_3+n_3+n\cdots12$	COUNTRY-INITIAL PROCESS
424	贸易项目加工的国家（或地区）	n_3+n_3	COUNTRY-PROCESS
425	贸易项目拆分的国家（或地区）	n_3+n_3	COUNTRY-DISASSEMBLY
426	全程加工贸易项目的国家（或地区）	n_3+n_3	COUNTRY-FULL PROCESS
7001	北约物资代码	n_4+n_{13}	NSN
7002	UN/ECE胴体肉与分割产品分类	$n_4+an\cdots30$	MEAT CUT
7003	产品的有效日期和时间	$n_4+n_8+n\cdots2$	EXPI TIME
703s	具有3位ISO国家（或地区）代码的加工者核准号码	$n_4+n_3+an\cdots27$	PROCESSOR#S
	卷状产品	n_4+n_{14}	DIMENSIONS
	蜂窝移动电话标识符	$n_4+an\cdots20$	CMT No
	全球可回收资产标识符	$n_4+n_{14}+an\cdots16$	GRAI
8001	全球单个资产标识符	$n_4+an\cdots30$	GIAI
8002	单价	n_4+n_6	PRICE PER UNIT
8003	贸易项目组件的标识	$n_4+n_{14}+n_2+n_2$	GCTIN
8004	国际银行账号代码	$n_4+an\cdots30$	IBAN
8005	产品生产的日期与时间	$n_4+n_8+n\cdots4$	PROD TIME
8006	全球服务关系代码	n_4+n_{18}	GSRN
8007	付款单代码	$n_4+an\cdots25$	REF No
8008	GS1-128优惠券扩展代码-NSC+Offer Code	$n_4+n_1+n_5$	
8018			
8020	GS1-128优惠券扩展代码-NSC+Offer Code+end of offer code	$n_4+n_1+n_5+n_4$	
8100			
8101	GS1-128优惠券扩展代码-NSC	$n_4+n_1+n_1$	INTERNAL
	贸易伙伴之间相互约定的信息	$n_2+an\cdots30$	INTERNAL
	公司内部信息	$n_2+an\cdots30$	
8102			
90			
91-99			

2. 表示方法

A：字母字符。

n：数字字符。

N：数字字符。

X：字母、数字字符。

an：字母、数字字符。

i：表示字符个数。

j：表示字符个数。

a_i：定长，表示 i 个字母字符。

n_i：定长，表示 i 个数字字符。

an_i：定长，表示 i 个字母、数字字符。

a⋯i：表示最多 i 个字母字符。

n⋯i：表示最多 i 个数字字符。

an⋯i：表示最多 i 个字母、数字字符。

8.2 应用标识符的应用规则

根据应用标识符的应用领域和应用场景，国家标准《商品条码 应用标识符》（GB/T 16986—2018）规定了各类应用标识符的应用规则。由于篇幅所限，我们在本书中只介绍常用的几类应用标识符的应用规则，感兴趣的同学可以查询国家标准。

8.2.1 标识贸易项目的应用标识符

（1）**定量贸易项目应用标识符** AI（01）。应用标识符"01"对应的编码数据的含义为全球贸易项目代码 GTIN。定量贸易项目的 GTIN 包括 GTIN-12、GTIN-13 或 GTIN-14 标识代码。编码数据格式如表 8-2 所示。

表 8-2 定量贸易项目应用标识符 AI（01）编码数据格式

标识代码	AI	GTIN		校验码
		厂商识别代码 →	← 项目代码	
GTIN-12	01	0 0 $N_1 N_2 N_3 N_4 N_5 N_6 N_7 N_8 N_9 N_{10} N_{11}$		N_{12}
GTIN-13	01	0 $N_1 N_2 N_3 N_4 N_5 N_6 N_7 N_8 N_9 N_{10} N_{11} N_{12}$		N_{13}
GTIN-14	01	$N_1 N_2 N_3 N_4 N_5 N_6 N_7 N_8 N_9 N_{10} N_{11} N_{12} N_{13}$		N_{14}

厂商识别代码、项目代码、校验码的含义见第 4 章，在此不再赘述。数据名称为 GTIN。

（2）**变量贸易项目应用标识符** AI（01）。应用标识符"01"对应的编码数据的含义为全球贸易项目代码（GTIN）。变量贸易项目编码数据是 GTIN-14 数据结构的一个特殊应用，当 N_1 为 9 时，表示贸易项目为变量贸易项目（当 N_1 为 0～8 时，表示贸易项目为定量贸易项目)。编码数据格式见表8-3。

表8-3 变量贸易项目应用标识符 AI(01)编码数据格式

AI	GTIN		校验码
	厂商识别代码 →	← 项目代码	
01	$N_1 N_2 N_3 N_4 N_5 N_6 N_7 N_8 N_9 N_{10} N_{11} N_{12} N_{13}$		N_{14}

为了完整标识贸易项目,应同时标识变量贸易项目的变量信息。数据名称为 GTIN。对于 UPC 码 $N_2=0$。

(3) **物流单元内定量贸易项目的应用标识符 AI(02)**。应用标识符"02"对应的编码数据的含义为物流单元内贸易项目的 GTIN。当 N_1 为 0~8 时,物流单元内的贸易项目为定量贸易项目,编码数据格式见表 8-4。数据名称为 CONTENT。

表8-4 物流单元内定量贸易项目的应用标识符 AI(02)编码数据格式

AI	物流单元内贸易项目的 GTIN		校验码
	厂商识别代码 →	← 项目代码	
02	$N_1 N_2 N_3 N_4 N_5 N_6 N_7 N_8 N_9 N_{10} N_{11} N_{12} N_{13}$		N_{14}

物流单元内贸易项目的 GTIN 表示在物流单元内包含贸易项目的最大包装级别的标识代码。物流单元内贸易项目的标识代码应与同一物流单元上的 AI(37)及其对应的编码数据一起使用。物流单元内贸易项目的标识只用于本身不是贸易项目的物流单元,并且所有处于相同包装级别的贸易项目具有相同的 GTIN。

(4) **物流单元内变量贸易项目的应用标识符 AI(02)**。应用标识符"02"对应的编码数据的含义为物流单元内贸易项目的 GTIN。当 N_1 为 9 时,表示贸易项目为变量贸易项目,编码数据格式见表 8-5。数据名称为 CONTENT。

表8-5 物流单元内变量贸易项目的应用标识符 AI(02)编码数据格式

AI	物流单元内贸易项目的 GTIN		校验码
	厂商识别代码 →	← 项目代码	
02	$N_1 N_2 N_3 N_4 N_5 N_6 N_7 N_8 N_9 N_{10} N_{11} N_{12} N_{13}$		N_{14}

物流单元内贸易项目的标识代码应与同一物流单元的 AI(37)及其对应的编码数据一起使用。当物流单元内的贸易项目为变量贸易项目时,应对有效的贸易计量标识。物流单元内贸易项目的标识只用于本身不是贸易项目的物流单元,并且所有处于相同包装级别的贸易项目具有相同的 GTIN。如果贸易项目为变量贸易项目,则所包含的贸易项目上不出现项目数量。

(5) **物流单元内贸易项目数量应用标识符 AI(37)**。应用标识符"37"对应的编码数据的含义为物流单元内贸易项目的数量,应与 AI(02)一起使用。编码数据格式见表 8-6。

表 8-6　物流单元内贸易项目数量应用标识符 AI（37）编码数据格式

AI	贸易项目的数量
37	$N_1 \cdots N_j (j \leq 8)$

贸易项目数量是指物流单元中贸易项目的数量，由数字字符表示，长度可变，最长 8 位。数据名称为 COUNT。

（6）**变量贸易项目中项目数量的应用标识符** AI（30）。应用标识符"30"对应的编码数据的含义为变量贸易项目中项目的数量，不能单独使用。编码数据格式见表 8-7。

表 8-7　应用标识符 AI（30）编码数据格式

AI	项目数量
30	$N_1 \cdots N_j (j \leq 8)$

项目数量是指变量贸易项目中项目的数量，由数字字符表示，长度可变，最长 8 位。变量贸易项目数量应与贸易项目的 GTIN 一起使用。数据名称为 VAR.COUNT。AI（30）不用于标识一个定量贸易项目包含的数量。如果 AI（30）错误地出现在一个定量贸易项目上，并不表示它是无效项目标识，只作为多余数据处理。

（7）**变量贸易项目量度应用标识符** AI（31nn，32nn，35nn，36nn）。应用标识符"31nn，32nn，35nn，36nn"对应的编码数据的含义为变量贸易项目的量度和量度单位。变量贸易项目量度用于变量贸易项目的标识，包括贸易单元的质量、尺寸、体积、直径等信息。变量贸易项目量度不能单独使用，编码数据格式见表 8-8。

表 8-8　变量贸易项目量度编码数据格式

AI	量度值
$A_1 A_2 A_3 A_4$	$N_1 N_2 N_3 N_4 N_5 N_6$

应用标识符数字 A_1 到 A_3：指示变量贸易项目量度的单位，其含义如表 8-9 和表 8-10 所示。应用标识符数字 A_4：指示量度值中小数点右起的位置。例如，数字 0 表示没有小数点，数字 1 表示小数点在 N_5 和 N_6 之间。量度值对应的编码数据为贸易项目上的变量量度值。变量贸易项目量度应与贸易项目的 GTIN 一起使用。

表 8-9　国际单位制贸易计量单位

AI	含义（格式 n6）	单位名称	单位符号	数据名称
310n	净重	千克（公斤）	kg	NET WEIGHT
311n	长度或第一尺寸	米	m	LENGTH
312n	宽度、直径或第二尺寸	米	m	WIDTH
313n	深度、厚度、高度或第三尺寸	米	m	HEIGHT
314n	面积	平方米	m^2	AREA
315n	净体积、净容积	升	l	NET VOLUME
316n	净体积、净容积	立方米	m^3	NET VOLUME

表 8-10 非国际单位制贸易计量单位

AI	含义（格式 n6）	单位名称	单位符号	数据名称
320n	净重	磅	lb	NET WEIGHT
321n	长度或第一尺寸	英寸	in	LENGTH
322n	长度或第一尺寸	英尺	ft	LENGTH
323n	长度或第一尺寸	码	yd	LENGTH
324n	宽度、直径或第二尺寸	英寸	in	WIDTH
325n	宽度、直径或第二尺寸	英尺	ft	WIDTH
326n	宽度、直径或第二尺寸	码	yd	WIDTH
327n	深度、厚度、高度或第三尺寸	英寸	in	HEIGHT
328n	深度、厚度、高度或第三尺寸	英尺	ft	HEIGHT
329n	深度、厚度、高度或第三尺寸	码	yd	HEIGHT
350n	面积	平方英寸	in^2	AREA
351n	面积	平方英尺	ft^2	AREA
352n	面积	平方码	yd^2	AREA
356n	净重	英两	oz(UK)	NET WEIGHT
357n	净体积、净容积（或净重）	盎司	oz(US)	NET VOLUME
360n	净体积、净容积	夸脱	qt	NET VOLUME
361n	净体积、净容积	加仑	gal(US)	NET VOLUME
364n	净体积、净容积	立方英寸	in^3	NET VOLUME
365n	净体积、净容积	立方英尺	ft^3	NET VOLUME
366n	净体积、净容积	立方码	yd^3	NET VOLUME

（8）**单价应用标识符 AI（8005）**。应用标识符"8005"对应的编码数据的含义为变量贸易项目的单价，编码数据格式如表 8-11 所示。单价用于指示在变量贸易项目的商品上标记单位量度的价格，以区别相同项目的不同价格。单价是贸易项目的一个属性，但不作为标识的一部分。

表 8-11 单价应用标识符 AI（8005）

AI	单价
8005	$N_1 N_2 N_3 N_4 N_5 N_6$

单价编码数据的内容和结构由贸易伙伴决定。单价应与贸易项目的 GTIN 一起译码和处理。数据名称为 PRICE PER UNIT。

（9）**单一货币区内变量贸易项目应付款金额应用标识符 AI（392n）**。应用标识符"392n"对应的编码数据的含义为单一货币区内变量贸易项目的应付款金额，编码数据格式如表 8-12 所示。

表 8-12 单一货币区内变量贸易项目应付款金额应用标识符 AI（392n）

AI	应付款金额
392n	$N_1 \cdots N_j (j \leq 15)$

应用标识符数字 n：指示应付款金额中小数点右起的位置。

$N_1 \cdots N_{15}$：变量贸易项目应付款金额的总额，由数字字符表示，长度可变，最长 15 位。

单一货币区内变量贸易项目应付款金额要与变量贸易项目的 GTIN 一起使用。数据名称为 PRICE。

（10）**具有 ISO 货币代码的变量贸易项目应付款金额应用标识符 AI（393n）**。应用标识符"393n"对应的编码数据的含义为具有 ISO 货币代码的变量贸易项目的应付款金额，编码数据格式如表 8-13 所示。

表 8-13 具有 ISO 货币代码的变量贸易项目应付款金额应用标识符 AI（393n）

AI	ISO 货币代码	应付款金额
393n	$N_1 N_2 N_3$	$N_4 \cdots N_j (j \leqslant 18)$

应用标识符数字 n 指示应付款金额中小数点右起的位置。$N_1 N_2 N_3$ 指示 GB/T 12406 中的货币代码。$N_4 \cdots N_{18}$ 指示付款单中应付款金额的总额，由数字字符表示，长度可变，最长 18 位。具有 ISO 货币代码的变量贸易项目应付款金额要与变量贸易项目的 GTIN 一起使用。数据名称为 PRICE。

（11）**贸易项目组件应用标识符 AI（8006）**。应用标识符"8006"对应的编码数据的含义为贸易项目及其组件标识代码，编码数据格式如表 8-14 所示。

表 8-14 贸易项目组件应用标识符 AI（8006）

AI	GTIN	组件代码	组件总数
8006	$N_1 N_2 N_3 \cdots N_{12} N_{13} N_{14}$	$N_{15} N_{16}$	$N_{17} N_{18}$

组件代码表示贸易项目组合内组件的连续代码。某个给定贸易项目的一个组件对各个贸易项目应是相同的。组件总数指贸易项目组件的总数。贸易项目组件的标识可以根据特定应用需求处理。数据名称为 GCTIN。

（12）**定制产品代码应用标识符 AI（242）**。应用标识符"242"对应的编码数据的含义为定制产品代码，编码数据格式见表 8-15。定制产品代码为数字字符，长度可变，最长 6 位。

表 8-15 定制产品代码应用标识符 AI 编码数据格式

AI	定制产品代码
242	$N_1 \cdots N_j (j \leqslant 6)$

AI（242）不单独使用，只能与第一位数字为 9 的 GTIN-14 相关的应用标识符 AI（01）或 AI（02）一起使用，唯一标识一个定制的贸易项目。

第一位数字为 9 的 GTIN-14 与定制产品代码仅批准用于 MRO 供应行业（MRO，是英文"Maintenance""Repair""Operations" 3 个词的缩写，指企业用于设施和设备保养、维修的备品备件等物料，或保证企业正常运行的相关设备、耗材等物资）。数据名称为 MTO VARIANT。

（13）**产品变体应用标识符 AI（20）**。如果贸易项目的某些改变不足以需要重新分配一个 GTIN，或如果此变化仅仅与品牌所有者和代表品牌所有者的第三方有关，可使用产品变体应用标识符来标识。产品变体应用标识编码数据用于辨别标准贸易项目的变体。产品变体仅限于品牌所有者和代表品牌所有者的第三方使用，并且不与任何贸易伙伴进行交易。如果需要根据 GTIN 的分配规则为产品变体分配一个新的 GTIN，将不能使用产品变体。

应用标识符"20"对应的编码数据的含义为贸易项目的变体号，编码数据格式见表 8-16。

表 8-16 贸易项目变体的编码数据格式

AI	变体号
20	$N_1 N_2$

变体号是贸易项目之外的补充代码。一个特定的贸易项目只允许产生 100 个变体。产品变体应与同一项目的 GTIN 一起译码处理。数据名称为 VARIANT。

8.2.2 标识物流单元的应用标识符 AI（00）

应用标识符"00"对应的编码数据的含义为系列货运包装箱代码（serial shipping container code，SSCC），编码数据格式如表 8-17 所示。

表 8-17 标识物流单元的应用标识符 AI（00）

AI	SSCC			校验码
	扩展位	厂商识别代码 →	← 系列代码	
00	N_1	$N_2 N_3 N_4 N_5 N_6 N_7 N_8 N_9 N_{10} N_{11} N_{12} N_{13} N_{14} N_{15} N_{16} N_{17}$		N_{18}

扩展位：用于增加 SSCC 内系列代码的容量。由编制 SSCC 的公司自行分配。数据名称为 SSCC。对应 UPC 码 $N_2=0$。

8.2.3 标识资产的应用标识符

（1）全球可回收资产 GRAI 应用标识符 AI（8003）。应用标识符"8003"对应的编码数据的含义为全球可回收资产代码，编码数据格式如表 8-18 所示。

表 8-18 全球可回收资产应用标识符

AI	GRAI			系列代码（可选项）
	厂商识别代码 →	← 资产类型代码	校验码	
8003	$0 N_1 N_2 N_3 N_4 N_5 N_6 N_7 N_8 N_9 N_{10} N_{11} N_{12}$		N_{13}	$X_1 \cdots X_j (j \leqslant 16)$

厂商识别代码是资产所有者的厂商识别代码，见 GB 12904。资产类型由资产的所有者分配代码，唯一标识可回收资产的类型。校验码为一位数字，按算法计算所得，参考第 4 章相关内容。系列代码为可选项，由资产的所有者分配，用于唯一标识特定资产类型中的单个资产。应用标识符对应的编码数据是字母数字字符，长度可变，最长 16 位。全球可回收资产标识代码可以根据特定应用需求进行处理。数据名称 GRAI。对应 UPC 码 $N_1=0$。

（2）**全球单个资产 GIAI 应用标识符 AI (8004)**。应用标识符"8004"对应的编码数据的含义为全球单个资产代码，用于唯一标识单个资产，编码数据格式见表 8-19。

表 8-19 全球单个资产应用标识符编码数据格式

AI	GIAI	
	厂商识别代码	单个资产项目代码
8004	$N_1 \cdots N_i$	$X_{i+1} \cdots X_j (j \leqslant 30)$

厂商识别代码是资产的所有者的厂商识别代码，见 GB 12904。单个资产项目代码由分配资产项目号码公司的厂商识别代码和单个资产项目代码组成。单个资产项目代码的结构与编码由厂商识别代码的所有者决定，其对应的编码数据是字母数字字符，长度可变，最长 30 位。全球单个资产标识代码可以根据特定应用需求进行处理。数据名称为 GIAI。全球单个资产标识代码不用于标识贸易项目或物流单元，不能用于订购资产。全球单个资产标识代码可用于各参与方对资产的跟踪。对应 UPC 码 N_1=0。

8.2.4 标识服务关系的应用标识符

全球服务关系代码用于标识服务关系中服务的接受方。应用标识符"8018"对应的编码数据的含义为全球服务关系代码，编码数据格式见表 8-20。

表 8-20 标识服务关系的应用标识符编码数据格式

AI	GSRN		
	厂商识别代码	服务项目代码	校验码
8018	$N_1\ N_2\ N_3\ N_4\ N_5\ N_6\ N_7\ N_8\ N_9\ N_{10}\ N_{11}\ N_{12}\ N_{13}\ N_{14}\ N_{15}\ N_{16}\ N_{17}$		N_{18}

服务项目代码由服务的提供方分配，其结构和内容由具体服务的提供方决定。服务关系代码可以根据特定应用需求处理。数据名称为 GSRN。

8.2.5 用于可追溯性的应用标识符

（1）**批号应用标识符 AI（10）**。批号是与贸易项目相关的数据信息，用于产品追溯。批号数据信息可涉及贸易项目本身或其所包含的项目，如一个产品的组号、班次号、机器号、时间或内部的产品代码等。应用标识符"10"对应的编码数据的含义为贸易项目的批号代码，编码数据格式见表 8-21。

表 8-21 批号应用标识符编码数据格式

AI	批号
10	$X_1 \cdots X_j (j \leqslant 20)$

批号为字母数字字符，长度可变，最长 20 位。批号应与贸易项目的 GTIN 一起使用。数据名称为 BATCH/LOT。

（2）**系列号应用标识符 AI（21）**。系列号是分配给一个实体永久性的系列代码，与

GTIN 结合唯一标识每个单独的项目。应用标识符"21"对应的编码数据的含义为贸易项目的系列号，应用标识符编码数据格式见表 8-22。

表 8-22　系列号应用标识符编码数据格式

AI	系列号
21	$X_1 \cdots X_j (j \leqslant 20)$

系列号由制造商分配，为字母数字字符，长度可变，最长 20 位。系列号应与贸易项目的 GTIN 一起使用。数据名称为 SERIAL。

（3）二级系列号应用标识符 AI（250）。当 AI（21）及其编码数据标识贸易项目的系列号时，AI（250）标识一个贸易项目的某个部件的二级系列号码。AI（250）应与 AI（01）、AI（21）一起使用。一个特定的 GTIN 只允许包含一个 AI（250）编码数据。例如：AI（01）表示贸易项目的 GTIN；AI（21）表示贸易项目的系列号；AI（250）表示贸易项目中一个部件的系列号。

应用标识符"250"对应的编码数据的含义为贸易项目的二级系列号，编码数据格式见表 8-23。

表 8-23　二级系列号应用标识符编码数据格式

AI	二级系列号
250	$X_1 \cdots X_j (j \leqslant 30)$

二级系列号应用标识符编码数据为字母数字字符，长度可变，最长 30 位。数据名称为 SECONDARYSERIAL。

（4）源实体参考代码应用标识符 AI（251）。源实体参考代码是贸易项目的一个属性，用于追溯贸易项目的初始来源。例如，源自某个牛胴体的各种产品，其源头是一头活牛。采用此应用标识编码数据能够对源自该活牛的产品溯源，一旦发现它受到污染，所有来自该牛身上的其他产品都要被隔离。应用标识符"251"对应的编码数据的含义为贸易项目的源实体参考代码，编码数据格式见表 8-24。

表 8-24　源实体参考代码应用标识符编码数据格式

AI	源实体参考代码
251	$X_1 \cdots X_j (j \leqslant 30)$

源实体参考代码为数字字符，长度可变，最长 30 位。源实体参考代码应与贸易项目的 GTIN 一起使用。数据名称为 REF.TO SOURCE。

8.2.6　标识日期的应用标识符

（1）生产日期应用标识符 AI（11）。生产日期是指生产、加工或组装的日期，由制造商确定。应用标识符"11"对应的编码数据的含义为贸易项目的生产日期，编码数据格式见表 8-25。

表 8-25　生产日期应用标识符编码数据格式

AI	生产日期		
11	年	月	日
	N_1N_2	N_3N_4	N_5N_6

年：以 2 位数字表示，不可省略。例如，2003 年为 03。

月：以 2 位数字表示，不可省略。例如，1 月为 01。

日：以 2 位数字表示，如某月的 2 日为 02。如果不需要标识具体日子，则填写 00。

生产日期应与贸易项目的 GTIN 一起使用。数据名称为 PROD DATE。注：生产日期的范围为过去的 49 年和未来的 50 年。

（2）产品生产的日期与时间的应用标识符 AI（8008）。产品生产和组装的日期和时间由制造商确定。应用标识符"8008"对应的编码数据的含义为产品生产的日期与时间，编码数据格式如表 8-26 所示。

表 8-26　生产日期和时间的应用标识符编码数据格式

AI	产品生产的日期与时间					
	年	月	日	时	分	秒
8008	N_1N_2	N_3N_4	N_5N_6	N_7N_8	N_9N_{10}	$N_{11}N_{12}$

年：以 2 位数字表示，不可省略，如 2003 年为 03。

月：以 2 位数字表示，不可省略，如 1 月为 01。

日：以 2 位数字表示，不可省略，如某月的 2 日为 02。

时：以 2 位数字表示当地时间的小时数，不可省略。例如，下午 2 点为 14。

分：以 2 位数字表示的分钟数，可以省略。

秒：以 2 位数字表示的秒数，可以省略。

产品生产的日期和时间应与贸易项目的 GTIN 一起使用。数据名称为 PROD TIME。注：此应用标识符的应用范围为过去 49 年和未来 50 年。

8.2.7　包装日期应用标识符 AI（13）

应用标识符"13"对应的编码数据的含义为贸易项目的包装日期，编码数据格式如表 8-27 所示。

表 8-27　包装日期引用标示符编码数据格式

AI	包装日期		
13	年	月	日
	N_1N_2	N_3N_4	N_5N_6

包装日期应与贸易项目的 GTIN 一起使用。数据名称为 PACK DATE。注：包装日期的范围为过去的 49 年和未来的 50 年。

8.2.8 保质期应用标识符 AI（15）

应用标识符"15"对应的编码数据的含义为贸易项目的保质期，编码数据格式见表 8-28。

表 8-28 保质期应用标识符编码数据格式

AI	保质期		
	年	月	日
15	N_1N_2	N_3N_4	N_5N_6

保质期应与贸易项目的 GTIN 一起使用。数据名称为 BEST BEFORE 或 SELL BY。保质期的范围为过去的 49 年和未来的 50 年。

8.2.9 有效期应用标识符 AI（17）

应用标识符"17"对应的编码数据的含义为贸易项目的有效期，编码数据格式如表 8-29 所示。

表 8-29 有效期应用标识符编码数据格式

AI	有效期		
	年	月	日
17	N_1N_2	N_3N_4	N_5N_6

有效期应与贸易项目的 GTIN 一起使用。数据名称为 USE BY 或 EXPIRY。有效期的范围为过去的 49 年和未来的 50 年。

本章小结

本章介绍了 GS1 系统中用于标识属性信息的应用标识符 AI。由于应用标识符的内容较多，本章主要介绍了常用的九大类应用标识符的语法结构及应用规则。本章的重点是介绍如何根据应用场景选择恰当的应用标识符，以及准确使用数据的格式。

拓展阅读 8.1：食用农产品追溯码编码技术规范

本章习题

1. 说明应用标识符（00）、（01）的含义及应用规则。
2. 请为本章开始的案例中涉案食品编制编码符号，应包括消费者最关心的生产日期、保质期等信息。
3. 物流单元中用到的应用标识符有哪些？
4. 可以在追溯系统中使用的标识符有哪些？
5. 用来标识时间的应用标识符有哪些？

【在线测试题】

扫描二维码，在线答题。

标 识 篇

第 9 章 编码标识技术——一维条码

> **导入案例**
>
> 国际零废物日:"码"上行动,向"零废"迈进!
>
> 联合国大会第七十七届会议上通过决议,宣布每年的 3 月 30 日为国际零废物日。这一国际日旨在提高人们对零废物、负责任消费生产实践及城市废物管理的重要性的认识,拥抱循环经济,促进实现可持续发展,并提高人们对零废物倡议"如何促进 2030 年可持续发展议程"这一问题的认识。
>
> 在这场向废弃物"宣战"的战斗中,GS1 标准将发挥积极作用。早在 2017 年,中国物品编码中心就制定了《商品二维码国家标准》,为符合 GS1 标准的商品二维码提供标准支持。商品二维码不仅内含 GTIN,也可以存储和共享有关商品材料成分、所用材料来源、回收说明、潜在再利用选项等重要数据。通过手机扫描,消费者可以快捷地获得清晰简洁的产品信息,不仅易于商品回收,还易于轻松了解回收再利用的价值,促进绿色消费。
>
> 在 2024 年 4 月 1 日的"天下财经"节目中,披露了小作坊利用废旧新能源车电芯制作锂电池的违法事件,这些非法制作的锂电池被安装在了电动自行车上,给交通安全带来了极大的隐患。
>
> 资料来源:CCTV-2"天下财经"栏目;中国物品编码中心官网 http://www.gs1cn.org/News/msg?id=12428。

每一块汽车电池在出厂时都有唯一的代码,并贴上包含唯一代码和其他详细信息的二维码,保证每一块电池在废弃时能被准确记录和追踪。这样就可以杜绝上述危害公共安全事件的发生。

9.1 条码技术概述

条码是迄今为止最经济、实用的一种自动识别技术。条码技术是在计算机应用和实践中产生并发展起来的广泛应用于商业、邮政、图书管理、仓储、工业生产过程控制、交通等领域的一种自动识别技术,具有输入速度快、准确度高、成本低、可靠性强等优点,在当今的自动识别技术中占有重要的地位。一维条码所携带的信息量有限,如商品上的条码仅能容纳 13 位(EAN-13 码)阿拉伯数字,更多的信息只能依赖商品数据库的支持,离开了预先建立的数据库,这种条码就没有意义了,这样在一定程度上也限制了条码的应用范围。基于这个原因,20 世纪 90 年代又发明了二维条码。

9.1.1 条码的发展

条码是由一组规则排列的条、空及其对应字符组成的标记（见图 9-1），用以表示一定的信息，以标识物品、资产、位置和服务关系等。条码是一种信息记录形式，是信息携带和识读的手段。

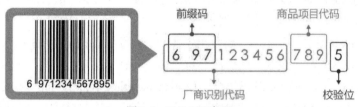

图 9-1　EAN-13 条码

条码技术诞生于 20 世纪 40 年代。早在 20 世纪 40 年代后期，美国乔·伍德兰德（Joe Wood Land）和贝尼·西尔佛（Beny Silver）两位工程师就开始研究用条码表示食品项目及相应的自动识别设备，并于 1949 年获得了美国专利。这种条码图案很像微型射箭靶，所以被叫作"公牛眼"条码（见图 9-2），靶式的同心圆是由圆条和空绘成圆环形。遗憾的是当时的商品经济还不十分发达，工艺上也没有达到印制这种代码的水平。

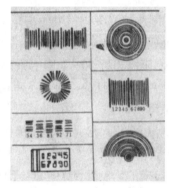

图 9-2　"公牛眼"条码

1959 年，以吉拉德·费伊塞尔（Girard Fessel）为代表的几名发明家提请了一项专利，描述了数字 0～9 中每个数字可由七段平行条组成。但是这种码使机器难以识读，人读起来也不方便。不过这一构想的确促进了后来条码的产生与发展。不久后，E·F·布宁克（E·F·Brinker）申请了另一项专利，该专利是将条码标识在有轨电车上。20 世纪 60 年代后期西尔沃尼亚（Sylvania）发明的一个系统，被北美铁路系统采纳。这两项专利可以说是条码技术最早期的应用。

1970 年，美国超级市场 AdHoc 委员会制定了通用商品代码——UPC 代码（Universal Product Code），此后许多团体也提出了各种条码符号方案。UPC 商品条码首先在杂货零售业中试用，这为以后该码制的统一和广泛采用奠定了基础。1971 年，布莱西公司研制出"布莱西码"及相应的自动识别系统，用于库存验算。这是条码技术第一次在仓库管理系统中应用。1972 年，莫那奇·马金（Monarch Marking）等人研制出库德巴码（Codabar），至此，美国的条码技术进入了新的发展阶段。

美国统一代码委员会（Uniform Code Council，UCC）于 1973 年建立了 UPC 商品条

码应用系统。同年，食品杂货业把 UPC 商品条码作为该行业的通用商品标识，对条码技术在商业流通销售领域里的广泛应用起到了积极的推动作用。1974 年，Intermec 公司的戴维·阿利尔（Davide allair）博士推出 39 条码，很快被美国国防部所采纳，作为军用条码码制。39 条码是第一个字母、数字式的条码，后来被广泛应用于工业领域。

1976 年，美国和加拿大在超级市场上成功地使用了 UPC 商品条码应用系统，这给人们以很大的鼓舞，尤其是欧洲人对此产生了很大的兴趣。1977 年，欧洲共同体在 12 位的 UPC-A 商品条码的基础上，开发出与 UPC-A 商品条码兼容的欧洲物品编码系统（European Article Numbering System），简称"EAN 系统"，并签署了欧洲物品编码协议备忘录，正式成立了欧洲物品编码协会（European Article Numbering Association，EAN）。直到 1981 年，由于 EAN 组织已发展成为一个国际性组织，改称为"国际物品编码协会"（International Article Numbering Association），简称"EAN International"，2005 年更名为国际物品编码组织 GS1。

日本从 1974 年开始着手建立 POS 系统（point of sale system），研究有关条码标准及信息输入方式和印制技术等，并在 EAN 系统基础上于 1978 年制定出日本物品编码 JAN 码。同年，日本加入国际物品编码协会，厂家开始登记注册并全面转入条码技术及其系列产品的开发工作。

从 20 世纪 80 年代初，人们围绕提高条码符号的信息密度开展了多项研究。128 码和 93 码就是其中的研究成果。128 码于 1981 年被推荐使用，而 93 码于 1982 年使用。这两种码的优点是条码符号密度比 39 码高出近 30%。随着条码技术的发展，条码码制种类不断增加，因而标准化问题显得很突出。为此先后制定了军用标准 1189；交插 25 码、39 码和库德巴码 ANSI 标准 MH9.8M 等。同时，一些行业也开始建立行业标准，以适应发展需要。此后，戴维·阿利尔又研制出 49 码，这是一种非传统的条码符号，它比以往的条形码符号具有更高的密度（即二维条码的雏形）。接着特德·威廉斯（Ted Williams）推出了 16 K 码，这是一种适用于激光扫描的码制。到 1990 年年底，共有 40 多种条码码制，相应的自动识别设备和印刷技术也得到了长足的发展。

从 20 世纪 80 年代中期开始，我国一些高等院校、科研部门及一些出口企业，把条码技术的研究和推广应用逐步提上议程。一些行业如出版、邮电、物资管理部门和外贸部门已开始使用条码技术。

起源于 20 世纪 40 年代、研究于 20 世纪 60 年代、应用于 20 世纪 70 年代、普及于 20 世纪 80 年代的条码与条码技术，以及其各种应用系统，引起了世界流通领域里的巨大变革。20 世纪 90 年代的国际流通领域将条码誉为商品进入国际计算机市场的"身份证"。印刷在商品外包装上的条码，像一条条经济信息纽带将世界各地的生产制造商、出口商、批发商、零售商和顾客有机地联系在一起。今天，一维条码、二维条码已经应用到我们生活的方方面面，超市扫码自助结账、二维码扫码支付、扫码乘车（公交车、地铁、火车等）、扫码点餐、扫码辨真伪（防伪）、扫码溯源（安全追溯）等，都成了我们的日常生活的一部分。可以说是"一码在手，走遍天下"。

中国物品编码中心是统一组织、协调、管理我国商品条码、物品编码与自动识别技术的专门机构，隶属于国家市场监督管理总局，1988 年成立，1991 年 4 月代表我国加入国际物品编码组织（GS1），负责推广国际通用的、开放的、跨行业的全球统一编码标识系统和供应链管理标准，向社会提供公共服务平台和标准化解决方案。

中国物品编码中心在全国设有47个分支机构，形成了覆盖全国的集编码管理、技术研发、标准制定、应用推广和技术服务于一体的工作体系。物品编码与自动识别技术已广泛应用于零售、制造、物流、电子商务、移动商务、电子政务、医疗卫生、产品质量追溯、图书音像等国民经济和社会发展的诸多领域。全球统一标识系统是全球应用最为广泛的商务语言，商品条码是其基础和核心。

物品编码与自动识别技术已经广泛应用于我国的零售、食品安全追溯、医疗卫生、物流、建材、服装、特种设备、商品信息服务、电子商务、移动商务等领域。商品条码技术为我国的产品质量安全、诚信体系建设提供了可靠产品信息和技术保障。

9.1.2 条码分类

条码根据其编码结构和条码性质的不同，可以分为一维条码和二维条码（见图9-3）。一维条码就是我们所说的传统条码，常用的码制包括UPC码、EAN码、128码、交叉二五码、三九码等。二维条码根据构成原理、结构形状的差异可分为行排列式二维条码和矩阵式二维条码，常用的码制包括PDF417、Data Matrix、Maxi Code、QR码、Code 49、Code 16 K、Code One等。若从印制条码的材料、颜色分类，又可分为黑白条码、彩色条码、发光条码（荧光条码、磷光条码）和磁性条码等。

一维条码　　　　　　二维条码

图9-3　一维条码和二维条码

1. 一维条码

一维条码由宽度不同、反射率不同的条和空，按照一定的编码规则（码制）编制而成，用以表达一组数字或字母符号信息的图形标识符，即一维条码是一组粗细不同，按照一定的规则安排间距的平行线条图形。

常见的一维条码是由反射率相差很大的黑条（简称条）和白条（简称空）组成的。这是因为黑条对光的反射率最低，而白空对光的反射率最高。当光照射到条码符号上时，黑条与白空产生较强的对比度。条码识读器正是利用条和空对光的反射率不同来读取条码数据的。扫描器接收到的光信号需要经光电转换器转换成电信号并通过放大电路进行放大。经过电路放大的条码电信号经整形变成"数字信号"，进入计算机应用系统。

2. 二维条码

二维条码是在一维条码无法满足实际应用需求的前提下产生的，可以在有限的几何空间内表示更多的信息，以满足千变万化的信息表示需要。

国外对二维条码技术的研究开始于20世纪80年代末。在二维条码符号表示技术研究方面，已研究出多种码制，这些二维条码的密度都比传统的一维条码有了较大的提高，如PDF417的信息密度是一维条码Code39的20多倍。国际上主要将二维条码技术应用于公安、外交、军事等部门对各类证件的管理，海关、税务等部门对各类报表和票据的管理，商业、交通运输等部门对商品及货物运输的管理，邮政部门对邮政包裹的管理，工业生产领域对工业生产线的自动化管理。

随着我国市场经济的不断完善和信息技术的迅速发展，国内对二维条码这一新技术的研究和需求与日俱增。为此，中国物品编码中心自主研发了一种具有自主知识产权的二维条码——汉信码。汉信码的研制成功有利于打破国外公司在二维条码生成与识读核心技术上的商业垄断，降低我国二维条码技术的应用成本，推进二维条码技术在我国的应用进程。

汉信码在汉字表示方面具有明显的优势，支持GB 18030大字符集，能够表示《信息技术信息交换用汉字编码字符集基本集的扩充》中规定的全部汉字，在现有的二维条码中表示汉字效率最高，达到了国际领先水平。此外，汉信码还具有抗畸变、抗污损能力强的特点，最大纠错能力可以达到30%。将汉信码二维条码标签剪开1/4的口子、撒上近1/3的油墨、撕去一两个角，并变换不同的识读角度，都能够将汉信码上加载的信息全部恢复。汉信码还充分考虑了汉字信息的表示效率，相同的信息内容，汉信码只占快速响应矩阵码符号面积的90%，是数据矩阵码符号面积的63.7%。

3. 特殊条码

在一些特殊的应用场合，如生产线、军用车牌、汽车发动机等场景，我们可以使用特殊的条码。

（1）多功能隐形条码。隐形条码能达到既不破坏包装装潢整体效果，也不影响条码特性的目的，同样隐形条码隐形以后，一般制假者难以仿制，其防伪效果很好，并且在印刷时不存在套色问题。

（2）金属条码。金属条码（见图9-4）识读距离为0.3～5 m；最窄条码宽度可达0.2 mm；金属条码签的厚度为0.06～0.20 mm，其韧性高于纸码，而可弯曲度与纸质条码签一样，能承受一定力的外物对它的搓揉和撞击，而不影响其识读效果。在生产时可制成连号流水码或各种不同内容的条码签。

图9-4 金属条码

（3）荧光条码。荧光条码利用特殊的荧光墨汁将条码印刷成隐形条码。在紫外光照射下，能发出可见光的特种油墨。为了防伪，只需要使用与条码所代表的物品的颜色完全一致并能为条码扫描器发出的激光所激发而传递信息的荧光墨汁即可，甚至还可使该荧光墨汁具有一定的时效性，过期自然消失，从而减少垃圾污染，省去因要撕掉条码标签而产生的工作量。

9.1.3 条码技术的研究对象

条码技术是电子与信息科学领域的高新技术,所涉及的技术领域较广,是多项技术相结合的产物。经过多年的长期研究和应用实践,条码技术现已发展成为较成熟的实用技术。条码技术主要研究的是如何将需要向计算机输入的信息用条码这种特殊的符号加以表示,以及如何将条码所表示的信息转变为计算机可自动识读的数据。因此,条码技术的研究对象主要包括编码规则、符号表示技术、识读技术、印刷技术和条码应用系统设计技术五大部分。

1. 编码规则

任何一种条码,都是按照预先规定的编码规则和有关标准,由条和空组合而成的。人们将为管理对象编制的由数字、字母、数字字母组成的代码序列称为编码,编码规则主要研究编码原则、代码定义等。编码规则是条码技术的基本内容,也是制定码制标准和对条码符号进行识别的主要依据。为了便于物品跨国家和地区流通,适应物品现代化管理的需要,以及增强条码自动识别系统的相容性,各个国家、地区和行业,都必须遵循并执行国际统一的条码标准。

2. 符号表示技术

条码是由一组按特定规则排列的条和空及相应数据字符组成的符号。条码是一种图形化的信息代码。不同的码制,条码符号的构成规则也不同。目前较常用的一维条码码制有 EAN 商品条码、UPC 商品条码、25 条码、交插 25 条码、库德巴码、39 条码、GS1-128 条码等。符号表示技术的主要内容是研究各种码制的条码符号设计、符号表示及符号制作。

条码是利用条纹和间隔或宽窄条纹(间隔)构成二进制的"0"和"1",并以它们的组合来表示某个数字或字符,反映某种信息。但不同码制的条码在编码方式上却有所不同,主要有以下两种。

(1) 宽度调节法。按这种方式编码时,是以窄元素(条纹或间隔)表示逻辑值"0",宽元素(条纹或间隔)表示逻辑值"1"。宽元素通常是窄元素的二至三倍。对于两个相邻的二进制数位,由条纹到间隔或由间隔到条纹,均存在着明显的印刷界限。39 条码、库德巴条码及常用的 25 条码、交插 25 条码均属宽度调节型条码。下面以 25 条码为例,简要介绍宽度调节型条码的编码方法。

25 条码是一种只有条表示信息的非连续型条码。条码字符由规则排列的 5 个条构成,其中有两个宽单元,其余是窄单元。宽单元一般是窄单元的三倍,宽单元表示二进制的"1",窄单元表示二进制的"0"。图 9-5 是 25 条码字符集中代码字符为"1"的字符结构。

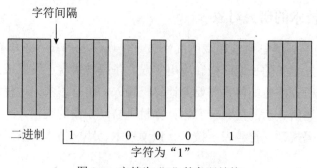

图9-5 字符为"1"的条码结构

（2）模块组配法。模块组配法是指条码符号中，条与空是由标准宽度的模块组合而成的。一个标准宽度的条模块表示二进制的"1"，而一个标准宽度的空模块表示二进制的"0"。

EAN条码、UPC条码均属模块式组合型条码。商品条码模块的标准宽度是0.33 mm，它的一个字符由两个条和两个空构成，每一个条或空由1～4个标准宽度模块组成。凡是在字符间用间隔（位空）分开的条码，称为离散码。凡是在字符间不存在间隔（位空）的条码，称为连续码。模块组配法条码字符的构成如图9-6所示。

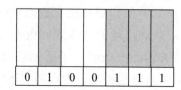

图9-6 模块组配法条码字符的构成

3.识读技术

条码自动识读技术可分为硬件技术和软件技术两部分。

自动识读硬件技术主要解决将条码符号所代表的数据转换为计算机可读的数据，以及与计算机之间的数据通信。硬件支持系统可以分解成光电转换技术、译码技术、通信技术及计算机技术。光电转换系统除传统的光电技术外，目前主要采用电荷耦合器件——CCD图像感应器技术和激光技术。软件技术主要解决数据处理、数据分析、译码等问题，数据通信是通过软硬件技术的结合来实现的。

在条码自动识读设备的设计中，考虑到其成本和体积，往往以硬件支持为主，所以应尽量采取可行的软措施来实现译码及数据通信。近年来，条码技术逐步渗透到许多技术领域，人们往往把条码自动识读装置作为电子仪器、机电设备和家用电器的重要功能部件，因而减小体积、降低成本更具有现实意义。

自动识读技术主要由条码扫描和译码两部分构成。扫描是利用光束扫读条码符号，并将光信号转换为电信号，这部分功能由扫描器完成。译码是将扫描器获得的电信号按一定的规则翻译成相应的数据代码，然后输入计算机（或存储器）。这个过程由译码器完成。图9-7可以简要说明扫描器的扫描译码过程。

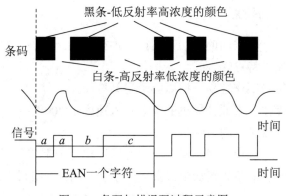

图 9-7 条码扫描译码过程示意图

当扫描器扫读条码符号时，光敏元件将扫描到的光信号转变为模拟电信号，模拟电信号经过放大、滤波、整形等信号处理，转变为数字信号。译码器按一定的译码逻辑对数字脉冲进行译码处理后，便可得到与条码符号相应的数字代码。

4. 印刷技术

只要掌握编码规则和条码标准，把所需数据用条码表示就不难解决。然而，如何把它印制出来呢？这就涉及印刷技术。我们知道条码符号中条和空的宽度是包含着信息的，所以在条码符号的印刷过程中，对诸如反射率、对比度及条空边缘粗糙度等均有严格的要求。必须选择适当的印刷技术和设备，以保证印制出符合规范的条码。条码印制技术是条码技术的主要组成部分，因为条码的印制质量直接影响识别效果和整个系统的性能。条码印制技术所研究的主要内容是：制片技术、印制技术和研制各类专用打码机、印刷系统，以及如何按照条码标准和印制批量的大小，正确选用相应技术和设备等。根据不同的需要，印制设备大体可分为三种：适用于大批量印制条码符号的设备、适用于小批量印制的专用机、灵活方便的现场专用打码机，其中既有传统的印刷技术，又有现代制片、制版技术和激光、电磁、热敏等多种技术。

5. 条码应用系统设计技术

条码应用系统由条码、识读设备、电子计算机及通信系统组成。应用范围不同，条码应用系统的配置也不同。一般来讲，条码应用系统的应用效果主要取决于系统设计。系统设计主要考虑下面几个因素。

（1）条码设计。条码设计包括确定条码信息单元、选择码制和符号版面设计。

（2）符号印制。在条码应用系统中，条码印制质量对系统能否顺利运行关系重大。如果条码本身质量高，即使性能一般的识读器也可以顺利读取。虽然操作水平、识读器质量等因素是影响识读质量不可忽视的因素，但条码本身的质量始终是系统能否正常运行的关键。据统计资料表明，在系统拒读、误读事故中，条码标签质量原因占事故总数的50%左右。因此，在印制条码符号前，要做好印刷设备和印刷介质的选择，以获得合格的条码符号。

（3）识读设备选择。条码识读设备种类很多，如在线式的光笔、CCD识读器、激光枪、台式扫描器等；不在线式的便携式数据采集器，无线数据采集器等，它们各有优缺点。在设计条码应用系统时，必须考虑识读设备的使用环境和操作状态，以作出正确的选择。

9.1.4 条码技术的特点

在信息输入技术中，可采用的自动识别技术种类很多。条码作为一种图形识别技术与其他识别技术相比有如下特点。

（1）简单。条码符号制作容易，扫描操作简单易行。

（2）信息采集速度快。普通计算机的键盘录入速度是 200 字符／分钟，而利用条码扫描录入信息的速度是键盘录入的 20 倍。

（3）采集信息量大。利用条码扫描，一次可以采集几十字节甚至几百字节的信息，而且可以通过选择不同码制的条码增加字符密度，使录入的信息量成倍增加。

（4）可靠性高。键盘录入数据，误码率为三百分之一，利用光学字符识别技术，误码率约为万分之一。而采用条码扫描录入方式，误码率仅有百万分之一，首读率可达 98％以上。

（5）灵活、实用。条码符号作为一种识别手段可以单独使用，也可以和有关设备组成识别系统实现自动化识别，还可和其他控制设备联系起来实现整个系统的自动化管理。同时，在没有自动识别设备时，也可实现手工键盘输入。

（6）自由度大。识别装置与条码标签相对位置的自由度要比光学字符识别（optical character recognition，OCR）大得多。条码通常只在一维方向上表示信息，而同一条码符号上所表示的信息是连续的，这样即使是标签上的条码符号在条的方向上有部分残缺，仍可以从正常部分识读正确的信息。

（7）设备结构简单、成本低。条码符号识别设备的结构简单，操作容易，不需要专门训练。与其他自动化识别技术相比，推广应用条码技术所需费用较低。

在后面几节，我们将分别介绍 GS1 体系中的一维条码 EAN-13、GS1-128、ITF-14、GS1databar，我们将在第 10 章中介绍二维条码技术。

9.2 EAN-13 与 EAN-8 条码

EAN-13 和 EAN-8 分别用来表示 13 位 GTIN 和 8 位 GTIN 的条码符号，其码制相同。国家标准《商品条码 零售商品编码与条码表示》（GB 12904—2008）中详细规定了 EAN-13 条码的码制、符号设计、位置和质量评价。

9.2.1 EAN-13 条码字符集的二进制表示

EAN-13 条码字符集包括 A 子集、B 子集和 C 子集。每个条码字符由 2 个"条"和 2 个"空"构成。每个"条"或"空"由 1～4 个模块组成，每个条码字符的总模块数为 7。用二进制"1"表示"条"的模块，用二进制"0"表示"空"的模块，如图 9-8 所示。条码字符集可表示 0～9 共 10 个数字字符。EAN/UPC 条码字符集的二进制表示见表 9-1 和图 9-9。

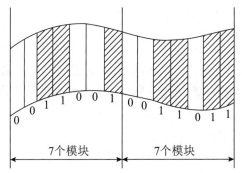

图 9-8 条码字符的构成

表 9-1 格式 EAN-13 条码字符集的二进制表示

数字字符	A 子集	B 子集	C 子集
0	0001101	0100111	1110010
1	0011001	0110011	1100110
2	0010011	0011011	1101100
3	0111101	0100001	1000010
4	0100011	0011101	1011100
5	0110001	0111001	1001110
6	0101111	0000101	1010000
7	0111011	0010001	1000100
8	0110111	0001001	1001000
9	0001011	0010111	1110100

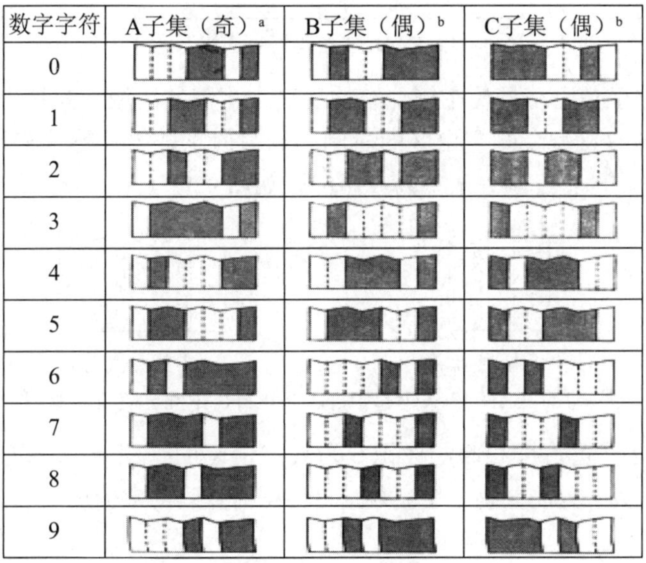

数字字符	A子集（奇）[a]	B子集（偶）[b]	C子集（偶）[b]
0			
1			
2			
3			
4			
5			
6			
7			
8			
9			

图 9-9 EAN-13 条码字符集示意图

注：a. A 子集中条码字符所包含的"条"的模块的个数为奇数，称为奇排列。

b. B、C 子集中条码字符所包含的"条"的模块的个数为偶数，称为偶排列。

9.2.2 EAN-13 商品条码的符号结构

EAN-13 是一种长度固定的连续型数字式码制，其字符集为数字 0～9。它采用 4 种元素宽度，每个条或空是 1、2、3 或 4 倍单位元素宽度，可以编码 13 位罗马数字，其中包括一位验证码。EAN-13 商品条码可用来表示全球贸易项目代码 GTIN 和采用 13 位编码的仓储包装商品代码。

EAN-13 商品条码由左侧空白区、起始符、左侧数据符、中间分隔符、右侧数据符、校验符、终止符、右侧空白区及供人识别字符组成。如图 9-10 和图 9-11 所示。

图 9-10　EAN-13 商品条码的符号结构

图 9-11　EAN-13 条码符号构成示意图

左侧空白区位于条码符号最左侧与空的反射率相同的区域，其最小宽度为 11 个模块宽。起始符位于条码符号左侧空白区的右侧，标识信息开始的特殊符号，由 3 个模块组成。起始符、终止符的二进制表示都为"101"，如图 9-12（左）所示。

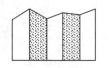

起始符、终止符　　　　　中间分隔符

图 9-12　EAN-13 条码起始符、终止符、中间分隔符示意图

左侧数据符位于起始符右侧，标识 6 位数字信息的一组条码字符，由 42 个模块组成。左侧的第一位数字为前置码。左侧数据符根据前置码的数值选用 A、B 子集，如表 9-2 所示。

表 9-2 左侧数据符 EAN/UPC 条码字符集的选用规则

前置码数值	EAN-13 左侧数据符商品条码字符集					
	代码位置序号					
	12	11	10	9	8	7
0	A	A	A	A	A	A
1	A	A	B	A	B	B
2	A	A	B	B	A	B
3	A	A	B	B	B	A
4	A	B	A	A	B	B
5	A	B	B	A	A	B
6	A	B	B	B	A	A
7	A	B	A	B	A	B
8	A	B	A	B	B	A
9	A	B	B	A	B	A

【示例】：确定一个 13 位代码"6901234567892"的左侧数据符的二进制表示。

根据表 9-2 可查得：前置码为"6"的左侧数据符所选用的商品条码字符集依次排列为 ABBBAA。根据表 9-1 可查得：左侧数据符"901234"的二进制表示，如表 9-3 所示。

表 9-3 前置码为"6"时左侧数据符的二进制表示示例

左侧数据符	9	0	1	2	3	4
条码字符集	A	B	B	B	A	A
二进制表示	0001011	0100111	0110011	0011011	0111101	0100011

中间分隔符位于左侧数据符的右侧，是平分条码字符的特殊符号，由 5 个模块组成。中间分隔符的二进制表示为"01010"，如图 9-12（右）所示。右侧数据符位于中间分隔符右侧，表示 5 位数字信息的一组条码字符，由 35 个模块组成。右侧数据符及校验符均用 C 子集表示。校验符位于右侧数据符的右侧，表示校验码的条码字符，由 7 个模块组成。终止符位于条码符号校验符的右侧，表示信息结束的特殊符号，由 3 个模块组成。

右侧空白区位于条码符号最右侧，与空的反射率相同的区域，其最小宽度为 7 个模块宽。为保护右侧空白区的宽度，可在条码符号右下角加">"符号，">"符号的位置如图 9-13 所示。

图 9-13 EAN-13 商品条码符号右侧空白区中">"的位置

供人识别字符位于条码符号的下方,与条码相对应的 13 位数字。供人识别字符优先选用 GB/T 12508 中规定的 OCR-B 字符集;字符顶部和条码字符底部的最小距离为 0.5 个模块宽。EAN-13 商品条码供人识别字符中的前置码印制在条码符号起始符的左侧。当放大系数为 1.00 时,EAN-13 条码的符号尺寸如图 9-14 所示。

图 9-14　EAN-13 条码符号尺寸示意图(单位:mm)

9.2.3　EAN-8 条码

EAN-8 条码用来表示 8 位的 GTIN 代码(代码结构见第 4 章)。

EAN-8 条码由左侧空白区、起始符、左侧数据符、中间分隔符、右侧数据符、校验符、终止符、右侧空白区及供人识别字符组成,如图 9-15 和图 9-16 所示。

图 9-15　EAN-8 条码符号结构

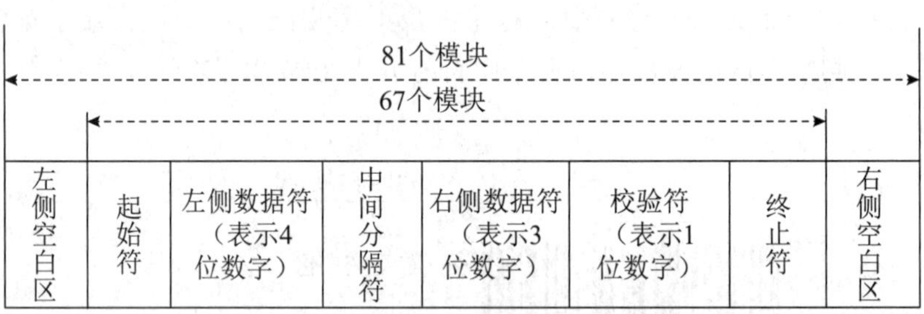

左侧空白区	起始符	左侧数据符（表示4位数字）	中间分隔符	右侧数据符（表示3位数字）	校验符（表示1位数字）	终止符	右侧空白区

图 9-16　GS1-8 品条码符号构成示意图

EAN-8 条码的起始符、中间分隔符、校验符、终止符的结构同 EAN-13 条码。

EAN-8 条码的左侧空白区与右侧空白区的最小宽度均为 7 个模块宽。为确保左右侧空白区的宽度,可在条码符号左下角加"＜"符号,在条码符号右下角加"＞"符号,"＜"和"＞"符号的位置如图 9-17 所示。

图 9-17　EAN-8 条码符号空白区中 "<" ">" 的位置

左侧数据符表示 4 位数字信息，由 28 个模块组成。右侧数据符表示 3 位数字信息，由 21 个模块组成。左侧数据符用 A 子集表示；右侧数据符和校验符用 C 子集表示。供人识别字符与条码相对应的 8 位数字，位于条码符号的下方。当放大系数为 1.00 时，EAN-8 条码的尺寸如图 9-18 所示。

图 9-18　EAN-8 条码符号尺寸示意图（单位：mm）

EAN 条码的放大系数为 0.80～2.00，条码符号随放大系数的变化而放大或缩小。由于条高的截短会影响条码符号的识读，所以不宜随意截短条高。不同放大系数所对应的模块宽度、EAN 条码的主要尺寸如表 9-4 所示。

表 9-4　放大系数与模块宽度及 EAN 条码符号主要尺寸对照表　　　　　单位：mm

放大系数	模块宽度	EAN 条码符号的主要尺寸							
		EAN-13				EAN-8			
		条码长度[a]	条码符号长度[b]	条高[c]	条码符号高度[d]	条码长度[a]	条码符号长度[b]	条高[c]	条码符号高度[d]
0.80	0.264	25.08	29.83	18.28	20.74	17.69	21.38	14.58	17.05
0.85	0.281	26.65	31.70	19.42	22.04	18.79	22.72	15.50	18.11
0.90	0.297	28.22	33.56	20.57	23.34	19.90	24.06	16.41	19.18
1.00	0.330	31.35	37.29	22.85	25.93	22.11	26.73	18.23	21.31
1.10	0.363	34.49	41.01	25.14	28.52	24.32	29.40	20.05	23.44
1.20	0.396	37.62	44.75	27.42	31.12	26.53	32.08	21.88	25.57
1.30	0.429	40.76	48.48	29.71	33.71	28.74	34.75	23.70	27.70

续表

放大系数	模块宽度	EAN 条码符号的主要尺寸							
		EAN-13				EAN-8			
		条码长度[a]	条码符号长度[b]	条高[c]	条码符号高度[d]	条码长度[a]	条码符号长度[b]	条高[c]	条码符号高度[d]
1.40	0.462	43.89	52.21	31.99	36.30	30.95	37.42	25.52	29.83
1.50	0.495	47.03	55.94	34.28	38.90	33.17	40.10	27.35	31.97
1.60	0.528	50.16	59.66	36.56	41.49	35.38	42.77	29.17	34.10
1.70	0.561	53.30	63.39	38.85	44.08	37.59	45.44	30.99	36.23
1.80	0.594	56.43	67.12	41.13	46.67	39.80	48.11	32.81	38.36
1.90	0.627	59.57	70.85	43.42	49.27	42.01	50.79	34.64	40.49
2.00	0.660	62.70	74.58	45.70	51.86	44.22	53.46	36.46	42.62

注：a. 条码长度为从条码起始符左边缘到终止符右边缘的距离。
　　b. 条码符号长度为条码长度与左、右侧空白区的最小宽度之和。
　　c. 条高为条码的短条高度。
　　d. 条码符号高度为条的上端到供人识别字符下端的距离。

9.2.4　条码符号的选择

通常情况下，应选用 EAN 商品条码来标识商品，除下列情况可申请使用 EAN-8 商品条码外，应选用 EAN-13 商品条码：

（1）EAN-13 商品条码的印刷面积超过印刷标签最大面面积的四分之一或全部可印刷面积的八分之一时；

（2）印刷标签的最大面积小于 40 cm^2 或全部可印刷面积小于 80 cm^2 时；

（3）产品本身是直径小于 3 cm 的圆柱体时。

通常情况下，不选用 UPC 商品条码。当产品出口到北美地区且客户指定时才申请使用 UPC 商品条码。

9.3　ITF-14 条码

ITF-14 条码是连续型、定长、具有自校验功能且条空都表示信息的双向条码。ITF-14 条码只用于标识非零售的商品。ITF-14 条码对印刷精度要求不高，比较适合直接印刷（热转换或喷墨）于表面不够光滑、受力后尺寸易变形的包装材料，如瓦楞纸或纤维板上。

（1）**ITF-14 的码制**。ITF-14 的每一个条码数据符由 5 个单元组成，其中两个是宽单元（表示二进制的"1"），三个是窄单元（表示二进制的"0"）。条码符号从左到右，表示奇数位数字符的条码数据符由条组成，表示偶数位数字符的条码数据符由空组成（见图 9-19）。组成条码符号的条码字符个数为偶数。当条码字符所表示的字符个数为奇数时，应在字符串左端添加"0"，如图 9-20 所示。

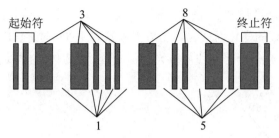

图 9-19　表示"3185"的条码

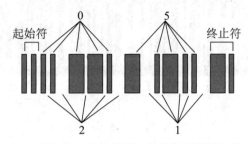

图 9-20　表示"215"的条码（字符串左端添加"0"）

（2）ITF-14 **的条码结构**。ITF-14 条码由矩形保护框、左侧空白区、条码字符、右侧空白区组成，如图 9-21 所示。

图 9-21　ITF-14 条码符号

只在 ITF-14 中使用指识符。指识符的赋值区间为 1～9，其中 1～8 用于定量贸易项目；9 用于变量贸易项目。最简单的编码方法是从小到大依次分配指识符的数字，即将 1，2，3…分配给贸易单元的每个组合。

（3）ITF-14 **的条码符号**。ITF-14 的字符集为 0～9，字符的二进制表示如表 9-5 所示。

表 9-5　ITF-14 的字符集及二进制表示

字符	二进制表示	字符	二进制表示
0	00110	5	10100
1	10001	6	01100
2	01001	7	00011
3	11000	8	10010
4	00101	9	01010

（4）**放大系数与符号尺寸**。ITF-14 条码符号的放大系数范围为 0.625～1.200，条码符号的大小随放大系数的变化而变化。当放大系数为 1.000 时，ITF-14 条码符号各个部分的尺寸如图 9-22 所示。条码符号四周应设置保护框。保护框的线宽为 4.8 mm，线宽不受放大系数的影响。

图 9-22　ITF-14 条码符号尺寸

下面给出的尺寸不包括保护框。

最小尺寸（50%）：71.40 mm×12.70 mm。

最大尺寸（100%）：142.75 mm×32.00 mm。

名义尺寸：142.75 mm×32.00 mm。

名义尺寸的 X 尺寸：1.016 mm。

印刷 ITF-14 条码符号，以名义尺寸为基准，其放大系数可在 0.25～1.00 之间选择。为确保 ITF-14 在各种扫描环境中的有效识读（包括传送带扫描），所使用的放大系数不应小于 0.50。

（5）**ITF-14 条码符号技术要求**。

①尺寸。X 尺寸范围为 0.495 mm～1.016 mm；宽窄比（N）的设计值为 2.5，N 的测量值范围为 $2.25 \leqslant N \leqslant 3$；ITF-14 条码符号的最小条高是 32 mm；条码符号的左右空白区最小宽度是 10 个 X 尺寸。

②保护框。保护框线宽的设计尺寸是 4.8 mm。保护框应容纳完整的条码符号（包括空白区），保护框的水平线条应紧接条码符号条的上部和下部。对于不使用制版印刷方法印制的条码符号，保护框的宽度应该至少是窄条宽度的 2 倍，保护框的垂直线条可以默认，如图 9-23 所示。

图 9-23　ITF-14 条码符号（保护框的垂直线条默认）

（6）**供人识别字符**。一般情况下，供人识别字符（包括条码校验字符在内）的数据字符应与条码符号一起，按条码符号的比例，清晰印刷。起始符和终止符没有供人识别字符。对供人识别字符的尺寸和字体不作规定。在空白区不被破坏的前提下，供人识别字符可放在条码符号周围的任何地方（见图 9-24）。

图 9-24　供人识别字符

9.4　GS1-128 条码

GS1 系统单个物流单元的强制性数据载体是 GS1-128 条码符号。《商品条码 128 条码》（GB/T 15425—2014）规定了 GS1-128 条码的符号结构、条码字符集、条码符号尺寸、质量保证，以及 GS1-128 条码的应用参数、字符串编码和译码规则等。

9.4.1　GS1-128 条码的符号结构

GS1-128 条码的符号组成和基本格式，由左至右如图 9-25 所示：
（1）左侧空白区；
（2）双字符起始图形：包括一个起始符（Start A，Start B 或 Start C）和 FNC1 字符；
（3）表示数据和特殊字符的一个或多个条码字符（包括应用标识符）；
（4）校验符；
（5）终止符；
（6）右侧空白区。
条码符号所表示的数据字符，以可供人识别的字符表示在符号的下方或上方。

图 9-25　GS1-128 条码符号的基本格式

9.4.2 GS1-128 条码字符集

（1）**条码字符集表**。

GS1-128 条码字符集见表 9-6，其中单元宽度列中的数值表示模块的数目。请读者扫码查看。

表 9-6　GS1-128 条码字符集 A、B、C

扫码阅读

（2）**条码字符结构**。每个条码字符（终止符除外）由 6 个单元 11 个模块组成，包括 3 个条、3 个空，每个条或空的宽度为 1～4 个模块。终止符由 4 个条、3 个空共 7 个单元 13 个模块组成。在条码字符中，条的模块数为偶数，空的模块数为奇数，这一奇偶特性使每个条码字符都具有自校验功能。起始符 A 的符号结构表示见图 9-26。

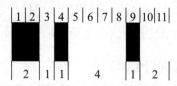

图 9-26　GS1-128 条码起始符为"Start A"的结构

条码字符值为 35 的符号表示如图 9-27 所示。35 在字符集 A 或 B 中为"C"，在字符集 C 中为两位数字"35"。

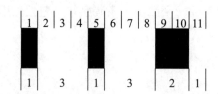

图 9-27　GS1-128 条码字符值为"35"的结构

终止符的符号表示如图 9-28 所示。

图 9-28　GS1-128 条码符号的终止符结构

（3）**数据字符编码**。GS1-128 条码的 3 个字符集 A、B、C 见表 9-6。其字符集与 GB/T 18347 所示字符集相同。字符集 A、B 和 C 给出了数据字符的条、空组合方式，字符集的选择依赖于起始符 Start A（Start B 或 Start C）、切换字符 CODE A（B 或 C）或转换字符（SHIFT）的使用。如果条码符号以起始符 START A 开始，则最先确定了字符集 A；如果条码符号以起始符 START B 开始，则最先确定了字符集 B；如果条码符号以起始符

START C 开始，则最先确定了字符集 C。通过使用切换字符 CODE A（B 或 C）或转换字符（SHIFT）可以在符号中重新确定字符集（这些特殊字符的使用见下面叙述）。

通过使用不同的起始符、切换字符和转换字符，同一数据可表示为不同的 GS1-128 条码符号。具体应用中无须规定所要使用的字符集。附录 A 给出了使任何给定数据的符号长度最小的规则及示例。译码器应通过与附录 A 中说明的起始符、切换和转换字符不同的有效组合来对符号进行译码。

每个条码字符对应一个数值。该数值用于计算符号校验字符的值，同时也可用于与 ASCII 值之间的转换。

（4）**字符集**。

①字符集 A。字符集 A 包括所有标准的大写英文字母、数字字符 0～9、标点字符、控制字符（ASCII 值为 00～95 的字符）和 7 个特殊字符。

②字符集 B。字符集 B 包括所有标准的大写英文字母、数字字符 0～9、标点字符、小写英文字母字符（ASCII 值为 32～127 的字符）和 7 个特殊字符。

③字符集 C。字符集 C 包括 100 个两位数字 00～99 和 3 个特殊字符。采用字符集 C 时，每个条码字符表示两位数字。

（5）**特殊字符**。字符集 A 和字符集 B 的最后 7 个字符（字符值为 96～102）和字符集 C 的最后 3 个字符（字符值为 100～102）是特殊的非数字字符，没有对应的 ASCII 字符，它们对识读设备有特殊的意义。

①切换字符（CODE）和转换字符（SHIFT）。在一个 GS1-128 条码符号中，切换字符和转换字符用于将一个字符集转换到另一个字符集，其中：切换字符 CODE A（CODE B 或 CODE C）将先前确定的字符集转换到切换字符所制定的新的字符集 A（字符集 B 或字符集 C）。这种转换适用于切换字符后面的所有字符，直至符号结束或遇到另一个切换字符或转换字符。转换字符 SHIFT 将转换字符之后的一个字符从字符集 A 转换到字符集 B，或从字符集 B 转换到字符集 A。在被转换字符后面的字符将自动恢复到转换字符前定义的字符集 A 或字符集 B。

②功能字符（FNC）。功能字符用于向条码识读设备指示所允许的特殊操作或应用，其中：起始符 Start A（Start B 或 Start C）后面的 FNC1 是专门保留，用于标识 GS1 系统的。FNC1 可以作为校验符。FNC2（信息添加）用于指示条码识读设备，将包含 FNC2 字符的信息临时储存起来，作为下一个符号内容的前缀传送。在传送前，有可能要链接几个符号。该字符可以出现在符号的任何位置。如果数据的顺序是有意义的，则需要确定符号按正确的顺序识读。FNC3（初始化）用于指示条码识读设备，将包含 FNC3 字符的符号中的数据作为初始化指示或对条码识读器的重新编程。该字符可以出现在符号中的任何位置。FNC4 不在 GS1 系统中使用。

③起始符和终止符。起始符 Start A（Start B 或 Start C）定义了符号开始时使用的字符集。所有字符集的终止符 Stop 都是相同的。

（6）**校验符**。校验符是条码符号终止符前面的最后一个字符，其值通过计算得到（计算方法可参考前述内容）。在供人识别的字符中不标识校验符。

（7）**GS1-128 条码起始符**。GS1-128 条码采用双字符起始符，其结构为：Start A（Start

B 或 Start C）+ FNC1。这一双字符起始符号能够区分 GS1-128 条码和普通的 128 条码。如果一个 128 条码以此双字符起始符号开始，则一定是一个 GS1-128 条码符号；反之，则一定不是 GS1-128 条码符号。

FNC1 可以作为符号校验字符（可能性小于 1%）。当把多个应用标识符及其数据域放在一个条码符号中时，FNC1 作为分隔符使用。

Start A 使用 GS1-128 条码以字符集 A 开始。

Start B 使用 GS1-128 条码以字符集 B 开始。

Start C 使用 GS1-128 条码以字符集 C 开始。Start C 通常用于包括应用标识符在内的以 4 个或 4 个以上的数字开始的数据。

9.4.3　GS1-128 条码的尺寸要求

（1）**最小模块宽度**（X）。最小模块宽度由具体应用的规范确定，并根据产品及识读设备的实用性决定，还要遵守应用的一般要求。在 GS1 应用环境中，最小的 X 尺寸为 0.250 mm（0.009 84 英寸），最大的 X 尺寸为 1.016 mm（0.040 英寸）。每个应用都应说明一个 X 尺寸的标称值和范围。在一个给定的系统中，X 尺寸应为一个始终不变的定值。

（2）**空白区**。GS1-128 条码左右侧空白区的最小宽度为 10X。

9.4.4　参考译码算法

条码识读系统是为在实际算法允许范围内可以识读有缺陷的条码符号而设计的。对每个条码字符译码的步骤如下：

（1）计算 8 个尺寸的宽度 p，e_1，e_2，e_3，e_4，b_1，b_2 及 b_3（见图 9-29）。

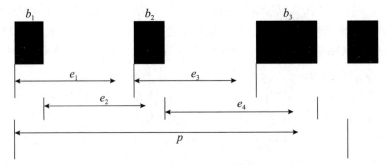

图 9-29　计算 8 个尺寸的宽度

（2）将 e_1，e_2，e_3 和 e_4 转换为一般尺寸值 E_1，E_2，E_3 和 E_4，表示为模块宽度（X）的整数倍。第 i 个值的计算方法如下：

- 如果 $1.5p/11 \leq e_i < 2.5p/11$，则 $E_i = 2$；
- 如果 $2.5p/11 \leq e_i < 3.5p/11$，则 $E_i = 3$；
- 如果 $3.5p/11 \leq e_i < 4.5p/11$，则 $E_i = 4$；
- 如果 $4.5p/11 \leq e_i < 5.5p/11$，则 $E_i = 5$；
- 如果 $5.5p/11 \leq e_i < 6.5p/11$，则 $E_i = 6$；
- 如果 $6.5p/11 \leq e_i < 7.5p/11$，则 $E_i = 7$；

- 否则条码字符是错误的。

(3) 以 4 个值 E_1, E_2, E_3 和 E_4 为关键字在译码表中查找字符（见表 9-7）。

(4) 在表中找到该字符的自校验值 V，V 的值应与该字符定义的条的模块数相等。

(5) 核对下式：

- $(V-1.75)\,p/11 < (b_1+b_2+b_3) < (V+1.75)\,p/11$；
- 如果不成立则字符是错误的；
- 该算法间接地用条码字符的奇偶性来发现非系统性的单个模块边缘错误。

用以上 5 个步骤对第一个字符译码。如果第一个条码字符为起始符，则按从左至右的方向译码；如果第一个条码字符不是起始符而是终止符，则将所有的条码字符序列按相反的方向译码。

当所有的条码字符都被译码之后，要确保一个有效的起始符、一个有效的终止符和一个正确的符号校验字符。根据条码符号中使用的起始符、切换字符和转换字符，从字符集 A、字符集 B 或字符集 C 中将符号的字符翻译为适当的数据字符。

（注：在本符号算法中，运用从一个边缘到相似边缘的尺寸（e）和一个附加尺寸，即 3 个条宽的总和。）

表 9-7 译 码 表

字符值	E_1	E_2	E_3	E_4	V	字符值	E_1	E_2	E_3	E_4	V
00	3	3	4	4	6	20	4	3	3	5	6
01	4	4	3	3	6	21	3	4	5	3	6
03	3	3	3	4	4	22	3	5	4	2	6
04	3	3	4	5	4	23	4	3	3	4	8
05	4	4	3	4	4	24	4	2	3	4	6
06	3	4	4	3	4	25	3	5	2	3	6
07	3	4	5	4	4	26	5	3	3	4	6
08	4	5	4	3	4	27	4	3	4	3	6
09	4	3	3	4	4	28	5	4	3	2	6
10	4	3	4	4	4	29	5	4	4	3	6
11	5	4	3	3	4	30	3	3	3	3	6
12	2	4	4	4	6	31	3	5	5	5	6
13	3	4	3	4	6	32	5	5	3	3	6
14	3	4	4	5	6	33	2	2	4	5	4
15	2	4	4	6	6	34	3	4	2	3	4
16	3	4	4	3	6	35	4	4	4	5	4
17	3	5	5	4	6	36	2	3	5	4	4
18	4	5	3	5	6	37	5	3	2	4	4
19	4	3	2	4	6	38	4	5	5	4	4

续表

字符值	E_1	E_2	E_3	E_4	V	字符值	E_1	E_2	E_3	E_4	V
39	3	2	4	4	4	74	5	6	4	3	4
40	5	4	2	2	4	75	6	5	3	3	4
41	5	4	4	4	4	76	4	3	2	2	4
42	2	3	3	4	6	77	5	4	4	2	8
43	2	3	5	6	6	78	6	5	2	2	4
44	4	5	3	4	6	79	4	7	5	2	6
45	2	4	4	3	6	80	2	2	3	6	6
46	2	4	6	5	6	81	3	3	2	5	6
47	4	6	4	3	6	82	3	3	3	6	6
48	4	4	4	3	8	83	2	5	6	3	6
49	3	2	4	6	6	84	3	6	5	2	6
50	5	4	2	4	6	85	3	6	6	3	6
51	3	4	4	2	6	86	5	2	3	3	6
52	3	4	6	4	6	87	6	3	2	2	6
53	3	4	4	4	8	88	6	3	3	3	6
54	4	2	2	3	6	89	3	3	3	5	8
55	4	2	4	5	6	90	3	5	5	3	8
57	4	3	3	2	6	91	5	3	3	3	8
58	4	3	5	4	6	92	2	2	2	5	6
59	6	5	3	2	6	93	2	2	4	7	6
60	4	5	5	2	8	94	4	4	2	5	6
61	4	3	5	5	4	95	2	5	5	2	6
62	7	4	2	2	6	96	2	5	7	4	6
63	2	2	3	4	4	97	5	2	2	2	6
64	2	2	5	6	4	98	5	2	4	4	6
65	3	3	2	3	4	99	2	4	4	5	8
66	3	3	5	6	4	100	2	5	5	4	8
67	5	5	2	3	4	101	4	2	2	5	8
68	5	5	3	4	4	102	5	2	2	4	8
69	2	3	4	3	4	103	3	2	5	5	4
70	2	3	6	5	4	104	3	2	3	3	4
71	3	4	3	2	4	105	3	2	3	5	6
72	3	4	6	5	4	$Stop_A$	5	6	4	2	6
73	5	6	3	2	4	$Stop_B$	3	2	2	4	6

9.4.5 符号质量

条码符号检测和分级按照《商品条码 条码符号印制质量的检验》GB/T 18348—2022 的规定进行。

1. 可译码度(V)

可译码度是测量译码算法测量值与符号理论值的接近程度。可译码度值的计算，采用下列方法。

可译码度通用公式：$V_C = K/(S/2n)$。

用 V_1 代替公式中的 V_C：$V_1 = K/(S/2n)$。

其中：K——测量值与参考阈值之间的最小差异；

　　　n——11（每个字符的模块数）；

　　　S——字符的总宽度。

计算 V_2：

$$V_2 = \frac{1.75 - \left(\text{ABS}\left(\left(W_b \times \frac{11}{S}\right) - M\right)\right)}{1.75}$$

其中：M——字符中条的模块数；

　　　S——字符的总宽度；

　　　W_b——字符中条（深色条）的宽度总和；

　　　ABS——表示取后面括号中数的绝对值。

V_C 取 V_1 和 V_2 中的小者。终止符包括一个附加的终止条，为了测量其可译码度，终止符需要检测两次，第一次使用从左至右的 6 个单元，第二次使用从右至左的 6 个单元。对于一个标准的条码字符来说，两种 6 个单元的组合的宽度是相同的。

2. 空白区

根据 GB/T 18348，GS1-128 条码中指定的实测最小空白区尺寸为 10Z，左、右侧空白区的每次扫描的评级应按如下规则：

空白区 ⩾ 10Z　4 级（A）；

空白区 < 10Z　0 级（F）。

9.4.6　GS1-128 条码的应用参数

（1）**符号高度**。GS1-128 条码符号的条高通常为 32 mm（1.25in）。实际的符号高度应根据具体的应用要求确定。

（2）**符号长度**。GS1-128 条码符号的长度取决于编码的字符个数：

1 个起始符	11 个模块
FNC1	11 个模块
1 个符号校验字符	11 个模块
1 个终止符	13 个模块

N 个条码字符　　　　　　　　$N×11$ 个模块

共计：　　　　　　　　　　（$11N+46$）个模块

　　其中，N 为符号中条码字符的个数，包括含在数据中的辅助字符（切换字符和转换字符）。一个模块等于符号中的 X 尺寸。字符集 C 允许在一个条码字符中表示 2 位数字，因此，使用字符集 C 对数字进行编码，是表示其他字符密度的两倍。符号两侧的空白区是必需的，其最小宽度为 $10X$。包括空白区在内的符号的总长度为：（$11N+66$）X。

　　（3）**最大符号长度**。决定 GS1-128 条码的符号长度的参数有两个：物理长度取决于所编码的字符数和所使用的模块宽度（X 的尺寸），字符数包括辅助字符。GS1-128 条码符号最大长度须符合两个要求：

　　①包括空白区在内，最大物理长度不能超过 165 mm（6.5 英寸）；

　　②可编码的最大数据字符数为 48，其中包括应用标识符和作为分隔符使用的 FNC1 字符，但不包括辅助字符和校验符。

　　（4）**供人识别字符**。与条码对应的供人识别字符通常放在条码符号的下部或上部。校验符不是数据的一部分，不在供人识别字符的格式中显示。在 GS1-128 条码符号中没有说明供人识别字符的确切位置和表示它们所使用的字体，但推荐选用 GB/T 12508 中规定的 OCR-B 字符集，字符应清晰易读，与条码有明确的联系，并且不能占用空白区。应将供人识别字符中的应用标识符用圆括号括起来，以明显区别于其他数据。圆括号不是数据的一部分，并且不在条码符号中编码。

　　（5）**符号等级要求**。用符号等级的形式评价符号质量，其参数的定义按照 GB/T 18348 的规定。该等级包括等级水平、测量孔径及用于测量的光的波长。GS1-128 条码符号等级要求见表 9-8。

表 9-8　GS1-128 条码符号等级要求

条码类型	符号等级
GS1－128 条码（$X<0.495$ mm）	≥1.5/06/670
GS1－128 条码（$X≥0.495$ mm）	≥1.5/10/670
注：在不知道 X 尺寸的情况下，用 Z 尺寸代替 X 尺寸，Z 尺寸为符号中模块实测宽度的平均值	

　　其中：1.5——整个符号质量等级；

　　　　　06 和 10——测量孔径参考号；

　　　　　670——以纳米为单位的测量光波长。

　　（6）**传送数据**（FNC1）。GS1-128 条码符号被识读，识读器中应设定以"C1"为前缀码的数据。起始符、终止符、功能字符、切换字符和转换字符及校验符不包括在传送的数据中。GS1-128 条码符号在传送数据时按以下描述进行：

　　①FNC1 字符出现在第 3 个或后面的其他字符位置时，传送为 ASCII 字符 29（GS）；

　　②当 FNC1 字符出现在第一位置时，指示在码制标识符中的变数值 1，但不在传送的信息中表示。

9.4.7　GS1-128 条码字符串编码 / 译码规则

（1）GS1-128 条码符号的基本结构（不包括空白区）。所有使用 GS1 应用标识符的 GS1 条码都拥有特定的符号字符，以表示该条码是按照 GS1 应用标识规则进行编码的。GS1-128 条码在紧跟起始符后的位置上使用 FNC1 字符，在全球范围内这一双字符起始图形仅供 GS1 系统使用，如图 9-30 所示。

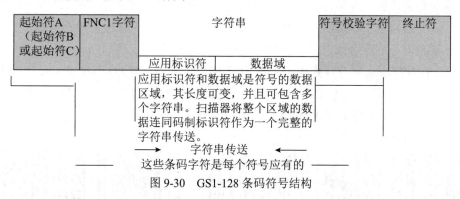

图 9-30　GS1-128 条码符号结构

所有使用 GS1 应用标识符的 GS1 条码允许多个单元数据串编码在一个条码符号中，这种编码方式称为链接。链接的编码方式比分别对每个字符串进行编码节省空间，因为只使用一次符号控制字符。同时，一次扫描也比多次扫描的准确性更高，不同的元素串可以以一个完整的字符串在条码扫描器中传送。

从链接的条码符号中传送的不同字符串需要进行分析和加工时，为简化操作并缩减符号的长度，对一些字符串的长度进行了预先的设定（见表 9-9）。表 9-9 中没有出现的字符串如果不是处于符号的最后（校验符之前）时，必须在其后紧跟一个 FNC1 字符，用来标识字符串的边界，并与后面的字符串区分开来。表 9-9 包含了所有已被预定义长度，并且不需要分隔符的应用标识符，具体规定见 GB/T 16986。

表 9-9　预定义长度指示符表

应用标识符的前 2 位	字符数（应用标识符和数据域）	应用标识符的前 2 位	字符数（应用标识符和数据域）
00	20	17	8
01	16	（18）	8
02	16	（19）	8
（03）	16	20	4
（04）	18	31	10
11	8	32	10
12	8	33	10
13	8	34	10
（14）	8	35	10
15	8	36	10
（16）	8	41	16

表9-9所列的字符数是限定的字符长度,并且永远不变。括号中的数字是预留的尚未分配的应用标识符。

(2)**预定义长度字符串的链接**。应用GS1-128条码字符时,可以将多个字符串链接起来。不变的预定义长度(字符数)说明了与表9-9前2位应用标识符有关的字符串的总长度(包括应用标识符)。应用标识符前2位没有列在表9-9中的数据,即使其应用标识符说明的数据是定长的,也要将其视为可变长度的数据。

构造一个由预定义长度的应用标识符链接的字符串时,无须使用数据分隔字符,每个字符串后紧跟下一个应用标识符,最后是校验符及终止符。

示例:将GS1全球贸易项目标识代码(GTIN)95012345678903与净重4 kg(见图9-31、图9-32)链接就不需要使用数据分隔字符。从表9-9中可见:"01"预定义字符串长度为16位,"31"预定义字符串长度为10位。

图9-31 GTIN与净重的分别表示:GTIN 95012345678903 + 净重4.00 kg

图9-32 GTIN与净重的链接表示

(3)**可变长度字符串**。对于可变长度字符串的链接(指所有应用标识符的前2位不包含在表9-9中的情况),需要使用数据分隔字符。数据分隔符使用FNC1字符。FNC1紧跟在可变长度数据串最后一个字符的后面,FNC1后紧跟下一个字符串的应用标识符。如果字符串为编码的最后部分,则其后不用FNC1分隔符,而是紧跟校验符和终止符。

示例:将单价(如:365)与批号(如:123456)(见图9-33、图9-34)链接时,需要在每个计量单位的价格后面使用数据分隔字符。

图9-33 每个计量单位的价格与批号的分别表示

图 9-34　每个计量单位的价格与批号的链接表示

（4）**预定义长度和可变长度字符串**。当预定义长度字符串与其他字符串混合链接时，建议将预定义长度字符串放在可变长度字符串的前面，可以减少链接所需的条码字符。

（5）**分隔字符**（FNC1）。在译码的数据串中分隔字符以 <GS>（GB/T 1988 七位编码字符集，ASCII 字符 29）出现，所有的非预定义字符串后面都要跟一个 FNC1 分隔符，但在以 GS1-128 条码符号表示的最后一个字符串后面不需要 FNC1 字符。

（6）**ITF-14 与 GS1-128 条码及其他码制的混合使用**。GS1-14 编码可以用 ITF-14 条码表示，也可以用 GS1-128 条码表示。当要表示全球贸易项目标识代码的附加信息时，应使用 GS1-128 条码。在这种情况下，GTIN 可以用 ITF-14 或 GS1 系统的其他码制表示，而附加的数据应使用 GS1-128 条码表示。

9.4.8　符号位置

作为表示辅助信息的 GS1-128 条码（辅助条码）的首选位置应与包含 GTIN、SSCC 或其他 GS1 代码的独立条码（主条码）在同一水平线上，并且辅助条码应在不影响主条码的空白区的前缀下尽量靠近主条码。辅助条码应与主条码的方向一致。链接包含 GTIN、SSCC 或 GS1 其他代码的条码符号的位置应遵守单个条码符号推荐的位置。GS1-128 条码具体的放置位置按照 GB/T 14257 的相关要求。

拓展阅读 9.1：
箱码及《中国零售业箱码实施应用指南》（节选）

本章小结

本章系统介绍了 GS1 技术标准体系中的一维条码：EAN-13、EAN-8、ITF-14 和 GS1-128 条码的符号集、码制、条码结构、条码尺寸和条码质量控制等内容。这些内容都可以参照相应国家标准（相应标准号已在正文中列出），读者可根据需要查阅。由于篇幅的限制，GS1 系统中的 UPC—A 和 UPC—E 条码介绍请参见其他书籍。

本章习题

1. 超市中售卖的包装产品上的条码是哪一种条码？
2. 瓦楞纸包装最适合用哪一种条码？请说明理由。
3. 请为物流单元编码 SSCC 选择合适的条码符号。

4. 若需要在商品包装上用条码标示出生产日期和保质期，应该选用哪种条码？

5. 如果要在条码中标示产品的保质期，要用哪种条码？

【实训题】一维条码符号生成与打印

用 CODESOFT2023 分别生成零售商品、仓储物品、物流单元编码所对应的条码。

为第 2 章至第 5 章章末实训题中编制的零售商品代码、储运包装商品代码、物流单元代码和服务关系代码分别选用正确的条码符号，利用 CODESOFT2023 软件生成相应的条码标签并打印输出。

【在线测试题】

扫描二维码，在线答题。

第 10 章　编码标识技术——二维条码

> **导入案例**
>
> **一码在手　出行无忧**
>
> 　　一个简单的二维码如何颠覆我们的出行方式呢？乘车码，是现代城市交通中的一个创新概念，它允许乘客通过手机屏幕上的二维码，快速完成公交、地铁等公共交通的支付与验证过程。乘车码的出现，不仅是技术上的飞跃，更是对传统出行方式的一次深刻变革（见图 10-1）。
>
>
>
> 图 10-1　手机上的乘车码
>
> 资料来源：https://baike.baidu.com/item/%E4%B9%98%E8%BD%A6%E7%A0%81/61960888?fr=ge_ala。

随着近年来移动互联网的飞速发展，二维码早已成为我们生活中不可或缺的一部分，无论是移动支付、乘坐地铁，还是我们日常生活工作的方方面面，都少不了用到二维码。

10.1　二维码概述

二维码最早诞生于日本，它通常是一种特定的几何图形，拥有一定规律的二维方向，也就是在平面上绘制出以黑白为主要配色的图案。

我国对于二维码的研究始于 20 世纪 90 年代初期，中国物品编码中心对几种常见的二维码进行了技术规范和翻译。而随着国内用户对于二维码的需求日益增加，我国技术人员在借鉴国外相关经验的基础上，制定了我国自己的二维码国家标准——汉信码，从而极大地促进了我国拥有自主知识产权的二维码的开发。

10.1.1　二维码发展历史

20 世纪 80 年代中期，开始出现了层排式（行排式）二维码（见图 10-2），其主要思想方法是把一维条码自上而下地堆叠在一起，还是可以用传统的一维条码识读器来进行识读。当时具有代表性的原始层排式二维码是"Code 49""Code 16 K"等。"Code 49"是 David Allais 于 1987 年由 Intermec 公司开发的。1989 年 Ted Williams 开发了"Code 16 K",Williams 同时也是一维条码"Code128"的发明人。"Code 16 K"是在 Code128 的基础上发展起来的。由于一维条码的冗余量是由一维条码的高度来决定的,一维条码越高,一维条码的冗余量也越高。用传统的一维条码识读器来识读一维条码时可以容许的识读偏差角度更大,用传统一维条码识读时也更方便。冗余量的另外一个目的是当条码有局部损坏时仍能保证正确识读。但一维条码的冗余量越高,条码占有的有效面积也越大。由于堆栈码所包含的一维条码的数量相对较多,这个问题在堆栈码中更加明显地被体现出来。要增加层排式二维码的信息密度,必须要压缩层排式二维码的面积,这就意味着必须要减少堆栈码中的一维条码的高度,也表明用传统的一维条码识读器来进行识读会更加困难,限制了二维码技术的应用。

图 10-2　层排式二维码

1989 年日本松下公司(Panasonic)提出了一种新的思路,开发一种用二维 CCD 组成的新型识读器去替代由一维 CCD 构成的传统的一维条码识读器。由于用一维 CCD 组成的传统识读器只能得到一条一维扫描图形信息,信息含量太少,无法对扫描图形信息进行太多的处理。而用二维 CCD 组成的新型的识读器能得到一幅二维图像扫描信息,可以提供大量丰富的原始图像信息,这样通过对堆栈码图像信息的处理,可以得到对堆栈码中所有一维条码相对精确的扫描信息。这样即使堆栈码中所有一维条码高度都很短,也可大幅度地提高堆栈码的信息密度。在与复旦大学的合作中,复旦大学负责开发图像处理系统,日本松下公司成功地研发出国际上第一台用二维 CCD 组成的新型识读器,提高了对堆栈码的识读精度。把二维 CCD 及图像处理系统引入条码领域,对二维条码的发展起到了巨大的促进作用。

1990 年美国 Symbol Technologies, Inc. 的王寅敬博士从另外一种新的角度提出了提高堆栈码信息密度的方法,即所谓的缝合算法(Stitch Algorithm)。缝合算法是一种局部扫描的机制,它不需要像早期的堆栈码那样必须在层与层之间有分隔符,相邻层的区分通过不同的符号字符簇来实现,所以缝合算法可以有效提高堆栈码的信息密度。在缝合算法的理论基础上,王寅敬为美国 Symbol 公司开发了一种新型的堆栈码,将其命名为 PDF417 条码(见图 10-3)。美国 Symbol 公司同时为 PDF417 开发了一系列结构简单的采用电磁式扫描器的专用激光识读器。由于缝合算法大幅度地增加了堆栈码的信息密度,以致

PDF417 在国际上第一次把比较大的文本文件如美国的《独立宣言》存入条码中。因此，美国 Symbol 公司骄傲地称它们的二维条码为袖珍数据文件（pocket data file，PDF）。由于 PDF417 加上与之配套的激光识读器，大大促进了堆栈码在美国的应用。2000 年 3 月，Symbol 公司获得了时任美国总统克林顿颁发的美国科技进步最高奖项——国家科技进步勋章，以奖励 Symbol 公司多年来在条码及信息技术领域所作出的卓越贡献。

图 10-3　PDF417 码

　　与层排式二维码几乎同时发展起来的另一种条码是矩阵码，它是提高条码信息密度的另一种途径。矩阵码是一种原理和方法与堆栈码完全不同的条码系统。层排式二维码的编码原理与一维条码一样，堆栈码和一维条码的编码都是对条码的黑白相间的条纹（Bar and Space）的宽度进行调制，而矩阵码是对条码整个编码区域内的点阵进行编码，所以矩阵码有比堆栈码高很多的信息密度。层排式二维码只是在形式上像二维条码，而本质上完全属于一维条码，所以也有人称层排式二维码为一维半条码，矩阵码才是真正的二维条码。

　　Data Matrix 码是最早的二维条码，1988 年 5 月 Dennis Priddy 和 Robert S. Cymbalski 在 Data Matrix 公司发明了 Data Matrix 码。早期的 Data Matrix 码是从 ECC-000 到 ECC-140，这也是极少数把卷积算法用于纠错的二维条码，但那时它还属于非公开码。到 1995 年 5 月，Jason Le 对 Data Matrix 码进行了改进，他把 Reed-Solomon 纠错算法用于 Data Matrix 码，并称之为 ECC-200。Reed-Solomon 的纠错算法有比卷积算法更高的抗突发性错误的能力。1995 年 10 月，国际自动识别制造商协会接受 Data Matrix 码为国际标准，Data Matrix 码成了公开的二维条码。1996 年美国的机器人视觉系统公司（RVSI）收购了 Data Matrix 公司，现在 Data Matrix 码的所有知识产权都归 RVSI 的一个子公司 CI Matrix 所有。

　　Maxicode（最初为 UPS Code），它是由 UPS（United Parcel Service）专门为邮件系统设计的专用二维条码。它是一种特殊的矩阵码，通常的矩阵码都是由正方形的小点阵组成的，而 Maxicode 是由小的六角形组成（见图 10-4）。它的外观是 1 个 1 英寸长、1 英寸高（1 英寸 = 2.54 厘米）的正方形，中间有 3 个同心圆。UPS 最早是用 FFT 方法来识读的，因为 FFT 方法算法复杂，运算时间比较长，所以 1996 年 Symbol 公司用模糊算法来对 Maxicode 进行图像处理。由于 Maxicode 的识读非常困难，所以很少有人使用 Maxicode，包括 UPS 自己。

　　QR Code 是由日本 Denso 公司于 1994 年 9 月研制的一种矩阵码，这也是最早可以对中文汉字进行编码的条码，但它的汉字编码功能很弱，只能编码基本字库中的 6 768 个汉字。虽然后来又提出了各种类型的二维条码，但在国际上使用最广泛的还是最早发明的 Data Matrix 码，它的主要应用领域是要求信息量比较多，而要求所占面积比较小的半导体行业、医药行业等。

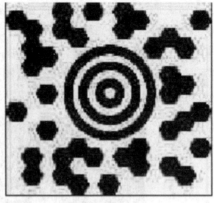

图 10-4　Maxicode 外观及放大图

2003 年年初，中国学者边隆祥为上海龙贝信息科技有限公司发明了一种龙贝码。龙贝码是完全由中国人自己独立自主开发出来的一种新型的二维条码系统，它的全部知识产权属于中国。龙贝码与国际上先进的二维条码相比，具有更高的信息密度，更丰富灵活的加密功能；适用于各种类型的、尤其是那些廉价的、没有任何同步控制系统的识读器；可使用多达 32 种语言系统，具有多向编码／译码功能；极强的抗畸变性能，可对任何大小及长宽比的二维条码进行编码／译码；它有机地把目前最流行的结构化数据库与二维条码融为一体，所以我们也完全有理由称龙贝码是一种比袖珍数据文件（PDF）功能更强的袖珍数据库（pocket data base，PDB）。龙贝码也是第一个能对全汉字集进行编码／译码的二维条码系统，它的这个性能在驾驶证、护照等方面的应用具有十分重要的意义。

2005 年，由中国物品编码中心完成的国家"十五"重大科技专项——《二维条码新码制开发与关键技术标准研究》取得了突破性成果，具有完全自主知识产权的二维码"汉信码"诞生。

今天，在我国使用最广泛的二维码有：QR code、DATA Matrix、汉信码等，在后面的几节中，我们将对 GS1 体系中的二维码和汉信码进行详细介绍。

10.1.2　GS1 体系中的二维码

GS1 体系中已批准的二维码，如图 10-5 所示。

图 10-5　GS1 体系中已批准的二维码

在下面的几节中，我们主要为大家介绍目前广泛使用的数据矩阵码 GS1 DataMatrix、QR 码和具有自主知识产权的汉信码。对其他码制感兴趣的读者可以参考相应的国家标准。

10.2 GS1-DataMatrix 数据矩阵码

国家标准《数据矩阵码》(GB/T 41208—2021)规定了数据矩阵码的符号特性、符号结构、数据编码、符号尺寸和印制质量要求等技术内容。

10.2.1 数据矩阵码概述

数据矩阵码是由 International Data Matrix, Inc.（ID Matrix）发明的二维（2D）码，由大小相同的连续黑白正方形和矩形组成。黑白方块/矩形的图案称为矩阵，因此被命名为"数据矩阵码"。数据矩阵码是一个独立的二维矩阵码制，该码制四周为寻像图形，内由方形模块构成。数据矩阵码 ISO 版本 ECC200 是唯一支持 GS1 系统标识代码的版本。数据矩阵码包括功能 1 字符，由二维图像扫描器或者视觉系统完成识读。

数据矩阵码可以对各种类型的数据进行编码，包括数字和字母数字字符。数据矩阵码可以最多存储：3 116 个数字字符，2 335 个字母数字字符，1 555 个二进制字符。但是，与 QR 码不同的是，数据矩阵码不支持汉字或假名字符。

值得注意的是，数据矩阵码能够存储的信息量因码的大小而异。从这个意义上说，代码越小，它可以存储的信息就越少，反之亦然。由于数据矩阵码可以在更小的空间内存储大量数据，所以通常使用它来标记小型电子元件。它还可用于食品工业领域以标记食品，并保证产品的可追溯性。数据矩阵码的优势如下：

（1）高数据密度，更小的空间需求；
（2）几乎可伸缩成任何符号大小（可伸缩性），适应各种用途；
（3）适用于几乎所有打印过程（从胶版印刷到热转印，再到喷墨或激光打印机直接标记）；
（4）即使对比度很低，可读性也很好；
（5）360 度可读，无需特殊设备；
（6）字母数字和客户特定的数据设置均可编码；
（7）可进行电子数据传输；
（8）由于自动检错和纠错，读取可靠性高。

正是这种高度灵活性和小空间需求的结合，使得数据矩阵码有了广泛的应用。

10.2.2 数据矩阵码中的相关术语

为了便于理解后面的内容，我们先介绍数据矩阵码描述中用到的相关术语。

（1）码字：二维条码字符的值，是由条码逻辑式向字符集转换的中间值。
（2）模块：一维条码和层排式二维条码中符号字符的最窄构成单元，或矩阵式二维码中最小的信息承载单元。
（3）图形随机化：为了提高符号的可译码性，按照规定的伪随机化算法（将在第 10.2.4 中介绍），对原始的编码码字序列进行的特定取值调整。
（4）扩展转换码字：数据矩阵码 ASCII 模式中表示后续编码为扩展 ASCII 的专用字符。

（5）转换字符：数据矩阵码 C40 和 Text 模式中表示后一码字为其他编码子集的专用字符。

10.2.3　数据矩阵码的符号结构

数据矩阵码是一种矩阵式二维条码符号，该符号由方形模块矩阵与环绕它的寻像图形组成，如图 10-6 所示。

图 10-6　数据矩阵码

数据矩阵码主要由浅色背景和深色符号表示，也可以用深色背景和浅色符号表示（见图 10-7）。其中，ECC200 采用的是 Reed-Solomon（RS 编码）纠错。

（a）ECC200（浅色背景深色图形）　　　（b）ECC200（深色背景浅色图形）

图 10-7　数据矩阵码的翻转映像

（1）**可编码字符集**。数据矩阵码可编码的字符包括：

① 与 ISO/IEC 646（信息技术、信息交换用 ISO 7 位编码字符集）相一致的值为 0～127 的 128 个字符。ISO/IEC 646-1991 指定了一组 128 个控制和图形字符，如字母、数字和符号及其编码表示形式，适用于拉丁字母。

② 与 GB/T 15273.1 中的值为 128～255 的字符，简称为扩展 ASCII 字符。

（2）**数据表示法**，通常用二进制表示，深色模块为1，浅色模块为0。但是也可以通过浅色和深色模块在颜色上的翻转来生成符号[见图10-7的（b）]。本书只介绍深色模块为1，浅色模块为0的表示法。

（3）**符号尺寸**。

ECC200：10×10～144×144模块，仅为偶数，正方形，共24种；

ECC200：8×18～16×48模块，仅为偶数，长方形，共6种。

（4）**符号结构**。每个数据矩阵码符号主要由规则排列的名义上为正方形的模块构成的数据区和围绕数据区的寻像图形构成。在较大的ECC200符号中，数据区由校正图形分隔，寻像图形的四周则由空白区包围。

寻像图形是数据区域的周界，周界的宽度为一个模块。左边和下面相交的两条边为实线，形成了一个L形边界，主要用于确定符号物理尺寸、定位和符号失真。L形边的两条对边由交替排列的深色和浅色模块组成，主要用于限定符号的单元结构，也能辅助确定物理尺寸和符号失真。空白区范围由四个角上的标记标出。

10.2.4 编码流程

将用户数据编码为ECC200符号的步骤如下。

（1）**第1步：数据编码**。对数据编码进行分析，识别出所需的不同类别的编码模式。ECC200包括了不同的编码方案，对于某些待编码数据，可选用比默认的ASCII字符编码方案更有效的编码方案以得到码字最优化。通过插入符号控制码字，可以实现编码方案之间的切换等功能。若符号的编码容量未填满，可在数据码字序列末尾添加足够的填充码字。如果用户不指定矩阵尺寸，则应选择能容纳全部数据的最小尺寸。完整的矩阵尺寸请查阅标准《数据矩阵码》（GB/T 41208—2021），本书只展示其中的部分尺寸供参考（见表10-1）。

表10-1 ECC200的符号特性（部分示例）

符号尺寸		数据区		映像矩阵尺寸		码字总数		Reed-Solomon块		纠错分组	数据容量			纠错码字占比%	最多可纠正码字（替代/拒读）
行	列	尺寸	块数			数据	纠错	数据	纠错		数字	字符	字节		
正方形符号															
10	10	8×8	1	8×8		3	5	3	5	1	6	3	1	62.5	2/0
32	32	14×14	4	28×28		62	36	62	36	1	124	91	60	36.7	18/33
144	144	22×22	36	132×132		1558	620	156 155	62 62	8 2	3116	2335	1556	28.5	310/590
长方形符号															
8	18	6×16	1	6×16		5	7	5	7	1	10	6	3	58.3	3/0
16	48	14×22	2	14×44		49	28	49	28	1	98	72	47	36.5	14/25

数据矩阵码有 ASCII 码编码、Text 编码等 6 种编码方案（见表 10-2）。其中，ASCII 码是默认编码方案，可由该方案转换为其他编码方案。

表 10-2 ECC200 的编码方案

编码方案	字符	二进制位/字符
ASCII	双位数字	4
	ISO/IEC 646 值 0 ~ 127	8
	ASCII 扩展值 128 ~ 255	16
C40	大写字母数字型	5.33
	小写字母及特殊字符	10.66（包括转移字符，占用两个 C40 值）
Text	小写字母数字型	5.33
	大写字母及特殊字符	10.66（包括转移字符，占用两个 Text 值）
X12	ANSI X12 EDI 数据集	5.33
EDIFACT	ISO/IEC 646 字符值 32 ~ 94	6
基 256	所有字节值 0 ~ 255	8

ASCII 编码是数据矩阵码的默认编码字符集。在该字符集中，ISO/IEC646 数据字符编码为码字 1 ~ 128，扩展 ASCII 字符、双数字型数字，以及所包含的功能字符、填充码字和转向其他代码集的转换字符等控制字符的码字，见表 10-3。

表 10-3 ASCII 编码值

码字	数据或功能
1 ~ 128	ISO/IEC 646 字符（字符编码值 +1）
129	填充码字
130 ~ 229	双数字型数据 00 ~ 99（数字值 +130）
230	C40 编码锁定码字
231	基 256 编码锁定码字
232	FNC1 码字
233	结构链接码字
234	识读器编程码字
235	扩展转换码字（转移至扩展 ASCII）
236	05 宏模式码字
237	06 宏模式码字
238	ANSI X12 编码锁定码字
239	Text 编码锁定码字
240	EDIFACT 编码锁定码字
241	ECI 指示码字
242 ~ 253	保留
254	解除锁定码字
255	保留

（2）第2步：纠错和纠错码字的生成。根据数据码字生成相应的纠错码字并附加在数据码字序列的后面。ECC200 采用 Reed-Solomon 纠错。对少于 255 个字符码字的 ECC200 符号，纠错码字由数据码字计算生成；对多于 255 个码字的 ECC200 符号，纠错码字由数据码字计算生成，之后根据交织过程进行交织（交织过程请参考标准《数据矩阵码》的附录 B）。每一个 ECC200 符号具有特定数量的数据，并被分成特定数量的纠错码字块。

ECC200 的纠错多项式算法用位的模 2 算法和字节的模"100101101"算法。数据码字多项式除以 Reed-Solomon 生成多项式 $g(x)$ 后的余式为纠错码字。其详细的计算过程超出了本书的学习范围，感兴趣的同学可参考相关资料。

（3）第3步：矩阵中模块的放置。将码字模块放到矩阵中，在矩阵中插入校正图形模块（如果有的话），最后在矩阵的周边加上寻像图形。

10.3 GS1-QR 码

QR 码是由日本 Denso 公司于 1994 年 9 月研制的一种矩阵二维码符号，它除具有一维条码及其他二维条码所拥有的信息容量大、可靠性高、可表示汉字及图像多种文字信息、保密防伪性强等优点外，还具有能超高速全方位识读，能有效表示中国汉字、日本汉字等主要特点，参见表 10-4。

表 10-4 QR 码主要特点

项目	码制		
	QR Code	Data Martix	PDF 417
符号结构	(QR Code 图)	(Data Matrix 图)	(PDF 417 图)
研制单位	Denso Corp.（日本）	I.D. Matrix Inc.（美国）	Symbol Technolgies Inc（美国）
码制分类	矩阵式		行排式
识读速度*	30 个/每秒	2~3 个/秒	3 个/秒
识读方向	全方位（360°）		±10°
识读方法	深色/浅色模块判别		条空宽度尺寸判别
汉字表示	13 bit	16 bit	16 bit

注："*"每一符号表示 100 个字符的信息。

国家标准《快速响应矩阵码 QR 码》（GB/T 18284—2000）规定了 QR 码的符号特性、符号结构、数据编码、符号尺寸和印制质量要求等技术内容。

10.3.1 QR Code 码的基本特性

（1）编码字符集。

①数字型数据（数字 0~9）；

②字母数字型数据（数字 0～9；大写字母 A～Z；9 个其他字符：space，$，%，*，+，-，.，/，:）；

③ 8 位字节型数据 [与 JIS X 0201 一致的 JIS8 位字符集（拉丁和假名）]；

④日本汉字字符；

⑤中国汉字字符（GB 2312 对应的汉字和非汉字字符）。

（2）**基本特性**。QR 码符号的基本特性见表 10-5，QR 码符号的示例见图 10-8。

表 10-5　QR 码符号的基本特性

符号规格	21×21 模块（版本 1）-177×177 模块（版本 40） （每一规格：每边增加 4 个模块）
数据类型与容量 （指最大规格符号版本 40-L 级）	● 数字数据　　　　　　　　　　7 089 个字符 ● 字母数据　　　　　　　　　　4 296 个字符 ● 8 位字节数据　　　　　　　　2 953 个字符 ● 中国汉字、日本汉字数据　　　1 817 个字符
数据表示方法	深色模块表示二进制"1"，浅色模块表示二进制"0"
纠错能力	● L 级：约可纠错 7% 的数据码字 ● M 级：约可纠错 15% 的数据码字 ● Q 级：约可纠错 25% 的数据码字 ● H 级：约可纠错 30% 的数据码字
结构链接（可选）	可用 1～16 个 QR Code 码符号表示一组信息
掩模（固有）	可以使符号中深色与浅色模块的比例接近 1：1，使因相邻模块的排列造成译码困难的可能性降为最小
扩充解释（可选）	这种方式使符号可以表示默认字符集以外的数据（如阿拉伯字符、古斯拉夫字符、希腊字母等），以及其他解释（如用一定的压缩方式表示的数据），或者对行业特点的需要进行编码
独立定位功能	有

图 10-8　QR 码符号的示例

（3）**符号结构**。QR 码符号由名义上的正方形模块构成，组成一个正方形阵列，它由编码区域和包括寻像图形、分隔符、定位图形和校正图形在内的功能图形组成。功能图形不能用于数据编码。符号的四周由空白区包围。图 10-9 为 QR 码版本 7 符号的结构图。

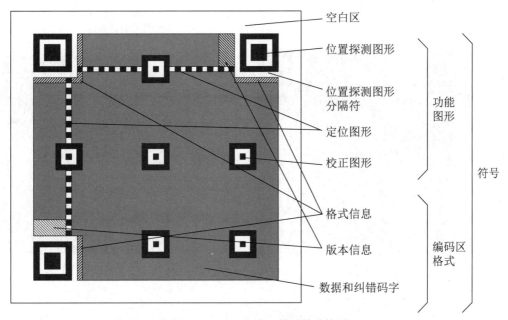

图 10-9　QR 码版本 7 符号的结构图

①符号版本和规格。QR 码符号共有 40 种规格，分别为版本 1、版本 2、……、版本 40。版本 1 的规格为 21 模块 ×21 模块，版本 2 为 25 模块 ×25 模块，以此类推，每一版本符号比前一版本每边增加 4 个模块，直到版本 40，规格为 177 模块 ×177 模块。图 10-10 至图 10-14 为版本 1 和版本 2、版本 6、版本 14、版本 21 和版本 40 的符号结构。

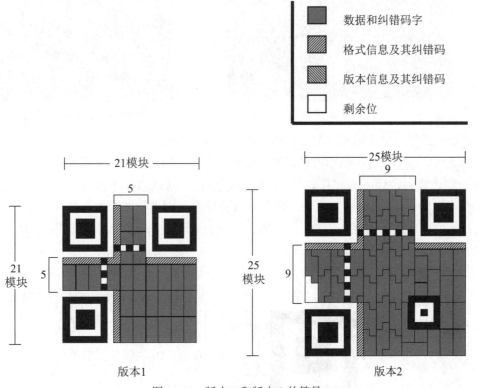

图 10-10　版本 1 和版本 2 的符号

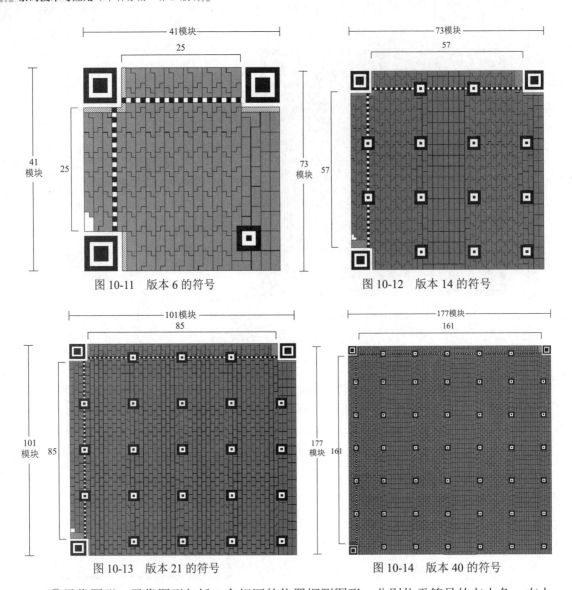

图 10-11 版本 6 的符号　　图 10-12 版本 14 的符号

图 10-13 版本 21 的符号　　图 10-14 版本 40 的符号

②寻像图形。寻像图形包括 3 个相同的位置探测图形，分别位于符号的左上角、右上角和左下角。每个位置探测图形可以看作是由 3 个重叠的同心的正方形组成，它们分别为 7×7 个深色模块、5×5 个浅模块和 3×3 个深色模块。如图 10-15 所示，位置探测图形的模块宽度比为 1∶1∶3∶1∶1。符号中其他地方遇到类似图形的可能性极小，所以可以在视场中迅速地识别可能的 QR 码符号。识别组成寻像图形的 3 个位置探测图形，可以明确地确定视场中符号的位置和方向。

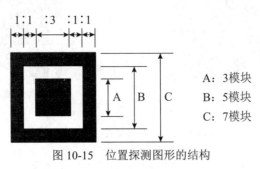

图 10-15 位置探测图形的结构

③分隔符。在每个位置探测图形和编码区域之间有宽度为1个模块的分隔符，如图10-7所示，它全部由浅色模块组成。

④定位图形。水平和垂直定位图形分别为一个模块宽的一行和一列，由深色、浅色模块交替组成，其开始和结尾都是深色模块。水平定位图形位于上部的两个位置探测图形之间，为符号的第6行。垂直定位图形位于左侧的两个位置探测图形之间，为符号的第6列。它们的作用是确定符号的密度和版本，提供决定模块坐标的基准位置。

⑤校正图形。每个校正图形可看作是3个重叠的同心正方形，由5×5个深色模块，3×3个浅色模块，以及位于中心的一个深色模块组成。校正图形的数量视符号的版本号而定，在模式2的符号中，版本2以上（含版本2）的符号均有校正图形。

⑥编码区域。编码区域包括表示数据码字、纠错码字、版本信息和格式信息的符号字符。

⑦空白区。空白区为环绕在符号四周的4个模块宽的区域，其反射率应与浅色模块相同。

10.3.2 QR码的特点

（1）**识读性能**。QR码具有识读速度快、抗损坏能力强等优点，图10-16至图10-19分别表示与其他二维码相比的识读速度和识读能力。

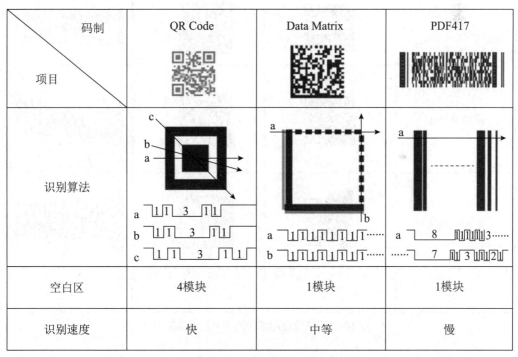

图10-16 识读速度对比

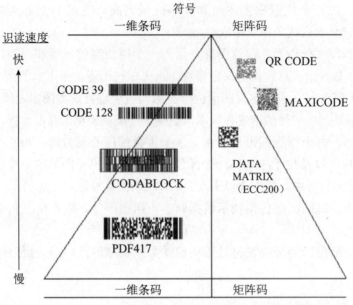

图 10-17 线性条码及矩阵码识读速度对比

码制 损坏情形	QR Code	Data Matrix	PDF417
	![QR]	![DM]	![PDF]
15%的角被损坏	![QR]	![DM]	![PDF]
15%的边被损坏	![QR]	![DM]	![PDF]
识读	可以	困难	困难

图 10-18 寻像图形损坏情形下的识读能力

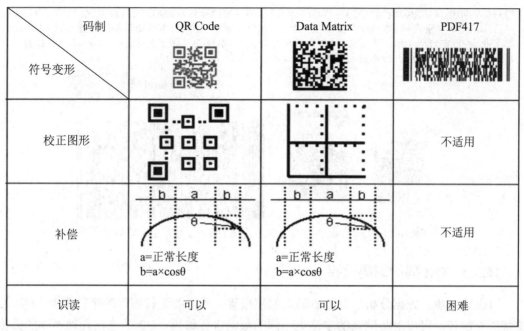

图10-19　符号变形情况下识读性能对比

（2）**数据容量及密度**。QR码具有数据容量大、数据密度高、能表示汉字等多种文字信息的特点。图10-20展示了QR码与一维条码和其他矩阵码的数据容量对比。

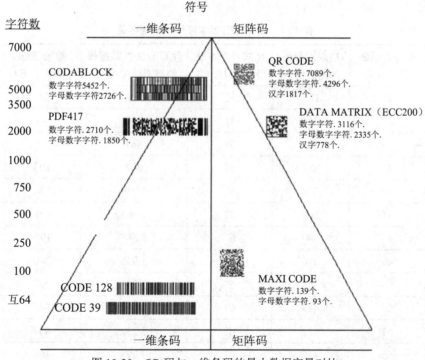

图10-20　QR码与一维条码的最大数据容量对比

（3）**对汉字等多种文字信息的表示**。图10-21展示了对字母、数字、汉字等混合信息的编码能力。

1234567890123456789012345678901234567890123456789012345678901234567890ABCDEFGHIJKLMNOPQRST
"日本自動車工業会 日本自動車部品工業会 日本自動車工業会 日本自動車部品工業会 日本自動車工業会 日本自動車部品工業会 日本自動車工業会 日本自動車部品工業会 日本自動車工業会 日本自動車部品工業会 日本自動車工業会 日本自動車部品工業会"

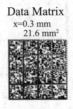
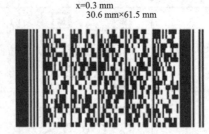

图 10-21　QR Code 对字母、数字、汉字等混合信息的编码能力

10.3.3　QR 码的编码过程

（1）第一步：**数据分析**。分析所输入的数据流，确定要进行编码的字符类型。QR 码支持扩充解释，可以对与默认的字符集不同的数据进行编码。QR 码包括几种不同的数据模式，以便高效地将不同的字符子集转换为符号字符。必要时可以进行模式之间的转换，以便更高效地将数据转换为二进制串。选择所需的错误检测和纠正等级。如果用户没有指定所采用的符号版本，则选择与数据相适应的最小的版本。表 10-6 为 QR 码各版本符号的数据容量。

表 10-6　QR 码各版本符号的数据容量

版本	每边的模块数（A）	功能图形模块数 (B)	格式及版本信息模块数 (C)	除 C 以外的数据模块数 (D=A^2-B-C)	数据容量 [码字]* (E)	剩余位
1	21	202	31	208	26	0
2	25	235	31	359	44	7
3	29	243	31	567	70	7
4	33	251	31	807	100	7
5	37	259	31	1 079	134	7
6	41	267	31	1 383	172	7
7	45	390	67	1 568	196	0
8	49	398	67	1 936	242	0
9	53	406	67	2 336	292	0
10	57	414	67	2 768	346	0
11	61	422	67	3 232	404	0
12	65	430	67	3 728	466	0
13	69	438	67	4 256	532	0
14	73	611	67	4 651	581	3

续表

版本	每边的模块数（A）	功能图形模块数(B)	格式及版本信息模块数(C)	除C以外的数据模块数(D=A^2-B-C)	数据容量[码字]*(E)	剩余位
15	77	619	67	5 243	655	3
16	81	627	67	5 867	733	3
17	85	635	67	6 523	815	3
18	89	643	67	7 211	901	3
19	93	651	67	7 931	991	3
20	97	659	67	8 683	1 085	3
21	101	882	67	9 252	1 156	4
22	105	890	67	10 068	1 258	4
23	109	898	67	10 916	1 364	4
24	113	906	67	11 796	1 474	4
25	117	914	67	12 708	1 588	4
26	121	922	67	13 652	1 706	4
27	125	930	67	14 628	1 828	4
28	129	1 203	67	15 371	1 921	3
29	133	1 211	67	16 411	2 051	3
30	137	1 219	67	17 483	2 185	3
31	141	1 227	67	18 587	2 323	3
32	145	1 235	67	19 723	2 465	3
33	149	1 243	67	20 891	2 611	3
34	153	1 251	67	22 091	2 761	3
35	157	1 574	67	23 008	2 876	0
36	161	1 582	67	24 272	3 034	0
37	165	1 590	67	25 568	3 196	0
38	169	1 598	67	26 896	3 362	0
39	173	1 606	67	28 256	3 532	0
40	177	1 614	67	29 648	3 706	0

注：码字的长度为8位。

（2）**第二步：数据编码**。按照选定的数据模式及该模式所对应的数据变换方法，将数据字符转换为位流。当需要进行模式转换时，在新的模式段开始前加入模式指示符进行模式转换。在数据序列后面加入终止符。将产生的位流分为每8位1个码字。必要时加入填充字符以填满按照版本要求的数据码字数。

（3）**第三步：纠错编码**。按需要将码字序列分块，以便按块生成相应的纠错码字，并将其加到相应的数据码字序列的后面。

（4）**第四步：构造最终信息**。在每一块中置入数据和纠错码字，必要时加剩余位。

（5）**第五步：在矩阵中布置模块**。将寻像图形、分隔符、定位图形、校正图形与码字模块一起放入矩阵。

（6）**第六步：掩模**。依次将掩模图形用于符号的编码区域。评价结果，并选择其中使深色和浅色模块比率最优，并且不希望出现的图形最少的结果。

（7）**第七步：格式和版本信息**。生成格式和版本信息（如果用到时），形成符号。

》》10.4 汉 信 码 《《

汉信码是我国拥有完全自主知识产权的新型二维条码（见图 10-22），2005 年由中国物品编码中心研制成功。2007 年，《汉信码》GB/T 21049 条例国家标准正式发布；2011 年，汉信码成为国际 AIM Global 权威行业标准；2015 年，汉信码正式成为国际 ISO 标准项目；2021 年，ISO/IEC 20830:2021《信息技术 自动识别与数据采集技术汉信码条码符号规范》国际标准正式发布，标志着中国人拥有了完全自主知识产权的二维码码制技术，实现了我国又一底层技术的突破。

现行国家标准《汉信码》GB/T 21049 规定了符号特性、符号结构、数据编码、符号尺寸和印制质量要求等技术内容。

编码信息：我国自主知识
产权二维条码—汉信码

图 10-22　汉信码

10.4.1　汉信码的特点

作为我国具有完全自主知识产权的二维条码，汉信码自诞生之时就具备了很多优点，具体体现在以下几个方面。

（1）**信息容量大**。汉信码可以用来表示数字、英文字母、汉字、图像、声音、多媒体等一切可以二进制化的信息，并且在信息容量方面远远领先于其他码制，如图 10-23 所示。

汉信码的数据容量	
数字	最多7 829个字符
英文字符	最多4 350个字符
汉字	最多2 174个字符
二进制信息	最多3 262字节

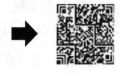

图 10-23　汉信码信息容量大

（2）**具有高度的汉字表示能力和汉字压缩效率**。汉信码支持 GB 18030 中规定的 160 万个汉字信息字符，并且采用 12 比特的压缩比率，每个符号可表示 12～2 174 个汉字字符，如图 10-24 所示。

图 10-24　汉信码的表示能力和汉字压缩效率

（3）**编码范围广**。汉信码可以将照片、指纹、掌纹、签字、声音、文字等凡可数字化的信息进行编码。

（4）**支持加密技术**。汉信码是第一种在码制中预留加密接口的条码，它可以与各种加密算法和密码协议进行集成，所以具有极强的保密防伪性能。

（5）**抗污损和畸变能力强**。汉信码具有很强的抗污损和畸变能力，可以被附着在常用的平面或桶装物品上，并且可以在缺失两个定位标的情况下进行识读，如图 10-25 所示。

图 10-25　汉信码的抗污损和畸变能力强

（6）**修正错误能力强**。汉信码采用世界先进的数学纠错理论，采用太空信息传输中常采用的 Reed-Solomon 纠错算法，使得汉信码的纠错能力可以达到 30%。

（7）**可供用户选择的纠错能力**。汉信码提供 4 种纠错等级，用户可以根据自己的需要在 8%、15%、23% 和 30% 各种纠错等级中进行选择，从而具有高度的适应能力。

（8）**容易制作且成本低**。利用现有的点阵、激光、喷墨、热敏/热转印、制卡机等打印技术，即可在纸张、卡片、PVC 甚至金属表面上印出汉信码。由此所增加的费用仅是油墨的成本，可以真正称得上是一种"零成本"技术。

（9）**条码符号的形状可变**。汉信码支持84个版本，可以由用户自主进行选择，最小码仅有指甲大小。

（10）**外形美观**。汉信码在设计之初就考虑到人的视觉接受能力，所以较之现有国际上的二维条码技术，汉信码在视觉感官上具有突出的特点。

10.4.2 汉信码的符号特性与符号结构

汉信码是矩阵型符号，具有独立定位的功能。

（1）**编码信息**。汉信码的编码信息包括：

①数字型字符（数字0～9）；

②字母型字符（ISO/IEC 646-1991）；

③汉字字符（见GB 18030）；

④图像、音频信息等8位字节；

⑤GS1系统使用的GS1数据；

⑥统一资源标识符URI（uniform resource identifier，URI）；

⑦对编码/字符集的任何文本数据引用（如Unicode、JIS等）。

（2）**数据表示法**。深色模块表示二进制"1"，浅色模块表示二进制"0"。在颜色翻转符号中，深色模块表示二进制"0"，浅色模块表示二进制"1"。

（3）**符号规格**。版本1～84的汉信码符号尺寸（不包括空白区）分别为23个模块×23个模块～189个模块×189个模块，每一个版本符号比前一个版本符号每边增加2个模块。图10-26中自左到右分别是版本1、版本4、版本24的汉信码符号示例。

图10-26 汉信码符号示例

（4）**码图设计**。码图分为功能图形区和编码信息区。为了达到快速定位的目的，汉信码采用扫描特征比例的方式进行码图寻像与定位。码图寻像图形由位于码图4个角上的位置探测图形组成（见图10-27）。码图的校正图形是由黑白两条线组成阶梯形的折线，通过折线的交点来达到分块校正码图的目的。为了能有效利用码图编码空间，版本设计时，相邻版本之间的模块变化为每边相差2个模块。在信息编码区，将数据码字和纠错码字按照一定的编排规则组合后对码字进行交织编排，并按指定的布置规则进行码图布置。同时，为了使信息编码区符号的黑白模块比例均衡，尽量减少影响图像快速处理的图形出现,对编码信息区添加掩模,使黑白模块的比例接近 1∶1。其功能信息区则布置着码图的版本信息、纠错等级、掩模方案等。

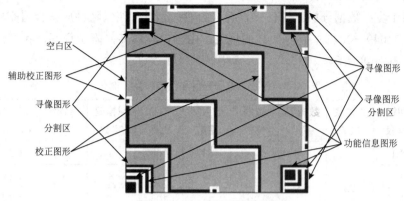

图 10-27　汉信码码图结构

寻像图形包括 4 个位置探测图形,分别位于符号的左上角、右上角、左下角和右下角,如图 10-28 所示。各位置探测图形形状相同,只是摆放的方向不同,位于右上角和左下角的寻像图形摆放方向相同,这样设计的目的是使整个码图有明显的方向特性。以左上角的位置探测图形为例,它的大小为 7×7 个模块,整个位置探测图形可以理解为将 3×3 个深色模块,沿着其左边和上边外扩 1 个模块宽的浅色边,后继续分别外扩 1 个模块宽的深色边、1 个模块宽的浅色边、1 个模块宽的深色边所得。其扫描的特征比例为 1∶1∶1∶1∶3 和 3∶1∶1∶1∶1(沿不同方向扫描所得值不同)。符号中其他地方遇到类似图形的可能性极小,可以在视场中迅速识别可能的码制符号。识别组成寻像图形的 4 个位置探测图形,可以确定视场中符号的位置和方向。

图 10-28　寻像图形

(5)**纠错等级**。汉信码有 4 种纠错等级,可恢复的码字比例如表 10-7 所示。

表 10-7　汉信码 4 种纠错等级

等级	可恢复的码字比例
L1	8%
L2	15%
L3	23%
L4	30%

10.4.3 汉信码数据编码过程

汉信码数据编码过程分为 7 个步骤。

（1）第 1 步：数据分析。汉信码各版本的数据容量和纠错特性应符合国家标准《汉信码》（GB/T 21049—2022）中附录 B 的规定。由于内容较多，限于篇幅，我们只选取小部分示例，如表 10-8 所示。

表 10-8 各版本数据容量和纠错特性（部分）

版本	纠错等级	每边模块数	数据码字数	数据位数	信息码字数	信息位数	纠错码字数	纠错块数	每一块的纠错代码（N, K, $2T$）
1	L1	23	25	200	21	168	4	1	（25，21，4）
	L2				17	136	8	1	（25，17，8）
	L3				13	104	12	1	（25，13，12）
	L4				9	72	16	1	（25，9，16）
6	L1	33	84	672	70	560	14	1	（84，70，14）
	L2				58	464	26	1	（84，58，26）
	L3				46	368	38	2	（44，24，20）（40，22，18）
	L4				34	272	50	2	（40，16，24）（44，18，26）

说明：表中 N 为数据码字总数，K 为信息码字总数，T 为替代错误数。

汉信码数据编码模式有：数字模式、Text 模式、二进制字节模式、常用汉字 1 区模式、常用汉字 2 区模式、GB 18030 双字节区模式、GB 18030 四字节区模式、ECI 模式、Unicode 模式、GS1 模式和 URI 模式，由模式指示符指示，详细内容见国家标准。

（2）第 2 步：数据编码。数据编码分为形成信息位流和构造信息码字序列两部分。

（3）第 3 步：纠错编码。汉信码采用 Reed-Solomon 纠错算法，这使得汉信码符号可以在遇到损坏时不致数据丢失。对具体算法感兴趣的读者可参考相关标准。

（4）第 4 步：最终数据位流构造。在各纠错分块中将信息码字序列与纠错码字序列组合为数据码字序列，并且将各块的数据码字序列依次组合，构成最终的数据码字序列。

（5）第 5 步：码图放置。依据版本要求构造空白的正方形矩阵，在寻像图形、寻像图形分割区和校正图形的相应位置，填入相应图形的深色模块和浅色模块。

（6）第 6 步：掩模。掩模是汉信码的固有附加特性，掩模可使汉信码符号中深色模块和浅色模块的比例接近 1∶1，减少数据区模块组合中出现功能图形的概率。汉信码提供 4 种掩模方式，编码为 00、01、10、11，其对应的掩模图形如图 10-29 所示。

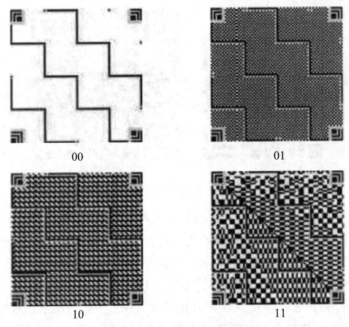

图 10-29　汉信码掩模图形

（7）**第 7 步**：功能信息放置。汉信码的功能信息包含版本、纠错等级、掩模方案，分别用 8 位二进制、2 位二进制、2 位二进制表示，共计 12 位二进制。功能信息的纠错使用 GF（2^4）上的 RS 纠错码，构成 34 位的功能信息。

汉信码符号功能区容量为 17 个模块 ×4 个模块（68 个模块），可以放置在左上角、右上角的功能信息区内，也可以放置在左下角、右下角的功能信息区内。

10.4.4　汉信码 ISO 标准

2015 年起，汉信码启动了汉信码 ISO 标准制定工作，在 ISO 标准制定过程中，根据国际专家的意见及技术发展的需求，对汉信码的技术内容进行了相应的完善，主要增加了以下内容。

（1）为解决二维码技术在移动互联时代的应用挑战，增加了汉信码的 URI 模式。

（2）为解决二维码在各类语言环境中协同共用问题，增加了汉信码的 Unicode 模式。

（3）为解决二维码在全球商贸领域应用的挑战，增加了汉信码的 GS1 模式。

1. URI 编码模式

URI 编码模式是汉信码的国际首创，该编码模式针对目前二维码主要的网址应用模式，汉信码 ISO 标准中设计采用了高效的 URI（统一资源标示符）编码模式。相同的网址，使用汉信码的编码效率更高，码图面积更小。例如，对于网址：https://www.tencent.com/zh-cn/index.html 的编码符号，汉信码 [见图 10-30（a）] 的模块数为 25×25，QR 码 [见图 10-30（b）] 的模块数为 29×29，相同模块大小的前提下，汉信码面积仅为 QR 码的 74%。

图 10-30　汉信码面积仅为 QR 码的 74%

汉信码 URI 模式将字符按照使用频率，可分为 3 个字符集，分别为 URI-A、URI-B 和 URI-C。其中，URI-A 是最常用的字符集，包含小写字母、数字、部分协议头、常用顶级域名等 62 个最常用字符，满足大部分 URI 编码需求。URI-B 包括 RFC 3 986 中定义的其他字符和较常用的关键字。URI-C 字符集包含 URI-A 字符集和 URI-B 字符集中定义的所有字符和 URI 字符组合，可视为 A 和 B 的总集。在大多数情况下，只需查找 URI-A 字符集中的 62 个字符，并结合 URI-B 中的百分号编码，即可完成一个 URI 的编码或解码。此外，URI 模式定义了支持特殊字符编码的百分号编码子模式。

汉信码 URI 模式的模式指示符为（1110 0010）b，URI 模式的模式结束符为（111）b。

汉信码 URI 模式数据分析和编码算法如下。

（1）**数据分析**。按照下述规则对输入的 URI 字符串进行分析，查找并记录输入 URI 字符串的每个字符或字符序列的初始编码。

①如果字符"%"后面有两个字符，并且这些"%XX"字符序列符合 RFC 3 986 定义的百分号编码的要求，则对这些"%XX"字符使用百分号编码字符集。

②如果字符或字符序列可以使用 URI-A 字符集和 URI-C 字符集进行编码，则首选使用 URI-A 字符集。

③如果字符或字符序列可以使用 URI-B 字符集和 URI-C 字符集进行编码，则首选使用 URI-B 字符集。

④如果使用 URI-A 字符集在同一位置对字符或字符集序列进行编码有两种方法时，则将编码值较大的方法作为首选方法。

⑤如果使用 URI-C 字符集在同一位置对字符或字符集序列进行编码有两种方法时，则将编码值较大的方法作为首选方法。

（2）**数据优化**。进行初步分析之后，对数据分析结果进行优化步骤如下。

①如果字符串使用 URI-A 字符集和 URI-B 字符集共同进行编码，计算产生的编码位数。计算单独使用 URI-C 字符集对该字符串进行编码产生的编码位数。只有在前者小于或等于后者时，才使用 URI-C 字符集进行编码。

②如果字符串使用 URI-B 字符集和 URI-A 字符集进行编码，计算产生的编码位数。计算单独使用 URI-C 字符集对该字符串进行编码产生的编码位数。只有在前者小于或等于后者时，才使用 URI-C 字符集进行编码。

③如果字符串使用 URI-A 字符集和 URI-C 字符集进行编码，计算产生的编码位数。计算单独使用 URI-C 字符集对该字符串进行编码产生的编码位数。只有在前者小于或等于后者时，才使用 URI-C 字符集进行编码。

④如果字符串使用 URI-B 字符集和 URI-C 字符集进行编码，计算产生的编码位数。计算单独使用 URI-C 字符集对该字符串进行编码产生的编码位数。只有在前者小于或等于后者时，才使用 URI-C 字符集进行编码。

⑤如果字符串使用 URI-C 字符集和 URI-A 字符集进行编码，计算产生的编码位数。计算单独使用 URI-C 字符集对该字符串进行编码产生的编码位数。只有在前者小于或等于后者时，才使用 URI-C 字符集进行编码。

⑥如果字符串使用 URI-C 字符集和 URI-B 字符集进行编码，计算产生的编码位数。计算单独使用 URI-C 字符集对该字符串进行编码产生的编码位数。只有在前者小于或等于后者时，才使用 URI-C 字符集进行编码。

⑦重复上述步骤中描述的步骤，直到不再进行优化。

（3）**数据编码**。根据上述分析结果，按照表 10-9 中的指示符和相应的字符集对输入的 URI 字符串进行编码。

表 10-9　URI 模式下字符集与字符集指示符

字符集	字符集指示符
URI-A	$(001)_b$
URI-B	$(010)_b$
URI-C	$(011)_b$
百分号编码（%）	$(100)_b$
URI 模式结束指示符	$(111)_b$

上表中出现在字符"%"后紧跟两个字符"XX"，且"XX"满足十六进制"00"到"FF"要求，则使用百分号编码字符集对"%XX"字符序列进行编码。在百分号编码的编码过程中，在字符集指示符 $(100)_b$ 之后添加一个 8 位计数器来编码百分比编码序列个数的长度，8 位计数器之后使用 8 位二进制字符串来编码每个"XX"。

示例 1：URI http://www.example.com。

（1）URI 模式指示符（1110 0010）$_b$。

（2）分析输入的 URI 字符串：http://www.example.com。

①根据算法，输入的 URI 字符串可使用 URI-A 字符集进行编码（见表 10-10），URI-A 模式指示符为 $(001)_b$。

②由于该字符串仅使用 URI-A 字符集编码，无须使用其他 URI 字符集优化。

（3）添加 URI 模式结束符 $(111)_b$，则最终编码二进制序列为 (1110 0010 001 110001 11100 0 000100 010111 000000 001100 001111 001011 000100 111001 111111 111)$_b$。

表 10-10　URI 模式 http://www.example.com 的编码

字符 /URI 片段	编码值	编码（bit）
http://	49	110001
www.	56	111000
e	4	000100
x	23	010111
a	0	000000
m	12	001100
p	15	001111
l	11	001011
e	4	000100
.com	57	111001
URI-A 结束符	63	111111

示例 2：URI dictionary.cambridge.org/zhs/ 词典 / 英语 /soil?q=soil

以上字符串的 URI 编码为：

http://dictionary.cambridge.org/zhs/%E8%AF%8D%E5%85%B8/%E8%8B%B1%E8%AF%AD/soil?q=soil。

编码步骤如下：

（1）模式指示符（1110 0010）$_b$。

（2）分析输入字符串：

http://dictionary.cambridge.org/zhs/%E8%AF%8D%E5%85%B8/%E8%8B%B1%E8%AF%AD/soil?q=soil。

①输入 URI 字符串的初步分析：根据该算法，可以使用 URI-A 字符集和百分号编码模式的组合对输入的 URI 字符串进行编码。

②字符串"http://dictionary.cambridge.org/zhs/"应按照表 10-11 进行编码。

表 10-11　URI 模式下"http://dictionary.cambridge.org/zhs/"编码值

字符 /URI 片段	编码值	编码（bit）
http://	49	110001
d	3	000011
i	8	001000
c	2	000010
t	19	010011
i	8	001000
o	14	001110
n	13	001101
a	0	000000

续表

字符/URI片段	编码值	编码（bit）
r	17	010001
y	24	011000
.	36	100100
c	2	000010
a	0	000000
m	12	001100
b	1	000001
r	17	010001
i	8	001000
d	3	000011
g	6	000110
e	4	000100
.org	60	111100
/	37	100101
z	25	011001
h	7	000111
s	18	010010
/	37	100101
URI-A 模式结束符	63	111111

③百分号编码。百分号编码字符串"%E8%AF%8D%E5%85%B8"由百分号编码字符集(100)$_b$表示，有6个"%hh"格式的字节，设置计数范围为"06"$_h$，"%E8%AF%8D%E5%85%B8"的二进制序列编码为："(100 00000110 11101000 10101111 10001101 11100101 10000101 10111000)$_b$"。"/"用URI-A字符集编码，"/"的二进制编码序列为："001 100101 111111"。"%"序列"%E8%8B%B1%E8%AF%AD"使用返回百分号编码字符集(100)$_b$进行编码。有6个"%hh"格式的字节，因此将计数器设置为"06"十六进制，"%E8%8B%B1%E8%AF%AD"的编码二进制序列为：(100 00000110 11101000 10001011 10110001 11101000 10101111 10101101)$_b$。

④URI的"/soil?q=soil"也可以用URI-A字符集编码，见表10-12。

表10-12 URI模式下"/soil?q=soil"编码值

字符/URI片段	编码值	编码（bit）
/	37	100101
s	18	010010
o	14	001110

续表

字符/URI 片段	编码值	编码（bit）
i	8	001000
l	11	001011
?	43	101011
q	16	010000
=	45	101101
s	18	010010
o	14	001110
i	8	001000
l	11	001011
URI-A 模式结束符	63	111111

⑤如果仅使用 URI-A 字符集和百分号字符集对整个 URI 进行编码，则无须进行优化。

（3）在二进制字符串前添加指示符。

（4）添加 URI 模式结束符，最终二进制编码序列为：(1110 0010 001 110001 000011 001000 000010 010011 001000 001110 001101 000000 010001 011000 100100 000010 000000 001100 000001 010001 001000 000011 000110 000100 111100 100101 011001 000111 010010 100101 111111 100 00000110 11101000 10101111 10001101 11100101 10000101 10111000 001 100101 111111 100 00000110 11101000 10001011 10110001 11101000 10101111 10101101 001 100101 010010 001110 001000 001011 101011 010000 101001 010010 001110 001000 001011 111111 111)$_b$。

2. Unicode 模式编码

Unicode 模式也是汉信码的国际首创，该编码模式主要针对二维码跨国应用中面临的多种语言编码的挑战问题而研发的，并选用目前最常用的 Unicode 编码模式 -UTF8 进行优化编码，方案中采用了基于算法的较复杂编码方法，实现了对未知 Unicode 字符串的自适应高效编码，很好地解决了在 Unicode 编码字符集中编码码位过于分散，编码效率不高的问题。

运用 UTF-8 编码形式可以对 Unicode 字符用 1 字节、2 字节、3 字节或 4 字节表示。Unicode 模式编码按照自适应数据分析算法分析输入数据。

首先，将输入数据划分并组合为 1、2、3 或 4 字节模式预编码子序列，其次使用压缩算法对输入数据的每个子序列进行编码。

1）数据分析

（1）对读取数据的前 12 个字节进行分析。

①如果整个数据长度小于 12 字节，则跳转到③；否则，转到下一步。

②使用 1 字节格式、2 字节格式、3 字节格式和 4 字节格式对前 12 字节数据进行编码，选择同字节格式中（编码位/字节计数）具有最低预编码比特率的字节模式作为前 12 字

节的初始字节模式。如果此字节模式为 4 字节格式,则转到⑧;否则,转到下一步。

③读取前 9 个字节的数据,如果整个数据长度小于 9 个字节,则转到⑤;如为 9 个字节,则转到下一步。

④使用 1 字节格式、3 字节格式预编码前 9 字节数据,选择同字节格式中编码比特率最低的字节模式作为前 9 字节的初始字节模式。如果此字节格式为 3 字节格式,则转到⑧;否则,转到下一步。

⑤读取前 6 个字节的数据,如果整个数据长度小于 6 个字节,则转到⑦;如满足 6 个字节,则转到下一步。

⑥使用 1 字节格式、2 字节格式预编码前 6 字节数据,选择字节编码比特率最低的字节模式作为前 6 字节的初始字节模式。如果此字节格式为 2 字节格式,则转到⑧;否则,转到下一步。

⑦使用 1 字节模式作为第一个字节的初始字节模式。

⑧利用初始数据字节序列中的初始字节模式,将数据的下一个分析位置设置为初始字节序列的下一个字节。

(2)对于下一段数据进行位置分析,如果到达数据的末尾,则结束初始分析;否则,读取下一个 12 字节的数据进行分析。

①如果下一个分析位置的整个数据长度小于 12 字节,则转到③;如长度满足 12 字节,则转到下一步。

②使用 1 字节格式、2 字节格式、3 字节格式和 4 字节格式预编码接下来的 12 字节数据,选择同字节格式中(编码位 / 字节计数器)编码比特率最低的字节格式作为下一个 12 字节的初始字节格式。如果此字节模式为 4 字节格式,则转到⑧;否则,转到下一步。

③读取头 9 字节的数据,如果该数据长度小于 9 字节,则转到⑤;否则,转到下一步。

④使用 1 字节格式、3 字节格式对该 9 字节数据进行编码,选择同字节格式中编码比特率最低的字节模式作为 9 字节的初始字节格式。如果此字节模式为 3 字节格式,则转到⑧;否则,转到下一步。

⑤读取头 6 个字节的数据,如果下一个分析位置的整个数据长度小于 6 个字节,则转到⑦;否则,转到下一步。

⑥使用 1 字节格式和 2 字节格式对该 6 字节数据进行编码,选择同字节格式中编码比特率最低的字节格式作为该 6 字节的初始字节模式。如果此字节格式为 2 字节格式,则转到⑧;否则,转到下一步。

⑦使用 1 字节格式作为下一个字节的初始字节格式。

⑧如果数据系列的初始字节模式与先前数据字节系列的初始字节模式不同,则将初始字节模式设置为数据系列的数据模式,并通过增加字节序列的长度来移动数据的下一个分析位置,返回②;否则,如果数据字节序列的初始字节模式与先前数据的先前初始字节模式相同,则分析并决定是否将两个数据字节序列合并为一个。数据组合分析是为了计算和比较使用两个单独字节模式的编码位,以及用于集成到一个单字节序列的编码位;如果集

成到一个字节序列中的编码位数不大于使用两个单独字节模式的编码位数，则不要更改前一个字节模式进行编码，而是要注意更改每个字节的长度、差值和最小值字节模式；如果集成为一个字节模式的编码位数大于使用两个单独字节模式的编码位数，则启动一个新的字节模式进行编码。对于上述两种情况，可通过添加新的已分析字节模式的长度来移动下一个分析位置。

2）字节优化

（1）如果数据序列与之前的数据序列使用相同的字节模式，应计算两个相邻数据序列的两个单独字节模式（不同长度、差值和最小值）的编码位和两个数据序列的单一字节模式的编码位：

①如果集成到一个单一字节模式的编码位大于使用两个单独字节模式的编码位，则无须更改字节模式；

②如果集成到一个单一的字节模式的编码位不大于使用两个单独字节模式的编码位，则将两个单独的字节模式集成为一个单一字节模式，但要注意改变长度、差值和最小值的每个字节的字节模式。

（2）如果2字节模式的总字节长度小于16。使用两个单独的字节模式（不同的长度、差和最小值）计算两个相邻数据序列的编码位，并使用一个本地单字节模式（1字节模式）计算两个数据序列的编码位：

①如果集成到一个本地单字节模式的编码位不少于使用两个单独字节模式的编码位，则不必更改字节模式；

②如果集成到一个本地单字节模式的编码位少于使用两个单独的字节模式的编码位，则将两个独立的字节模式集成到一个本地单字节模式。

（3）重复此步骤中描述的步骤，直到无法进行任何优化为止。

3）数据编码

对于上述优化结果进行编码，步骤如下。

（1）对于1字节、2字节、3字节或4字节格式的每个数据序列，选择相应的字节格式指示符作为编码的起始位（见表10-13）。

表10-13　字节格式标识符

字节格式	字节格式标识符
1字节格式	$(0001)_b$
2字节格式	$(0010)_b$
3字节格式	$(0011)_b$
4字节格式	$(0100)_b$
Unicode模式结束符	$(1111)_b$

（2）利用表10-14中的编码格式对该字节模式的数据序列的字节格式计数器进行编码（字节模式计数器基于字节模式，而不是字节长度，如计数器2的3字节模式具有6字节）。

表 10-14　Unicode 模式下字节模式计数器的编码格式

计数范围	编码字节	编码格式
0 ~ 7	4	0XXX
8 ~ 63	8	10XX XXXX
64 ~ 511	12	110X XXXX XXXX
512 ~ 4 095	16	1110 XXXX XXXX XXXX
4 096 ~ 32 767	20	1111 0XXX XXXX XXXX XXXX

（3）找出每个 1 字节组、2 字节组、3 字节组或 4 字节组的最小值，计算并重新编码 1 字节组、2 字节组、3 字节组或 4 字节组的每个字节位置与最小值相比的所有差异。将 1、2、3 或 4 个 4 位差异长度标识符添加到编码位流中，用编码与每个 1、2、3 或 4 字节模式的每个字节位置的最小值相比，得知有多少位足以编码每个字节位置的差异。

（4）添加 1、2、3 或 4 个 8 位编码，对每个字节组的最小值进行编码。如果一个字节位置的所有数据都是相同的（0 位差），那么这个字节位置的最小值就是这个字节位置的所有数据的值。

（5）将计算的差值编码位相加，对该字节模式的每个字节位置的每个 1、2、3 或 4 字节组的差值进行编码，从该字节模式开始直至结束。如果一个字节位置的所有数据都是相同的（0 位差），则不需要对该字节位置的差进行编码。

3. GS1 模式编码

汉信码采用扩展的数字编码和 Text 编码模式对 GS1 系统数据进行编码。GS1 模式的模式指示符为 (1110 0001)b，GS1 模式的模式结束符为 (1111 1111)b。

（1）**数据表示规则**。GS1 数据可分成若干个固定长度或可变长度 GS1 数据段：

AI_1Data_1　　……　　AI_iData_i<FNC1>　　……　　AI_nData_n
GS1 数据段$_1$　　……　　GS1 数据段$_i$　　……　　GS1 数据段$_n$

其中：AI 是 GB/T 16986 定义的应用标识符，Data 是 GB/T 16986 定义的 AI 的数据。GS1 数据段$_i$ = AI_iData_i，$i = 1, 2, \cdots, m$。

每个 GS1 数据段都有一个关键字 AI_i，$Data_i$ 是与关键字 AI_i 相关联的值。根据 GS1 规范，所有预定义长度的 GS1 数据字符串都应该置前，随后是所有非预定义长度的 GS1 数据字符串。如果在整个字符串的末尾使用了两个以上的非预定义长度字符串，则应在这两个字符串之间添加 <FNC1>。分隔符 <FNC1> 紧接在非预定义长度数据段之后，后面紧跟的是下一个数据段的 GS1 应用标识符。但是，如果非预定义长度的数据段是最后一个要编码的数据段，则不应使用 <FNC1>。

（2）**数据分析和编码算法**。GS1 模式的数据分析和编码算法如下。

①将 GS1 数据段合并为由 <FNC1> 分隔的多组数据。

②如果不需要添加 <FNC1>，则对整个消息采用标准的汉信码数字和 Text 编码模式。

③如果有两个或两个以上的组，选择前两个相邻的由 <FNC1> 分隔的 GS1 数据段组，如果在 <FNC1> 之前的开头的编码方案为数字模式，则将 <FNC1> 的数字扩展编码为"1111101000"，然后通过填充"1111101000"至编码比特串的方式添加 <FNC1> 编码到编

码比特中，并继续数字编码直到下一组的结束或遇到第一个除 0～9 之外的字符。如果开头的编码方案为 Text 模式，首先用 Text 模式结束符结束 Text 模式，然后加入数字模式指示符"0001"以在 <FNC1> 编码前开始数字模式，填充"1111101000"编码，使用汉信码编码算法直到下一组的结束。

④继续执行③，直到对所有组编码完成并添加 GS1 模式结束符。

示例 1：对于 GS1 数据（01）03453120000011（17）191125（10）ABCD1234

（1）使用（1110 0001）$_b$ 表示 GS1 模式开始。

（2）将数据段合并成多个组。由于该数据元素字符串之间不需要添加 <FNC1>，所以合并后只有一个组：010345312000001117191125 10ABCD1234。

（3）用标准汉信码算法对该组编码。对于 010345312000001117191125 10ABCD1234，可分为两个字符串，分别用数字模式和 Text 模式编码。对于"010345312000001117191125 10"，编码过程为如下。

①将字符串分成每组 3 位数字：010 345 312 000 001 117 191 125 10。

②以数字模式为起始，模式指示符为（0001）b，并选择结束符（1111111110）b。

③按组转换为对应的二进制：

    010 → 0000001010
    345 → 0101011001
    312 → 0100111000
    000 → 0000000000
    001 → 0000000001
    117 → 0001110101
    191 → 0010111111
    125 → 0001111101
    10 → 0000001010

之后附加二进制结束符 (1111111110)$_b$。

④"010345312000001117191125 10"的编码二进制序列为 0001 0000001010 0101011001 0100111000 0000000000 0000000001 0001110101 0010111111 0001111101 0000001010 1111111110。

对于"ABCD1234"，转换为 Text 模式，起始符 (0010)$_b$：

①用 Text1 子模式对字符编码：

    A → 001010
    B → 001011
    C → 001100
    D → 001101
    1 → 000001
    2 → 000010
    3 → 000011
    4 → 000100

之后附加 Text 模式结束符 (111111)$_b$。

② "ABCD1234" 的编码二进制序列是: (0010 001010 001011 001100 001101 000001 000010 000011 000100 111111)$_b$。

（4）最终编码二进制序列是: (1110 0001 0001 0000001010 0101011001 0100111000 0000000000 0000000001 0001110101 0010111111 0001111101 0000001010 1111111110 0010 001010 001011 001100 001101 000001 000010 000011 000100 111111 11111111)$_b$。

10.4.5 汉信码应用

汉信码具有汉字标识能力强、抗畸变、抗污损、信息容量大、密度高等特点，在涉及需要标识汉字信息、使用环境比较恶劣的大众应用中，相对于其他码制具有很强的竞争优势，作为信息载体类的应用，如在电子凭证或广告类业务中，具有很广泛的应用前景。此外，汉信码是我国自主研发的二维码码制，能够在安全性等方面根据应用的不同需求进行相应的扩展，从而满足目前行业应用大众化发展过程中提出的对于安全与自主掌控方面的需求，在大众产品防伪、追溯等领域存在巨大的发展空间。汉信码是我国自主知识产权的二维码码制技术，有利于我国二维码技术的研发与应用，可规避相关知识产权风险。

1. 汉信码在特种设备上的应用

目前在以压力容器、管道等为代表的特种设备上，大多采用挂牌的方式进行管理。传统的挂牌仅包含人可识读的信息，在挂牌上增加汉信码，可为设备的信息化管理提供极大的便利，避免了工作人员操作引入的误差，同时降低了工作强度，提高了工作效率。

液化气瓶的安全关系千家万户，对过期液化气瓶的追踪和回收历来是监管部门的棘手问题。浙江省宁波市通过对所有的液化气瓶加装汉信码的唯一标识身份证（见图10-31），跟踪了省内几百万液化气瓶的位置和质量状况。老百姓可以通过扫码，查询自家液化气瓶的充气时间、保质期及气瓶的生产日期、质量状况等。如果出现气瓶使用时间超过质保期，可及时报废更换，避免安全事故的发生。这一应用也得到了广大市民的大力支持。

图 10-31 汉信码在特种设备上的应用

2. 汉信码在追溯管理中的应用

广东省在水产品质量可追溯体系中采用汉信码作为追溯信息载体，有效实现了水产专用标签与水产品的整个产业链相结合，达到水产品质量安全的有效控制，使人们吃上了放心的水产品（见图10-32）。采用汉信码作为水产品产业链中的信息传递媒介，不需要事先建立数据库的支持，信息传递过程中即可通过扫描自动读取相应信息。某单位设计了汉信码在水产品领域的应用系统，并开展了推广工作，使得企业经营管理与安全生产实现了有机统一，实现了养殖日常管理与追溯管理的无缝集成。企业在实施了电子化管理的同时也实现了条码标签的自动生成，大大提高了企业管理水平和效率，通过设置多用户、多权限的数据管理方式，方便了企业的分级业务管理，避免了数据的误操作性，有效地保证了数据的真实性。汉信码已在我国江苏、浙江、天津等多省的水产品相关产业进行了使用，相信其将在我国农产品质量安全领域发挥越来越重要的作用。

图 10-32　汉信码在水产品质量追溯中的应用

3. 汉信码在医疗领域的应用

北京某医院采用汉信码进行新生儿疾病筛查管理，这是汉信码技术应用在公共卫生领域的一次全新探索。通过汉信码采血卡，完成相关新生儿信息的采集和信息传递，从而提高了新生儿疾病筛查系统的工作效率，节省了大量人力成本和社会成本。该新生儿疾病筛查系统的应用已经覆盖全市行政区内 156 家设立产科的医院，以及 18 个区县的妇幼保健院所，如图 10-33 所示。

图 10-33　汉信码在医疗领域的应用

本章小结

本章主要介绍了 GS1 技术标准体系中数据自动采集技术中的二维码技术，系统介绍了目前主流的二维码，包括数据矩阵码、QR 码、汉信码的特点、符号结构、数据编码与符号表示等技术内容，重点介绍了汉信码的优势和应用。本章内容涉及较多的技术细节，难度较大，读者可以根据自己的专业背景和技术基础有所取舍地学习。

拓展阅读 10.1：
一次扫描
无限可能

本章习题

1. 我们在微信支付中使用的支付码是哪一种二维码？
2. 简述汉信码的优点。
3. 简述数据矩阵码的数据编码过程。
4. 简述汉信码的特点。
5. 简述汉信码 ISO 标准的 URI 编码过程。

【实训题】二维码的生成与识别

为了提升消费者对产品质量的信任，A 企业决定在产品包装上增加二维码，在二维码里存放如下信息：商品 GTIN 代码、生产日期、保质期、配料表。

以其中一款冷泡茶为例，为 A 企业设计二维码符号，并使用 CODESOFT 软件打印输出。

要求：

1. 分别使用不同的二维码，观察其不同。
2. 用手机扫描二维码，检查二维码中的信息是否准确。

【在线测试题】

扫描二维码，在线答题。

第 11 章　EPC 编码与 RFID 技术

> **导入案例**
>
> **京东物流中的 RFID 应用**
>
> 继 5G 后又一创新落地重庆，京东物流 RFID 智能仓储解决方案全面应用。
>
> 京东在智能物流领域的另一项自主创新技术——RFID 智能仓储解决方案在重庆渝北大件自动化仓全面应用。接下来，该项技术将在包括"亚洲一号"在内的上百个大件仓进行复制推广。
>
> 该项技术采用 RFID 电子标签替换原有的商品条码，基于 RFID 批量、射频非视距读取能力，实现批量盘点及批量复核，可应用于各种复杂环境。京东物流充分发掘 RFID 的应用场景，打造更加丰富，更具实用性，全新升级的"智能大脑"，即大件 WMS 系统，通过自研算法引擎和工程化充分发挥该技术在仓储领域的应用优势。据预测，RFID 智能仓储解决方案将使仓内盘点效率提升 10 倍以上，复核效率提升 5 倍，仓库运营的整体效能将增长 300%。
>
> 在整个物流行业中，京东物流的服务和配送质量都是有目共睹的，不仅可以实现同城当日达，在各大城市甚至村镇都能做到次日达。在京东物流高效运作的背后，RFID 系统发挥了很大的作用。下面我们就一起来了解一下 RFID 技术在京东物流上的应用。
>
> 京东物流可以快速响应，保证配送物流时效的原因，就在于其配送运输过程中融入了 RFID 技术。使用 RFID 技术来对货物的出入库状态进行实时追踪，并且将 RFID 技术不断深化，甚至渗透到物流的各大细分环节中，可进一步挖掘出 RFID 应用的潜在价值。
>
> 1. 优化仓库日常管理
>
> 在仓库的日常管理中，货物管理员可以使用 RFID 技术实现对货物的实时追踪，包括对货物的来源、去向、库存数量等信息都能即时收集，大大提升了库存的供应效率和货物的周转效率。
>
> 2. 提升仓内作业效率
>
> 京东配送的商品中有很多冰箱、彩电等大件商品，不仅体积大、质量大，而且包装规格多样，在出入库的时候耗时耗力，对于仓储运输来说有很大的挑战性。借助 RFID 射频识别技术，采用 RFID 电子标签替换原有的商品条码，可使用 RFID 读写器来批量进行标签信息的读取。利用手持 RFID 读写器（见图 11-1）可以使盘点效率提升至传统作业方式的 10 倍以上。一位货运司机感慨："仓库的复核出库效率也提高了很多，以前是车等货，现在是货等车，来了个大变样。"

图 11-1　手持式 RFID 读写器

3. 自动追踪运输路线

RFID 技术还能实现商品的防伪，RFID 可实现一物一码识别身份，对货物进行真伪识别，避免退货产品货不对版及数据更新不及时等问题。同时，RFID 的应用还可以自动获取数据、自动分拣处理，降低取货、送货成本，提高整体仓储的精细化运营水平。

4. 助力供应链稳定性提升

运用 RFID 技术还可以让京东物流更充分地发掘 RFID 的应用场景，全方位提高供应链的稳定性。

将 RFID 系统接入供应链管理之中，可以帮助企业对库存信息、运输货物进行追踪，企业可以根据这些信息来合理安排库存，并且在大促时对用户的需求进行一定的需求预测。

京东 RFID 系统的落地不仅为仓储物流行业提供了案例参考，也为供应链的转型升级提供了机会。

资料来源：https://baijiahao.baidu.com/s?id=1754695615947217219。

11.1　RFID 概述

射频识别（radio frequency identification，RFID）技术是近几年来在计算机领域出现的一种革命性技术，目前，已被广泛应用于高速路收费系统、无人商店等领域。作为 RFID 在安全生产中的应用场景之一，煤矿工人的安全可以通过 FRID 技术得到保障。

射频识别在煤矿行业中的应用主要包括煤矿人员安全与定位、煤矿资产管理两个方面。在发生煤矿安全事故后，最重要的是对井下工作人员展开搜救。但目前存在的主要问题有：① 地面与井下工作人员的信息沟通不及时；② 地面工作人员难以及时动态掌握井下工作人员的分布及作业情况，不能进行精确人员定位；③ 一旦煤矿发生事故，抢险救灾、安全救护的效率低，搜救效果差。

利用射频识别技术可实现对煤矿井下工作人员的定位，有效解决上述问题。射频识别井下工作人员定位跟踪系统主要用于煤矿业等井下和隧道作业，集成了远距离射频识别技术、网络通信技术和自动控制技术等，如图 11-2 所示。

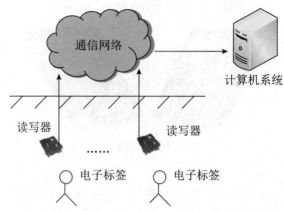

图 11-2　无线射频识别井下人员定位跟踪系统

每个井下工作人员分配一个无线射频识别电子标签或无线射频识别卡，一般放置在工作人员佩戴的矿灯上。无线射频识别电子标签中一般存储该工作人员的 ID 编号，该编号与计算机系统数据库中的详细信息相关联。利用该电子标签还能进行工作人员的考勤管理和出入控制管理，记录某一工人在某一段时间的出入信息及出勤情况。

当工作人员进入井下以后，由于井下的各个坑道和工作人员可能经过的通道中均设有无线射频识别天线与无线射频识别读写器，井下工作人员的无线射频识别电子标签就会得到识别，识别到的信息通过通信网络可传送给后端的计算机系统。后端的计算机系统与电子地图 GIS 等技术结合，可将井下工作人员的信息实时地进行显示：谁、哪个位置、具体时间，便于地上工作人员实时掌握井下工作人员的情况，并在出现突发事故时进行有效搜救工作。

无线射频识别读写器的具体数量和位置根据现场实际工作情况而定，并通过各种网络与地面控制中心的计算机相连。目前可使用有线和无线网络两种通信方式，有线的通信方式包括串行通信技术、局域网，无线通信方式主要有 Zigbee（紫蜂协议）与无线局域网等。井下连接示意图如图 11-3 所示。

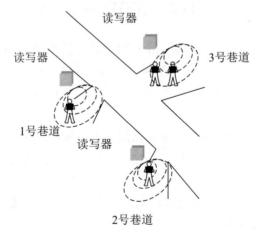

图 11-3　井下连接示意图

利用上述无线射频识别煤矿井下人员定位系统，一旦井下发生事故，可根据电脑中的人员分布信息马上查出事故地点的人员情况，再用特殊的探测器在事故处进一步确定人员位置，以便帮助营救人员准确快速地营救出被困人员。

无线射频识别煤矿井下工作人员定位系统具有识读距离远、可任意调整系统的识别范围、识别无"盲区"、信号穿透力强、安全保密性能高、无电磁污染、环境适应性强、可同时识别多人、便于井下网络连接及数字传输等优点。

11.1.1 自动识别技术

以计算机和通信技术为基础的自动识别技术可以对每个物品进行标识和识别,并可进行数据的实时更新。它是构造全球物品信息实时共享的重要组成部分。通俗来说,自动识别技术就是能够让物品"开口说话"的一种技术。

自动识别技术是一种机器自动数据采集技术,即通过使用特定机器实现人类对各种事物或现象的检测和分析,并对其进行辨别的过程。自动识别技术是一种应用特定的识别装置,通过被识别物品和识别装置之间的接近活动,自动地获取识别物品的相关信息,并提供给后台计算机处理系统以完成相关信息处理的技术。比如,在超市购买东西付款时扫描商品的条形码就是一种典型的自动识别技术的应用。收银员通过扫描仪扫描商品包装的条码,从而获取商品的名称、价格,输入数量后,终端系统则可计算出该商品的价格,从而完成顾客结算。

自动识别技术的本质在于利用被识别物理对象具有辨识度的特征对物理对象进行区分,这些特征可以是物理对象自带的生物特征,如指纹、人脸等,也可以是被赋予的信息编码,如条码等。目前,该技术广泛应用于物流、交通、医疗、制造、防伪和安全等领域。

自动识别技术主要包括生物识别技术、条码识别技术、IC 卡识别技术和 RFID 技术等。

(1)**生物识别技术**。所谓生物识别技术,就是通过计算机与光学、声学、生物传感器和生物统计学原理等高科技手段密切结合,利用人体固有的生理特性(如指纹、脸像、虹膜等)和行为特征(如笔迹、声音、步态等)来进行个人身份的鉴定。传统的身份鉴定方法包括身份标识物品(如钥匙、证件、ATM 卡等)和身份标识知识(如用户名和密码),但由于主要借助外物,一旦证明身份的标识物品和标识知识被盗或遗忘,其身份就容易被他人冒充或取代。

生物识别技术比传统的身份鉴定方法更安全、保密和方便。生物特征识别技术具有不易被遗忘、防伪性能好、不易伪造或被盗、随身"携带"和随时随地可用等优点。比较典型的生物识别技术有指纹识别、人脸识别和声音识别等。

①指纹识别技术。指纹是人类手指末端由凹凸的皮肤所形成的纹路(见图 11-4),在人类出生之前,指纹就已经形成,并且随着个体的成长,指纹的形状不会发生改变,只会有明显程度的变化,而且每个人的指纹都是独一无二的,并且它们的复杂度足以提供用于鉴别的特征。

图 11-4 指纹

指纹识别主要包括 4 个过程：指纹采集、指纹预处理、指纹特征比对和匹配，具体工作流程如图 11-5 所示。

第一步，通过指纹采集设备获取所需识别指纹的图像。

第二步，采集到指纹图像后，对指纹图像进行预处理，包括图像质量判断、图像增强、指纹区域检测、图像细化等过程。

第三步，从预处理后的图像中获取指纹的脊线数据。

第四步，从指纹的脊线数据中，提取指纹识别所需的特征点。

第五步，将提取指纹特征（特征点的信息）与数据库中保存的指纹特征逐一匹配，判断是否为相同指纹。

第六步，完成指纹匹配处理后，输出指纹识别的处理结果。

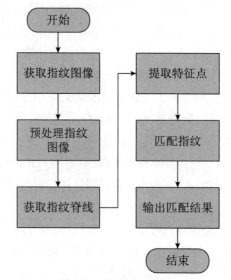

图 11-5　指纹识别过程

目前，在众多生物体识别技术中，指纹识别技术属于比较成熟的一种识别方式，而且随着智能手机热潮的来袭，指纹识别已经被广泛应用在智能手机中，如手机解锁、支付信息、消息确认等。同时，还可应用于门禁、考勤、银行支付等众多领域。但目前看来，指纹识别的应用仍存在一些问题，鉴于亲属之间指纹存在相似性，算法的精度不高，也容易导致识别错误，而且在接触东西时遗留的指纹信息容易被他人引用，安全性不高，这就需要在模式识别过程中提升算法的精度，还需要结合除指纹外的其他信息来综合识别。

②人脸识别技术。人脸识别，是基于人的脸部特征信息进行身份识别的一种生物识别技术。它是用摄像机或摄像头采集含有人脸的图像或视频流，并自动在图像中检测和跟踪人脸，进而对检测到的人脸进行脸部识别的一系列相关技术，通常也叫作人像识别、面部识别。

一般来说，人脸识别系统包括图像摄取、人脸定位、图像预处理及人脸识别（身份确认或者身份查找）。系统输入一般是一张或者一系列含有未确定身份的人脸图像，以及人脸数据库中的若干已知身份的人脸图像或者相应的编码，而其输出则是一系列相似度得分，表明待识别的人脸的身份。目前，人脸识别技术应用在众多领域，如安防管理、门禁系统、电子护照及身份证、公安、自助服务、智能手机等方面。

③声音识别技术。声音识别技术就是通过分析使用者的声音的物理特性来进行识别的技术。声音识别技术的原理是将说话人的声音转换为数字信号,并将其声音特征与已存储的某说话人的声音特征进行比较,以此确定该声音是否为这个人的声音,进而证实说话人的身份。

(2) **条码识别技术**。条码技术我们在第 9 章、第 10 章系统介绍过,在此不再赘述。

(3) **IC 卡识别技术**。IC 卡是一种电子式数据自动识别卡,IC 卡按界面可分为接触式 IC 卡和非接触式 IC 卡。通常说的 IC 卡大多数是指接触式 IC 卡。接触式 IC 卡是集成电路卡,通过卡里的集成电路存储信息,它将一个微电子芯片嵌入卡基中,做成卡片形式,通过卡片表面 8 个金属触点与读卡器进行物理连接来完成通信数据的交换。IC 卡包含了微电子技术和计算机技术。作为一种成熟的高技术产品,它是继磁卡之后出现的又一种新型信息工具。

IC 卡外形与磁卡相似,它与磁卡的区别在于数据存储的媒体不同。磁卡是通过卡上磁条的磁场变化来存储信息的,而 IC 卡是通过嵌入卡中的电可擦除可编程只读存储器来存储信息。IC 卡的信息存储在芯片中,不易受到干扰与损坏,安全性高,保密性好,使用寿命长;另外,IC 卡的信息容量大,更便于存储个人资料和信息。图 11-6 为 IC 卡样图。

图 11-6 IC 卡样图

(4) **RFID 技术**。RFID 是自动识别技术的一种,通过无线射频方式进行非接触双向数据通信,并对其记录媒体(电子标签或射频卡)进行读写,从而达到识别目标和数据交换的目的,其被认为是 21 世纪最具发展潜力的信息技术之一。与传统方式相比,RFID 技术无须与目标识别对象进行直接接触,无须人工干预即可完成信息输入与处理,操作方便便捷,可识别高速运动物体,并可同时识别多个目标,广泛应用于物流、交通、医院、防伪和资产管理等需要收集和处理数据的应用领域。表 11-1 从不同侧面总结了 4 种自动识别技术的特点。

表 11-1 4 种自动识别技术的比较

特征	类别			
	生物识别	条码	IC 卡	射频识别
信息载体	指纹、人脸、声音等	纸、塑料薄膜、金属表面	EEPROM	EEPROM
信息量	大	小	大	大

续表

特征	类别			
	生物识别	条码	IC 卡	射频识别
读写能力	读	读	读/写	读/写
人工识读性	不可	受约束	不可	不可
保密性	无	无	好	好
智能化	—	无	有	有
环境适应性	—	不好	一般	很好
识别速度	很低	低	低	很快
通信速度	较低	低	低	很快
读取距离	直接接触	近	接触	远
使用寿命	—	一次性	长	很长
国家标准	无	有	有	超高频没有
多标签同时识别	不能	不能	不能	能

自动识别与数据采集技术的选择应视具体的情况而定。选择的标准是：首先，企业自身对采集数据的要求，如安全性、差错率等；其次，考虑数据采集的成本；再次，数据采集方法的灵活性和适应性；最后，数据采集方法的应用前景，是否与升级后的系统无缝连接。

11.1.2 RFID 技术

RFID 技术与互联网、移动通信等技术相结合，可以实现全球范围内物品的跟踪与信息的共享，从而给物体赋予智能，实现人与物体、物体与物体的沟通和对话，最终构成联通万事万物的物联网。

RFID 是一种非接触式的自动识别技术，通过无线射频方式进行非接触式信息传递，从而实现自动识别目标。RFID 的自动识别工作不需要人工干预，可同时识别多个目标对象，还可应用于各种恶劣环境。最简单的无线射频识别系统由标签（tag）、阅读器（reader）和天线（antenna）三部分组成（见图 11-7），但在实际应用中还需要其他硬件和软件的支持。电子标签具有智能读写和加密通信的能力，读写器由无线收发模块、控制模块和接口电路组成，通过调制的 RF 通道向标签发出请求信号，标签回答识别信息，然后由读写器把信号送到计算机或其他数据处理设备。

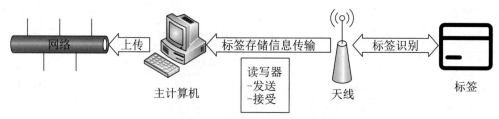

图 11-7 典型的无线射频识别系统

在实际应用中，电子标签附着在待识别物体的表面，其中保存有约定格式的电子数据。读写器通过天线发送一定频率的射频信号，当标签进入该磁场时产生感应电流，同时利用此能量发送自身编码等信息，读写器读取信息并解码后传送至主机进行相关处理，从而达到自动识别物体的目的。

无线射频识别技术目前已应用于物流、邮政、零售、医疗、动物管理等多个领域，在煤矿行业中的应用潜力巨大。

11.1.3　RFID 技术的特点

RFID 技术是一种易于操控、简单实用且特别适合用于自动化控制的应用技术，识别过程无须人工干预，方便快捷，既支持只读工作模式，也支持读写工作模式；环境适应性强，短距离 RFID 产品不怕油渍、灰尘污染等恶劣环境，如可用于工厂生产流水线上跟踪物体；长距离 RFID 产品多用于交通领域，识别距离可达几十米，如 ETC 自动收费、车辆识别等。

RFID 技术主要有以下几个方面的特点。

（1）适用性。RFID 技术依靠电磁波，并不需要连接双方的物理接触。这使得它能够无视尘、雾、塑料、纸张、木材及各种障碍物建立连接，直接完成通信。

（2）高效性。RFID 系统的读写速度极快，一次典型的 RFID 传输过程通常不到 100 毫秒。高频段的 RFID 阅读器甚至可以同时识别、读取多个标签的内容，极大地提高了信息传输效率。

（3）唯一性。每个 RFID 标签都是独一无二的，通过 RFID 标签与产品的一一对应关系，可以清楚地跟踪每一件产品的后续流通情况。

（4）简易性。RFID 标签结构简单，识别速率高、所需读取设备简单。尤其是随着 NFC 技术在智能手机上逐渐普及，每个用户的手机都将成为最简单的 RFID 阅读器。

（5）安全性。RFID 技术不仅可以嵌入或者附着在不同形状、类型的产品上，而且可以为标签数据的读写设置密码保护，从而具有更高的安全性。

RFID 技术的应用对于各个领域企业的发展具有举足轻重的作用，可以明显地提高工作效率，节约资源。

11.1.4　RFID 系统的分类

RFID 系统的分类方法有很多，如按照工作频率分类、按照供电方式分类、按照耦合方式分类、按照技术方式分类、按照信息存储方式分类、按照系统档次分类和按照工作方式分类等，下面重点介绍几种常用的分类。

1. 按照工作频率分类

按照工作频率的不同，无线射频识别系统可分为低频系统、高频系统、超高频系统和微波系统。

（1）低频系统（low frequency，LF）。低频系统的工作频率范围为 30～300 kHz，常见低频系统的工作频率是 125 kHz 和 134.2 kHz。低频系统一般为无源标签，主要采用电磁感应方式进行通信，具有穿透性好、抗金属和液体干扰能力强等特性。目前低频 RFID

系统比较成熟，主要用于距离短、数据量低的RFID系统中。低频系统的典型应用有：动物识别、容器识别、工具识别等。

（2）高频系统（high frequency，HF）。高频系统的工作频率范围为3～30 MHz，常见高频系统的工作频率是6.75 MHz、13.56 MHz和27.125 MHz。其中，13.56 MHz应用最为广泛。高频系统中的标签一般也采用无源标签，其工作能量同低频系统标签一样，也是通过电磁感应的方式进行通信，具有良好的抗金属与液体干扰特性，读取距离大多以在1 m以内。高频系统的特点是电子标签的内存比较大，是目前应用比较成熟、适用范围较广的一种系统。高频系统的典型应用有：电子车票、电子身份证等。

（3）超高频系统（ultra high frequency，UHF）。超高频系统的工作频率大于300 MHz，典型工作频率是433.92 MHz、860～960 MHz、2.45 GHz和5.8 GHz。其中工作在433.92 MHz、860～960 MHz的系统被称为超高频（UHF）系统。超高频RFID系统传输距离远，具备防碰撞性能，并且具有锁定与消除电子标签的功能。超高频系统主要应用于多个电子标签同时进行操作、需要较长的读写距离、需要高读写速度的场合，是目前RFID系统研发的核心。

（4）微波系统（microwave frequency，MF）。因其工作频率高，在RFID系统中传输速率最快，但抗金属和液体能力最差，被动式微波系统主要使用反向散射耦合方式进行通信，传输距离较远。若想加大传输距离，则可更改为主动式微波系统。微波系统的典型应用包括：移动车辆识别、电子身份证、仓储物流应用、电子闭锁防盗等。

4种不同工作频率的RFID系统的优缺点及典型应用如表11-2所示。

表11-2 不同频率的RFID系统的优缺点及典型应用

分类	工作频段	优点	缺点	典型应用
低频（LF）	30～300 kHz（典型：125 kHz和133 kHz）	技术简单，成熟可靠，无频率限制	通信速度低，读写距离短（<10 cm），天线尺寸大	动物耳标识别、商品零售、电子闭锁防盗等
高频（HF）	3～30 MHz（典型：13.56 MHz）	相对低频段，有较高的通信速度和较长的读写距离，此频段在非接触卡中应用广泛	受金属材料等的影响较大，识读距离不够远（最大75 cm左右），天线尺寸大	电子车票、电子身份证、小区物业管理等
超高频（UHF）	433.92 MHz及860 MHz～960 MHz	读写距离长（大于1 m），天线尺寸小，可绕开障碍物，无须保持视线接触，可多标签同时识别	定向识别；各国有不同的频段的管制，发射功率受限制，受某些材料影响较大	生产线产品识别、车辆识别、集装箱、包裹识别等
微波	2.45 GHz或5.8 GHz	除UHF特点外，更高的带宽和通信速率，更长的识读距离，更小的天线尺寸	除UHF缺点外，此频段产品拥挤、易受干扰，技术相对复杂	ETC高速不停车收费、雷达和无线电导航等

那么，如何根据实际应用需要，选择合适频段的RFID技术呢？一般主要考虑以下因素。

（1）射频识别系统的成本，主要包括硬件成本和软件开发需要的成本。

（2）通信距离因素。

（3）理想的射频识别系统是工作距离长，传输距离高，功耗低；但实际上这三者又是相互制约的。例如，高数据传输率只能在相对较近的距离下实现。反之，如果要提高通信距离，就要降低数据传输率。

（4）系统所在外部环境、存储器容量、安全特性等因素。

总之，不同频率的标签有不同的特点，要根据具体的需求进行对应频段的选择。

2. 按照供电方式分类

按照供电方式分类，电子标签主要分为无源电子标签（被动式）、半有源电子标签（半被动式）和有源电子标签（主动式）3 种。对应的 RFID 系统被称为无源供电系统、半有源供电系统和有源供电系统。

（1）无源供电系统。无源供电系统的标签没有电池，电子标签工作所需的能量从读写器发出的电磁波束来获取能量，成本低且具有很长的使用寿命。

（2）半有源供电系统。半有源电子标签内有电池，但电池仅对维持数据的电路及维持芯片工作电压的电路提供支持。电子标签未进入工作状态前一直处于休眠状态，进入阅读器的工作区域后，受到阅读器发出的射频信号的激励，电子标签会进入工作状态。电子标签的能量主要来源于读写器的射频能量，标签电池主要用于弥补射频场强的不足，主要应用于高价材料或贵重物品即时监控。

（3）有源供电系统。有源电子标签内有电池，电池可以为电子标签提供全部能量。有源电子标签电能充足，工作可靠性高，信号传送的距离较远。但有源电子标签寿命有限，体积较大，成本较高，不适合在恶劣环境下工作，主要应用于货柜、卡车等物流监控。

三种供电方式比较如表 11-3 所示。

表 11-3 供电方式分类比较

类型	能量供应	工作环境	寿命	读写距离	读写速度	尺寸	成本
无源供电系统	利用电磁感应获得能量	高低温下电池无法工作	寿命长，免维护	近	慢	小、薄、轻	低
半有源供电系统	内置电池	高低温下电池无法工作	电池无法更换，寿命短	远	快	大、厚、重	高
有源供电系统							

3. 按照通信工作方式分类

（1）全双工系统。在全双工系统中，数据在电子标签和读写器之间双向传输是同时进行的，并且从读写器到电子标签的能量传输是连续的，与传输的方向无关。电子标签发送数据的频率是读写器的几分之一，有谐波或完全独立的非谐波频率之分。

（2）半双工系统。在半双工系统中，从电子标签到读写器之间的数据传输和从读写器到电子标签之间的数据传输是交替进行的，并且从读写器到电子标签的能量传输是连续的，与传输的方向无关。

（3）时序系统。在时序系统中，从电子标签到读写器之间的数据传输和能量传输，与从读写器到电子标签之间的数据传输在时间上是交叉进行的，即脉冲系统。

全双工与半双工的共同点是，从读写器到电子标签的能量传输是连续的，与传输的方向无关。而时序系统与此相反，从读写器到电子标签的能量传输总是在限定的时间间隔内进行，从电子标签到读写器之间的数据传输是在电子标签的能量传输间歇时进行的。

11.2　RFID 系统结构

RFID 系统是一种非接触式的自动识别系统，它通过射频无线信号自动识别目标对象，并获取相关数据。射频识别系统以电子标签来标识物体，电子标签通过无线电波与读写器进行数据交换，读写器可将主机的读写命令传送到电子标签，再把电子标签返回的数据传送到主机，主机的数据交换与管理系统负责完成电子标签数据信息的存储、管理和控制。

11.2.1　RFID 系统的基本组成

典型的 RFID 系统主要包括硬件组件和软件组件两个部分，其中，硬件组件主要由电子标签（tag）和读写器（Reader）组成，软件组件主要由应用软件和中间件组成。图 11-8 为 RFID 系统的基本组成，下面将分别加以介绍。

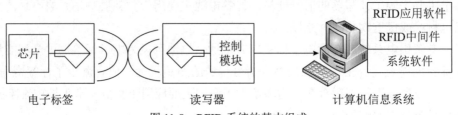

图 11-8　RFID 系统的基本组成

（1）**电子标签**。电子标签也称为射频标签，是贴附在目标物上的数据载体，一般由耦合元件及芯片组成。每个标签具有唯一标识的电子编码，用于存储被识别物体的相关信息。

（2）**读写器**。读写器也称为阅读器，是利用射频技术读取或写入电子标签信息的装置。读写器是 RFID 系统信息控制和处理中心。RFID 系统工作时，由读写器发射一个特定的询问信号，当电子标签收到这个信号后会给出应答信号。应答信号中含有电子标签携带的数据信息，读写器接收到应答信号后对其进行处理，然后将处理后的信息通过串行总线等接口传输给外部主机并进行相应操作。图 11-9 为读写器组成。

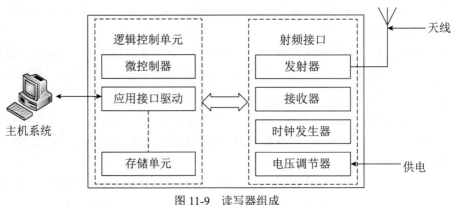

图 11-9　读写器组成

（3）**应用软件**。应用软件是直接面向 RFID 应用的最终用户的人机交互界面。

（4）**中间件**。RFID 中间件扮演着电子标签和应用程序之间的中介角色，中间件提供应用程序接口，并管理不同的读写器。中间件被称为 RFID 系统运行的中枢。

一般简单的 RFID 系统只有一个读写器，每次只能对一个电子标签进行操作，如公交车上的票务系统。但针对复杂的 RFID 系统往往有多个读写器，每个读写器同时要对多个标签进行操作，实时处理，上述这种情况就必须要借助系统高层来处理。RFID 系统的数据处理、数据传输和数据通信都由系统高层来处理。

11.2.2　RFID 系统的工作原理

RFID 系统是一种非接触式的自动识别系统，主要是通过无线射频方式，在读写器和电子标签之间进行非接触式双向数据传输，以此来实现物体的自动识别。RFID 系统的工作流程如下。

（1）读写器将射频信号周期性地通过天线发送。

（2）当电子标签进入读写器的有效工作区域后，电子标签天线会产生感应电流，电子标签因获得能量被激活。

（3）电子标签将自身信息通过内置天线发送出去。

（4）读写器的接收天线对接收到的信号进行解调和解码等工作，通过通信接口将数据发送至后台系统高层。

（5）系统高层接收到信息后，会根据一定的运算规则进行判断和处理，并针对不同的情况作出相应的判断和处理，以控制读写器完成对电子标签不同的读写操作。

根据 RFID 系统的工作原理，电子标签主要由内置天线、射频模块、控制模块与存储模块构成，读写器主要由天线、射频模块、读写模块、时钟和电源构成。RFID 系统的结构框如图 11-10 所示。

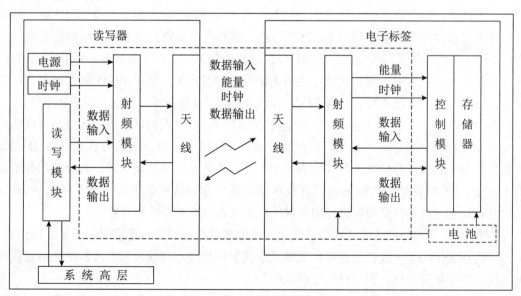

图 11-10　RFID 系统的结构框

11.3 RFID 应用

2005 年，瑞典邮政系统测试了嵌入式 RFID 物流包装追踪系统。该系统可以追踪贵重物品在快递过程中的损坏情况。在同一时期，澳大利亚邮政局针对信件的追踪设计了一个本地邮件服务系统。德国一家物流公司开发了一种高效追踪物流的系统，该系统主要是为了减少快递损坏的风险。西班牙邮局采用被动标签方式，在每个标签内内置天线和阅读器来对快递件进行扫描读写。随着全球经济一体化进程的推进，物流系统供应链内部资源的调度、管理和平衡变得日益迫切。以 RFID 为核心构建一个集产品生产、运输、仓储、销售等各个环节的物流动态监控系统，以及智能仓储物流中的应用协调管理系统，其必要性也是显而易见的。

11.3.1 RFID 在智能仓储中的应用优势

RFID 在智能仓储中的应用优势体现在以下几个方面。

1. 实现仓储货物的数字化构建

传统的仓储管理一般由人工进行货物数据的盘点，然后以纸张文件记录或者输入计算机内进行数据整理。全程基本采用人工目测的方式进行，具有数据记录速度慢、精确度低、耗费的人力资源比较大等劣势，并且在货物入库、出库、移库的过程需要人工及时处理，极易出现数据管理上的问题。在 RFID 智能仓储过程中，每一个货物或者货物托盘都被分配了 RFID 标签，大大提高了仓库的货物存放精度。仓库管理员不用面对整堆的货物进行分拣，只需要通过配套的专用设备即可方便地在货物仓储管理的各个环节精确地对货物进行跟踪，轻松解决了仓库中的货物分类、货物型号、货物批次难以区分的问题。与传统的条形码相比，RFID 属于一种移动的电子存储媒介，RFID 标签的信息被存于标签之中。就算在过程中出现标签的损坏及磨损也不会影响对标签数据的读取。

2. 实现流程的自动化，提升可靠性与效率

在 RFID 仓储管理系统中，每个货物都配有一个 RFID 电子标签，在 RFID 电子标签中记录其对应状态的信息。通过 RFID 读写器，装卸车在拿取货架上的货品时会读取产品上的 RFID 标签，然后同步更新自身 RFID 读写器的数据，实现了装卸车、RFID 标签和产品的自动关联。在读取过程中，通过无线电信号的询答机制，通过 RFID 读写器（如：手持式读写器、叉车车载读写器）与 RFID 电子标签进行信息交互，识别过程非常迅速。

整个中间过程的信息传递和变化都是自动完成的，没有人为可操作的入口，可以彻底避免中间过程的信息因人工操作可能产生的差错，提高了信息读取的可靠性。RFID 存储的数据为电子数据，存储数据的载体为电子芯片，相比于传统的条形码，其存储的数据容量大很多。RFID 存储的数据还可以避免直接从系统读取数据而大大提高系统的安全性，通过各种加密方式对存储数据进行加密保护以提高系统的安全性和可靠性。

RFID 相对于传统的方式还可以实现远距离非接触高速识别，通常能达到 5 m 的距离。读取的过程使用的是无线信号传输，无须光学接触式处理，自动读取的过程中还可以做到一次读取多个标签信息，大大提高处理效率。

RFID 存储的电子数据作为唯一的货物标识数据，在日常的盘点和理货过程中能方便地配合 WMS 系统提升效率。不仅盘点精度大大提升，同时能方便地将盘点与进出仓业务同时进行，无线联网查询系统单据。理货过程中也可以根据管理的需求，定制处理软件以实现管理目标。另外，还可以定制仓库业务处理前端，便于与 WMS 系统进行无缝对接。RFID 还可以应用于人员精细化管理，人员上班可以在装卸车上通过 RFID 刷卡来进行上下班打卡，大大提高监管效率。基于智能仓储管理需求的业务流程如图 11-11 所示。

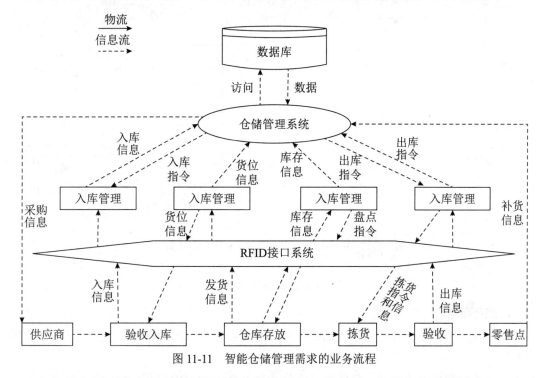

图 11-11　智能仓储管理需求的业务流程

在货物出厂阶段，供应商为每一件货物都贴上一个 RFID 标签，每个标签含有一个唯一标识的产品编码，通过这个标签，可以准确追溯每一件物品。通常将货物的产品电子编码（EPC）、批号、物料代码、供应商代码、库位代码、库位名称等写入标签内。随着货物从供应商送至仓库、在途运输、装配的物料等状态的改变，标签内的动态信息也随之更改。在货物出库时，生产商通过库门口的固定式读写器依次对每件货物进行识别、计数，并自动更新后台数据库，从而实现企业对于货物的实时跟踪，供应商和零售企业也可通过系统随时查询订单。

11.3.2　RFID 在智能物流仓储中的应用

1. 货物入库

（1）仓库接收供应商的发货通知单。

（2）仓储管理系统根据货物类型选择仓库，分配货物的位置。

（3）货物到达装卸区后，根据库门口的固定式读写器批量读取货物标签，同时与发货单进行核对。

（4）核对无误后，根据货位信息，将货物放在固定货位上。

（5）利用手持 RFID 读写器更新货架标签信息，并将信息上传至后台，更新数据库。入库流程如图 11-12 所示。

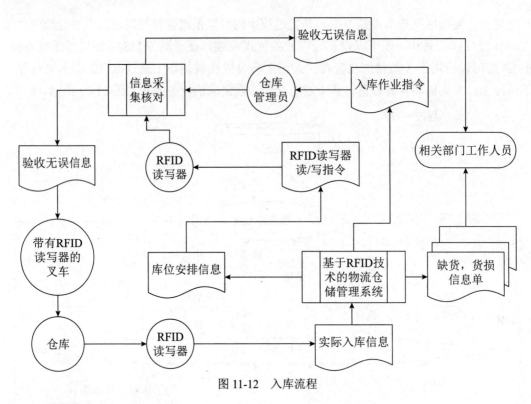

图 11-12 入库流程

2. 库存盘点

库存盘点主要是核对仓库中货物的信息,能够实时准确掌握货物库存信息,具体步骤如下。

(1)选择要盘点的区域,生成盘点清单,录入手持 RFID 读写器中。
(2)工作人员手持 RFID 读写器对需要盘点的区域进行扫描,获得该区域的货物信息。
(3)将信息上传至后台管理系统,并与数据库中的信息进行比对。
(4)系统自动计算出货物的库存或损失情况。

库存盘点流程如图 11-13 所示。

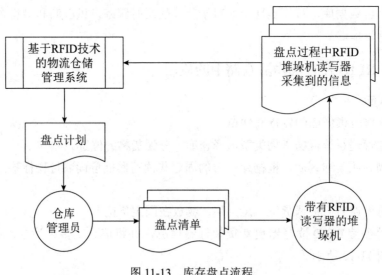

图 11-13 库存盘点流程

3. 货物出库

货物出库需要完成 3 个任务：①待出货物的选择；②正确获取出货物商品的信息；③确保商品在正确的运输工具上。

（1）业务人员根据接收到的出库指令，了解相关作业细节（如出库时间、拣货车辆车牌号、物品清单、数量等），制订出库计划，编制出库单。

（2）出库单发送至装卸车辆车载终端，根据行车路径到达指定位置，工作人员手持 RFID 读写器依次拣货，实时更新库存信息。

（3）货物送至自动分拣设备后，安装在自动分拣设备上的固定式 RFID 读写器在货物运动时自动扫描 RFID 标签，识别该货物信息，实现自动分拣。

（4）订单上的货物送至出库口后，根据库门口的固定式 RFID 读写器自动扫描验证货物信息，并将信息发送至后台管理系统进行核对，核对无误后允许出库操作并进行装车作业。

货物出库流程如图 11-14 所示。

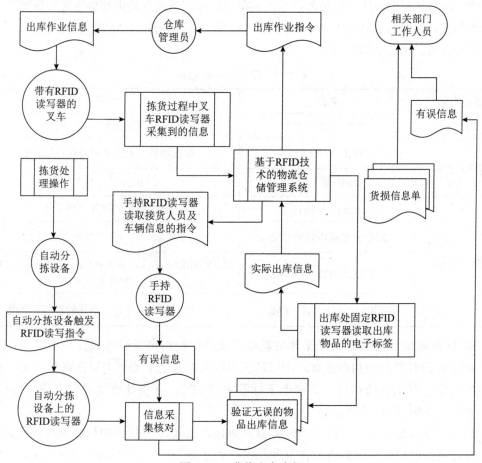

图 11-14　货物出库流程

11.4 EPC 编码与 RFID 系统

产品电子代码（electronic product code，EPC）系统在计算机互联网和 RFID 技术的基础上，通过利用全球产品电子编码技术给每个实体对象一个唯一的代码。EPC 的载体是 RFID 电子标签，并借助互联网来实现信息传递。为了追踪某产品，EPC 标签中应包括哪些信息，如何设计电子标签呢？本节将系统介绍 EPC 的结构和应用。

11.4.1 EPC 系统

物品编码是物品的"身份证"，解决物品识别最好的办法就是给全球每一个物品都提供唯一的编码。EPC 统一了对世界范围内商品的标识编码规则，并通过应用于 RFID 系统中，结合网络技术而组成了 EPC 系统。

1. EPC 系统构成

EPC 系统是一个综合性的复杂系统，其最终目标是对每个物品建立全球的、开放的标识标准，在全球范围内实现对单件产品的跟踪与追溯，从而有效提高供应链管理水平、降低物流标准。EPC 系统由全球产品电子编码体系（EPC 系统）、RFID 系统及信息网络系统三部分组成，如表 11-4 所示。

表 11-4 EPC 系统的组成

系统构成	名称	注释
EPC 系统	EPC 编码标准	识别目标的特定代码
RFID 系统	RFID 电子标签	贴在物品之上或者内嵌在物品之中
	RFID 读写器	识读 EPC 标签
信息网络系统	Savant（中间件）	EPC 系统的软件支持系统
	对象名称解析服务 ONS	定位物品到一个具体位置的服务
	EPC 信息服务（EPCIS）	提供产品信息接口，采用可扩展标记语言（XML）描述信息
	实体标记软件语言（PML）	是一种对物理实体进行描述的通用标准语言

RFID 系统是实现 EPC 自动采集的功能模块，主要由电子标签和读写器组成。RFID 电子标签是 EPC 系统的物理载体，可以贴在追踪的物品之上或者内嵌之物品之中。RFID 读写器与信息网络系统相连，读取电子标签中的 EPC，并将其推送至信息网络系统中。EPC 系统构成如图 11-15 所示。

信息网络系统由本地网络和全球互联网组成，是实现信息管理和数据流通的功能模块。EPC 系统的信息网络系统是在全球互联网的基础上，通过中间件、ONS 和 EPCIS 来实现全球"实物互联"。

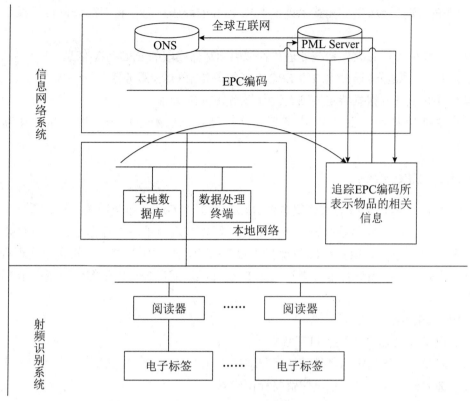

图 11-15 EPC 系统构成

2. EPC 系统工作流程

在工业互联网中,每个物品都有一个独一无二的电子编码即 EPC,可用来唯一标识一个物体。产品电子编码主要存储在物品的电子标签中,RFID 读写器可通过对电子标签进行读写达到对产品的识别目的,电子标签与读写器构成一个识别系统。通过 EPC 系统来获取物品信息的工作流程,如图 11-16 所示。

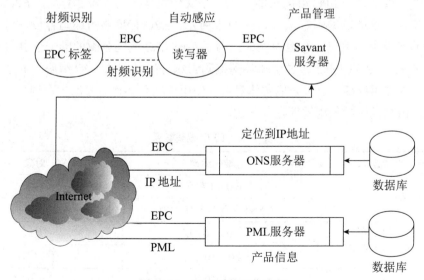

图 11-16 EPC 系统工作流程

（1）EPC 读写器从电子标签上读出 EPC 标签的编码信息，将产品编码信息发送给中间件。

（2）中间件 Savant 软件系统处理和管理由读写器读取的 EPC 标签信息。

（3）中间件 Savant 通过网络将 EPC 电子编码传给 ONS 服务器。

（4）ONS 服务器根据特定规则查询获得物品的 IP 地址。

（5）通过 IP 地址找到 PML 服务器，从产品信息的数据库中获取产品的详细信息（PML 格式）。

11.4.2　EPC 编码

EPC 编码是 EPC 系统的重要组成部分，它建立在 GS1（即全球统一标识系统）编码的基础之上，并对该编码系统做了一些扩充，用以实现对单品进行标志。它与 GS1 编码兼容。在 EPC 系统中，EPC 编码与现行的 GTIN 相结合，因此 EPC 并不是取代现行的条码标准，而是现行的条码标准逐渐过渡到 EPC 标准，或者是在未来的供应链中由 EPC 和 GS1 系统共存。

1. EPC 的特点

产品电子编码 EPC 主要有以下特点。

（1）科学性：结构明确，易于使用和维护。

（2）兼容性：兼容了其他全球贸易标识代码。

（3）全面性：可在生产、流通、仓储、结算、跟踪、召回等供应链的各环节全面应用。

（4）合理性：由 EPC Global、各种 EPC 管理结构、标识识别的管理者分段管理，共同维护，统一应用，具有合理性。

（5）国际性：不以具体国家、企业和组织为核心，编码标准全球一致，不受地方色彩、种族语言、经济水平和政策等限制，是无歧视性的编码，具有国际性。

2. EPC 编码原则

（1）唯一性。一个 EPC 编码只能标识一个实体对象。为了唯一标识，EPC Global 采取如下措施：①足够的编码容量，如表 11-5 所示。EPC 有足够的编码容量，可以保证对某一个物品实现唯一编码。②组织保证。为了保证 EPC 编码分配的唯一性并寻求解决编码冲突的方法，EPC Global 通过全球各国编码组织分配各国的 EPC 编码，并建立相应的管理制度。③使用周期。对于一般实体对象，使用周期和实体对象的生命周期一致。对于特殊产品，EPC 编码的使用周期是永久的。

表 11-5　EPC 编码数量

比特数	唯一编码	对象
23	6.0×10^6/年	汽车
29	5.6×10^6/年，使用中	计算机
33	6.0×10^9/年	人口
34	2.0×10^{10}/年	剃刀刀片
54	1.3×10^{16}/年	大米粒数

（2）可扩展性。EPC 编码保留有备用空间，具有可扩展性，确保了 EPC 系统日后的升级和可持续发展。

（3）保密性与安全性。EPC 编码与安全加密技术相结合，具有高度的保密性和安全性。保密性与安全性是配置高效网络的首要问题之一，安全的传输、存储和实现是 EPC 能够被广泛采用的基础。

3. EPC 编码结构

EPC 编码是由版本号、域名管理、对象分类和序列号 4 个数据字段组成的一组数字。其中，版本号确定了 EPC 的版本，它确定了编码的总长度和其他各部分的长度。域名管理描述了生产厂商的信息，是厂商的识别代码。对象分类代码是商品分类号，记录产品的类别信息，序列号则用于唯一标识每个商品。EPC 编码结构如表 11-6 所示。

表 11-6　EPC 编码结构

版本号	域名管理	对象分类	序列号
N_1 位	N_2 位	N_3 位	N_4 位

4. EPC 编码类型

目前 EPC 编码共有 3 种不同长度的类型，分别是 64 位、96 位和 256 位。为保证每一个物品都有唯一标识的 EPC 编码又能降低电子标签成本的情况下，一般建议采用 96 位，所以该类 EPC 编码可为 2.68 亿个公司提供唯一标识，每个生产厂商可以有 1 600 万个对象种类，并且每个对象种类可以有 680 亿个序列号，这对于绝大多数的产品而言已经非常够用了。

若用不了那么多序列号，则可以采用 64 位编码类型来降低电子标签成本。但是随着 EPC-64 和 EPC-96 版本的不断发展，EPC 编码作为一种世界通用的标识方案已不足以满足未来需求，由此出现了 256 位编码。

截至目前已推出 EPC-64 Ⅰ型、Ⅱ型、Ⅲ型，EPC-96 Ⅰ型，EPC-256 Ⅰ型、Ⅱ型、Ⅲ型等编码方案，如表 11-7 所示。

表 11-7　EPC 编码类型

版本	类型	版本号	域名管理	对象分类	序列号
EPC-64	TYPE Ⅰ	2	21	17	24
	TYPE Ⅱ	2	15	13	34
	TYPE Ⅲ	2	26	13	23
EPC-96	TYPE Ⅰ	8	28	24	36
EPC-256	TYPE Ⅰ	8	32	56	160
	TYPE Ⅱ	8	64	56	128
	TYPE Ⅲ	8	128	56	64

本章小结

拓展阅读 11.1:
RFID 电子标签在电子车牌中的应用

本章系统介绍了射频识别技术 RFID 在数据自动采集中的应用,介绍了 RFID 技术的特点、组成和应用。将物品编码写入射频标签后,当贴有射频标签的物品通过天线覆盖的范围时,读写器就可自动读取标签中的信息。

本章习题

1. 简述 RFID 的基本工作原理。
2. 什么是 EPC 系统?它的具体工作方式是什么?
3. 简述 ETC 和电子车牌的不同。
4. 如果使用 96 位 EPC 编码,其编码容量有多大?
5. 简述 RFID 标签的类型及不同类型的特点。

【在线测试题】

扫描二维码,在线答题。

第 12 章 条码符号的放置和质量检验

> **导入案例**
>
> ### 超市自助结账时遇到的尴尬
>
> 多数大型超市都在结账区放置了"自助收银终端"（见图12-1），消费者只需在自助终端扫描商品上的条码，就可以完成结账。
>
>
>
> 图 12-1　超市自助收银终端
>
> 条码技术让自助结账成为现实，免去了顾客排队的烦恼。但有时也会遇到这样的情况：商品上印制了黄色的促销包装标签和条码，但在自助终端上却无法识读，无奈只能打开组合包装的包装袋，再次扫描商品上印制的条码。
>
> 资料来源：作者撰写。

不是随便打印在一张纸上的条码就可以识读的。条码的印制有严格的质量要求，放置位置也很有讲究。国家标准《商品条码 条码符号放置指南》（GB/T 14257—2009）和《商品条码 条码符号印制质量的检验》（GB/T 18348—2022）分别对条码的放置和条码质量的检验作了规范。

12.1　商品条码符号放置通则

不管是一维条码符号，还是二维条码符号，当放置到标识对象上时，为了便于正确识读，对符号的选用、放置的位置都有明确的要求。

（1）**选择与应用环境相匹配的条码符号**。准备在POS销售系统扫描的贸易项目应当用EAN-13、UPC-A、EAN-8、UPE-E、全向式GS1 Databar、全向层排式GS1 Databar、扩展式GS1 Databar或层排扩展式GS1 Databar条码符号进行标识。二维码迁移期间，在零售销售点扫描的商品除了使用一维条码外,还可使用 GS1 Data Matrix、Data Matrix（GS1 数字链接 URI）或 QR 码（GS1 数字链接 URI）。在常规分销扫描环境中扫描的条码可以是 EAN-13、UPC-A、ITF-14、GS1 Databar 系列条码和 GS1-128 码。EAN-8 和 UPC-A 条码仅用于标识需通过 POS 端扫描出售的小型贸易项目。

（2）**避免不同条码标识冲突**。在一个商品上不应出现两个或两个以上表示不同商品代码的条码符号。

（3）**确定合适的条码符号数量**。通常在一个商品上只放置一个表示商品代码的条码符号。但是对于沉重的或体积大的零售商品和不规则包装的零售商品，以及储运包装商品、物流单元，推荐在一个商品上放置两个或更多数目的表示同一个商品代码的条码符号。

（4）**位置相对统一且便于扫描**。条码符号在各类商品项目上放置的位置应相对统一，便于扫描操作和识读。

（5）**避免选择的位置**。应避免把条码符号放置在如下位置：

①会使条码符号变形和受其他损害的地方；

②有穿孔、冲切口、开口、装订钉、拉丝拉条、接缝、折叠、折边、交叠、波纹、隆起、褶皱、其他图文和纹理粗糙的地方；

③转角处或表面曲率过大的地方；

④会被包装的折边或悬垂物遮盖的地方。

（6）**选择适当的条码符号放置方向，具体内容如下**。

①在商品包装上条码符号宜横向放置，见图 12-2 左。横向放置时，条码符号的供人识别字符应为从左至右阅读。在印刷方向不能保证印刷质量和商品包装表面曲率及面积不允许的情况下，可以将条码符号纵向放置，见图 12-2 右。纵向放置时，条码符号供人识别字符的方向宜与条码符号周围的其他图文相协调。

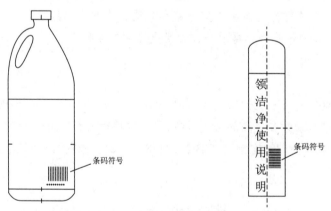

图 12-2　条码符号放置的方向

②在商品包装的曲面上，将条码符号的条平行于曲面的母线放置条码符号时，条码符号表面曲度（θ）应不大于 30°，见图 12-3；可使用的条码符号放大系数最大值与曲面直径有关，如表 12-1 所示。条码符号表面曲度大于 30°，应将条码符号的条垂直于曲面的母线放置，见图 12-4。

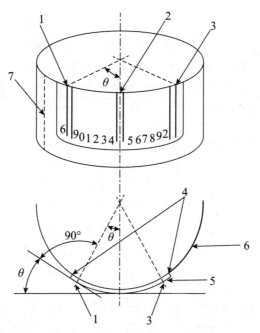

1——第一个条的外侧边缘； 2——中间分隔符两条的正中间； 3——最后一个条的外侧边缘；
4——左、右空白区的外边缘； 5——条码符号； 6——包装的表面；
7——曲面的母线； θ——条码符号表面曲度。

图 12-3　条码符号表面曲度示意图

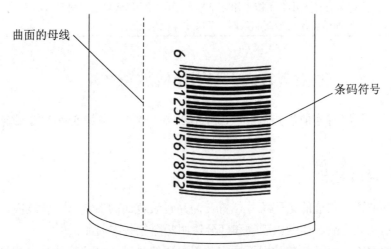

图 12-4　条码符号的条与曲面的母线垂直

表 12-1　零售商品条码符号放大系数及 X 尺寸与商品包装直径的关系

商品包装直径 /mm	可使用的放大系数及 X 尺寸的最大值					
	EAN-13、UPC—A 条码		EAN-8 条码		UPC-E 条码	
	放大系数	X 尺寸 /mm	放大系数	X 尺寸 /mm	放大系数	X 尺寸 /mm
≤25	*	*	*	*	*	*
30	*	*	*	*	0.92	0.304
35	*	*	0.83	0.274	1.08	0.356

续表

商品包装直径 /mm	可使用的放大系数及 X 尺寸的最大值					
	EAN-13、UPC—A 条码		EAN-8 条码		UPC-E 条码	
	放大系数	X 尺寸 /mm	放大系数	X 尺寸 /mm	放大系数	X 尺寸 /mm
40	*	*	0.95	0.314	1.24	0.409
45	*	*	1.07	0.353	1.39	0.459
50	0.83	0.274	1.18	0.389	1.55	0.512
55	0.92	0.304	1.30	0.429	1.71	0.564
60	1.00	0.330	1.42	0.469	1.86	0.614
65	1.08	0.356	1.54	0.508	2.00	0.660
70	1.17	0.386	1.66	0.549	2.00	0.660
75	1.25	0.413	1.78	0.587	2.00	0.660
80	1.34	0.446	1.90	0.627	2.00	0.660
85	1.42	0.469	2.00	0.660	2.00	0.660
90	1.50	0.495	2.00	0.660	2.00	0.660
95	1.59	0.525	2.00	0.660	2.00	0.660
100	1.67	0.551	2.00	0.660	2.00	0.660
105	1.75	0.578	2.00	0.660	2.00	0.660
110	1.84	0.607	2.00	0.660	2.00	0.660
115	1.92	0.634	2.00	0.660	2.00	0.660
≥ 120	2.00	0.660	2.00	0.660	2.00	0.660

注 1："*"表示商品包装直径太小，不能采用把条平行于曲面的母线放置条码符号的方式。
注 2：对于（n, k）型即模块组配型商品条码，X 尺寸即模块宽度。

12.2 零售条码放置

《商品条码 条码符号放置指南》（GB/T 14257—2009）中第 5 章专门规定了零售商品符号的放置标准。

12.2.1 通用要求

（1）**首选位置**。首选的条码符号位置在商品包装背面的右侧下半区域内。但本规则不适用于不规则包装商品、连续出版物和部分透明塑料包装的商品。

（2）**其他位置**。商品包装背面不适宜放置条码符号时，可选商品包装另一个适合的面的右侧下半区域放置条码符号。但是对于体积大或笨重的商品，条码符号不应放置在商品包装的底面。

（3）**边缘间距**。条码符号与商品包装邻近边缘的间距不应小于 8 mm 或大于 100 mm。

12.2.2 常见类型包装上条码符号的放置

（1）**箱型包装**。对箱型包装而言，条码符号宜印在包装背面的右侧下半区域，靠近边缘处，见图 12-5（a）。包装背面不适合印条码符号时，可印在正面的右侧下半区域，见图 12-5（b）。与边缘的间距应符合第 12.1 节中的规定。

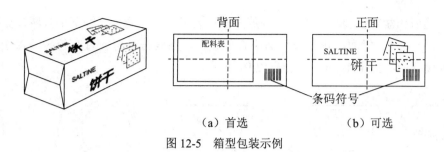

图 12-5　箱型包装示例

（2）**瓶形和壶形包装**。条码符号宜印在包装背面或正面的右侧下半区域，见图 12-6 和图 12-7。不应把条码符号放置在瓶颈、壶颈处。条码符号的条平行于曲面的母线放置时，参见表 12-1 选择适当的放大系数和 X 尺寸。对于 (n, k) 型即模块组配型商品条码，X 尺寸即模块宽度。

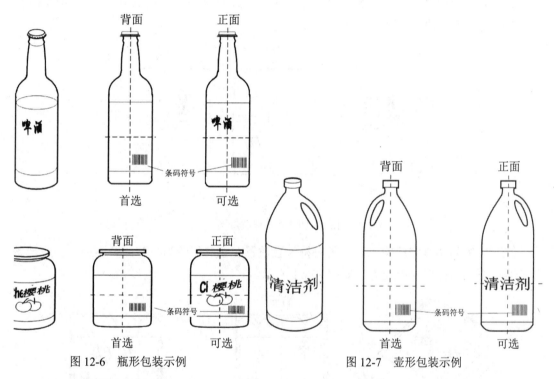

图 12-6　瓶形包装示例　　　　　图 12-7　壶形包装示例

（3）**罐形和筒形包装**。条码符号宜放置在包装背面或正面的右侧下半区域，见图 12-8。不应把条码符号放置在有轧波纹、接缝和隆起线的地方。条码符号的条平行于曲面的母线放置时，参见表 12-1 选择适当的放大系数和 X 尺寸。

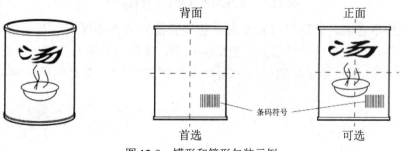

图 12-8　罐形和筒形包装示例

（4）**桶形和盆形包装**。条码符号宜放置在包装背面或正面的右侧下半区域，见图12-9中的（a）与（b）。背面、正面及侧面不宜放置时，条码符号可放置在包装的盖子上，但盖子的深度 h 应不大于 12 mm，见图12-9（c）。

图 12-9　桶形和盆形包装示例

（5）**袋形包装**。条码符号宜放置在包装背面或正面的右侧下半区域，尽可能靠近袋子中间的地方，或放置在填充内容物后袋子平坦、不起折皱处，见图12-10。不应把条码符号放在接缝处或折边的下面。

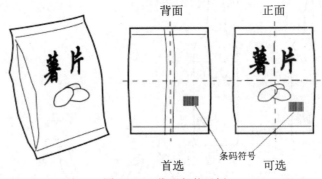

图 12-10　袋形包装示例

（6）**收缩膜和真空成型包装**。条码符号宜放置在包装得较为平整的表面上。不应把条码符号放置在扭曲变形的地方，如图12-11所示。

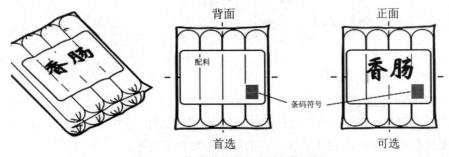

图 12-11　收缩膜和真空成型包装示例

（7）**泡型罩包装**。条码符号宜放置在包装背面右侧下半区域，靠近边缘处。在背面不宜放置时，可把条码符号放置在包装的正面，条码符号应离开泡形罩的突出部分。当泡形罩突出部分的高度 H 超过 12 mm 时，条码符号应远离泡形罩的突出部分，见图 12-12。

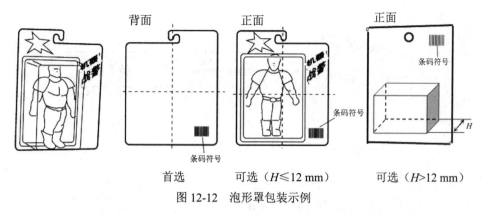

图 12-12　泡形罩包装示例

（8）**卡片式包装**。条码符号宜放置在包装背面的右侧下半区域，靠近边缘处。在背面不宜放置时，可把条码符号放置在包装正面，条码符号应离开产品放置，避免条码符号被遮挡，见图 12-13。

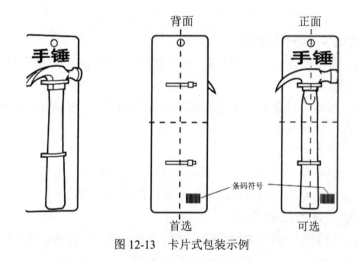

图 12-13　卡片式包装示例

（9）**盘式包装**。条码符号宜放置在包装顶部面的右侧下半区域，靠近边缘处，见图 12-14。

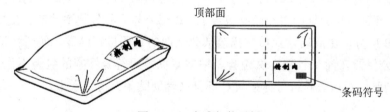

图 12-14　盘式包装示例

（10）**蛋盒式包装**。条码符号宜放置在盒盖与盒身有连接边的一面、连接边以上盒盖右侧的区域内，此处不宜放置时，条码符号可放置在顶部面的右侧下半区域，见图 12-15。

（11）**多件组合包装**。条码符号宜放置在包装背面的右侧下半区域，靠近边缘处。在背面不宜放置时，可把条码符号放置在包装的侧面的右侧下半区域，靠近边缘处，见图 12-16。当多件组合包装和其内部的单件包装都带有商品条码时，内部的单件包装上的条码符号应被完全遮盖，多件组合包装上的条码符号在扫描时应是唯一可见的条码。

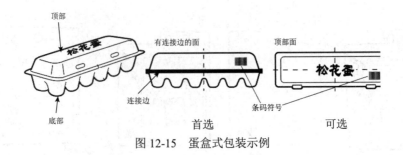

图 12-15　蛋盒式包装示例

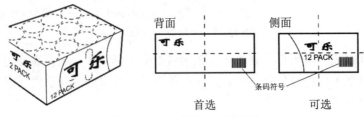

图 12-16　多件组合包装示例

（12）**体积大或笨重的商品包装**。

①包装特征：有两个方向上（宽/高、宽/深或高/深）的长度大于 45 cm，或质量超过 13 kg 的商品包装。

②符号位置：条码符号宜放置在包装背面右侧下半区域。包装背面不宜放置时，可以放置在包装除底面外的其他面上。

可选的符号放置方法如下。

a. 两面放置条码符号。对于体积大或笨重的袋型商品包装，每个商品上可以使用两个同样的、标识该商品的商品条码符号，一个放置在包装背面的右下部分，另一个放置在包装正面的右上部分，如图 12-17 所示。

b. 加大供人识别字符。对于体积大或笨重的商品包装，可将其商品条码符号的供人识别字符高度放大至 16 mm 以上，印在条码符号的附近。

c. 采用双重条码符号标签。对体积大或笨重的商品包装，可采用图 12-18 所示的双重条码符号标签。标签的 A、B 部分中的条码符号完全相同，是标记该商品的商品条码符号。标签的 A、C 部分应牢固地附着在商品包装上，B 部分与商品包装不粘连。在扫描结算时，撕下标签的 B 部分，由商店营业员扫描该部分上面的条码进行结算，然后将该部分销毁。标签的 A 部分保留在商品包装上供查验。粘贴双重条码符号标签的包装不作为商品运输过程的外包装时，双重条码符号标签的 C 部分（辅助贴条）可以省去。

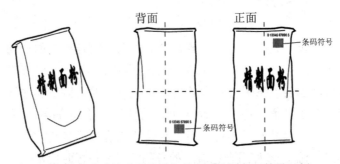

图 12-17　体积大或笨重的袋形包装两面放置条码符号示例

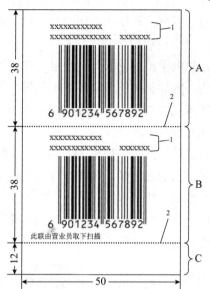

1——销售商的货号和商品项目说明；
2——穿孔线；
A——标签的A部分；
B——标签的B部分；
C——标签的C部分（辅助贴条）。
注：图中所标尺寸为最小尺寸。

图 12-18 双重条码符号标签示例

（13）**不规则包装**，宜首选规则的、条码符号位置固定的包装方法。如果必须使用不规则的、条码符号位置不固定的包装方法，可以在包装材料上以足够的重复频率印刷条码符号，以便一个完整的条码符号能印刷在包装的一个面上。重复印刷的条码符号之间的距离应不大于 150 mm，以避免重复识读，示例见图 12-19（a）。也可以把条码符号的条加长印在包装材料上，以保证一个足够高的条码符号出现在包装的一个面上，示例见图 12-19（b）。

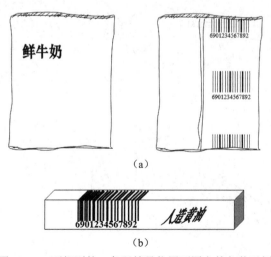

图 12-19 不规则的、条码符号位置不固定的包装示例

（14）**出版物**。出版物上条码符号的放置依出版物的类型而定。书籍上条码符号的首选位置在书的封底的右下角。对于非纸面的精装书，条码符号宜印在书的封二的左上角或书的其他显著位置。对于连续出版物（如期刊、杂志），条码符号的首选位置在封面的左下角。对于音像制品和电子出版物，条码符号宜印在外包装背面便于识读的位置。需要附加条码符号的出版物：附加条码符号应放在主代码条码符号的右侧；附加条码符号条的方向与主代码条码符号条的方向平行；附加条码符号条的下端与主代码条码符号的起始符、中间分隔符、终止符的条的下端平齐。

（15）**透明塑料包装**。对于透明塑料包装的服装类、纺织类、文教类等商品，条码符号的首选位置是包装正面的右上角。条码符号及其他的产品标识信息的方向应与塑料包装上的图形或描述数据协调一致。

（16）**其他形式**。对一些无包装的商品，商品条码符号可以印在挂签上，见图 12-20。如果商品有较平整的表面且允许粘贴或缝上标签，条码符号可以印在标签上，见图 12-21。

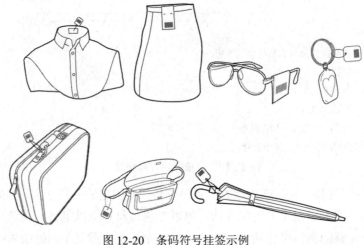

图 12-20　条码符号挂签示例

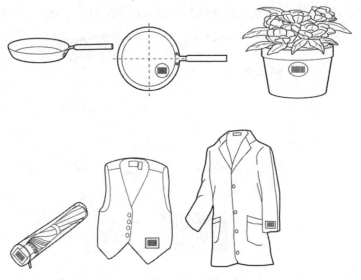

图 12-21　条码符号标签示例

12.3 储运包装上条码符号的放置

储运包装商品最常见的包装形态是包装箱。

12.3.1 包装箱

（1）**符号位置**。可以把表示同一商品代码的条码符号放置在储运包装商品箱式外包装的所有 4 个直立面上，也可以放置在相邻两个直立面上，见图 12-22。如果仅能放置一个条码符号，则应根据配送、批发、存储等的约束条件和需求选择放置面，以保证在存储、配送及批发过程中条码符号便于识读。

（2）**符号方向**。条码符号应横向放置，使条码符号的条垂直于所在直立面的下边缘。

（3）**边缘间距**。条码符号下边缘到所在直立面下边缘的距离不小于 32 mm、推荐值为 32 mm；条码符号到包装垂直边的距离不小于 19 mm，如图 12-22 所示。

（4）**附加的条码符号**。商品项目已经放置了表示商品代码的条码符号，还需放置表示商品附加信息（如贸易量、批号、保质期等）的附加条码符号时，放置的附加符号不应遮挡已有的条码符号；附加符号的首选位置在已有条码符号的右侧，并与已有的条码符号保持一致的水平位置。应保证已有的条码符号和附加条码符号都有足够的空白区。

如果表示商品代码的条码符号和附加条码符号的数据内容都能用 GS1-128 条码符号来标识，则宜把两部分数据内容连接起来，做成一个条码符号。

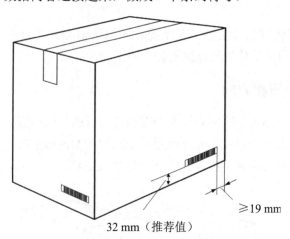

图 12-22　储运包装箱上条码符号的放置

12.3.2 浅的盒或箱

（1）**高度小于 50 mm、大于或等于 32 mm 的盒或箱**。当包装盒或包装箱的高度小于 50 mm，但大于或等于 32 mm 时，供人识别字符可以放置在条码符号的左侧，并保证符号有足够宽的空白区。条码符号（包括空白区）到单元直立边的间距应不小于 19 mm。有时在变量单元上使用主符号和附加符号两个条码符号。如果必须把条码符号下面的供人识别字符移动位置，则主符号的供人识别字符应放在主符号的左侧；附加符号的供人识别字符应放在附加符号的右侧。

（2）**高度小于 32 mm 的盒或箱**。当包装盒或包装箱的高度小于 32 mm 时，可以把条码符号放在包装的顶部，并使符号的条垂直于包装顶部面的短边。条码符号到邻近边的间距应不小于 19 mm，示例如图 12-23 所示。

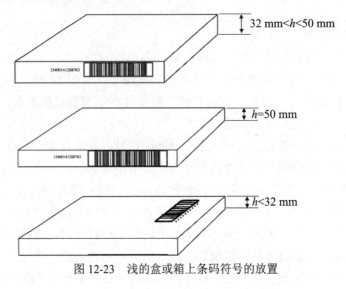

图 12-23　浅的盒或箱上条码符号的放置

12.4　物流单元上条码符号的放置

物流单元往往要经过长途运输，甚至要在不同运输方式（公路、铁路、空运、海运等）之间转换，条码符号的位置选择就更加重要。

12.4.1　符号位置和方向

每个完整的物流单元上至少应有一个印有条码符号的物流标签。物流标签宜放置在物流单元的直立面上。在一个物流单元上使用两个相同的物流标签时，推荐放置在相邻的两个面上，短的面右边和长的面右边各放一个（见图 12-24）。

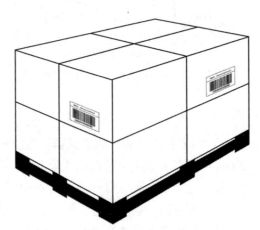

图 12-24　物流单元上条码符号的放置

条码符号应横向放置，使条码符号的条垂直于所在直立面的下边缘。

12.4.2 条码符号放置

(1) **托盘包装**。条码符号的下边缘宜处在单元底部以上 400 mm 至 800 mm 的高度（h）范围内，对于高度小于 400 mm 的托盘包装，条码符号宜放置在单元底部以上尽可能高的位置；条码符号（包括空白区）到单元直立边的间距应不小于 50 mm。在托盘包装上放置条码符号的示例见图 12-25。

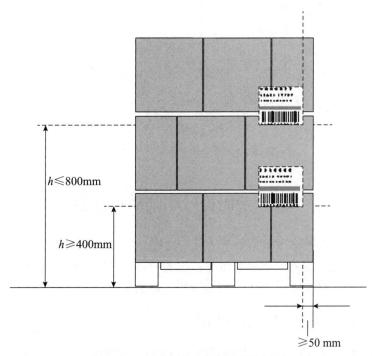

图 12-25　托盘包装上条码符号的放置

(2) **箱包装**。条码符号的下边缘宜在单元底部以上 32 mm 处，条码符号（包括空白区）到单元直立边的间距应不小于 19 mm，如图 12-26 所示。

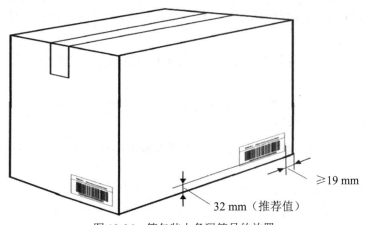

图 12-26　箱包装上条码符号的放置

如果包装上已经使用了 EAN-13、UPC-A、ITF-14 或 GS1-128 等标识贸易项目的条码符号，印有条码符号的物流标签应贴在上述条码符号的旁边，不能覆盖已有的条码符号；

物流标签上的条码符号与已有的条码符号保持一致的水平位置，如图 12-27 所示。

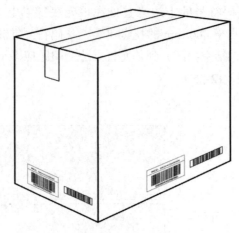

图 12-27　箱包装上条码符号的放置

12.5　条码符号印制质量检验

数据采集的准确性是保证数据资产质量的前提。要保证数据自动采集设备能够准确、及时地采集数据，条码符号的印制质量是关键的一环。国家标准《商品条码 条码符号印制质量的检验》（GB/T 18348—2022）明确规定了商品条码符号印制质量的检验方法。

12.5.1　条码符号印制质量检测项目

我们先来介绍与条码符号质量和符号质量检验有关的术语。

1. 相关术语

（1）单元反射率非均匀度（element reflectance nonuniformity，ERN）：扫描反射率曲线上，一个单元（包括空白区）中经算法修正的反射率最高峰值与最低谷值之差。

（2）峰（peak）：扫描反射率曲线上反射率相对高的点，其两侧点的反射率比该点的反射率低。

（3）谷（valley）：扫描反射率曲线上反射率相对低的点，其两侧点的反射率比该点的反射率高。

（4）（n，k）条码符号：每个符号字符的宽度为 n 个模块，并且每个字符由 k 个条、空对搭配组成的一类条码符号。

（5）扫描路径（scan path）：测量仪器采样区域中心移过条码（包括空白区）所经过的路径。

（6）X 尺寸（X dimension）：窄单元或模块尺寸的标称值。

（7）Z 尺寸（Z dimension）：窄单元或模块尺寸测量值的算术平均值。

（8）编码数据（encoded data）：拟在条码符号中表示的数据。

2. 检测项目

条码符号的检测内容包括：

（1）参考译码。
（2）光学特性：最低反射率、符号反差、最小边缘反差、调制比、缺陷度等。
（3）可译码度。
（4）Z尺寸。
（5）宽窄比。
（6）空白区宽度。
（7）条高。
（8）印刷位置等。

检测项目汇总表如表12-2所示。

表12-2 检验项目汇总表

序号	检验项目	
1	参考译码（Decode）	
2	光学特性参数	最低反射率（R_{min}）
		符号反差（SC）
		最小边缘反差（EC_{min}）
		调制比（MOD）
		缺陷度（Defects）
3	可译码度（Decodability）	
4	Z尺寸	
5	宽窄比	
6	空白区宽度	
7	条高	
8	印刷位置	
9	其他（GB 12904、GB/T 15425或GB/T 16830对条码符号质量的其他要求或参数）	

注：宽窄比不适用于（n, k）条码符号。

12.5.2 检测条件和检测设备

1. 检测条件

（1）**环境条件**：检测室温度23℃±5℃，相对湿度30%～70%。

（2）**照明**。人工测量的照明采用D65光源的模拟体（色温5 500 K～6 500 K），顶光照明，照度500 lx～1 500 lx。条码检测仪的检验工作区域照度应与条码检测仪使用条件相一致。

2. 检测设备

（1）条码检测仪。条码检测仪应能按GB/T 14258—2003的规定测量扫描反射率曲线参数值；条码检测仪应符合ISO/IEC 15426-1中一致性要求的规定；测量光波长为670 nm±10 nm；测量孔径的选择见表12-3。

表 12-3　测量孔径的选择

被测条码符号类型	X 尺寸 /mm	测量孔径的标称值 /mm	孔径参考号
EAN-13、EAN-8、UPC-A、UPC-E	0.264 ≤ X ≤ 0.660	0.15	06
ITF-14	0.250 ≤ X < 0.635	0.25	10
ITF-14	0.635 ≤ X ≤ 1.016	0.50	20
GS1-128	0.250 ≤ X < 0.495	0.15	06
GS1-128	0.495 ≤ X ≤ 1.016	0.25	10

注 1：在不知道 X 尺寸的情况下，用 Z 尺寸代替 X 尺寸。
注 2：测量孔径的选择是依据 GS1 通用规范的要求设定的。
注 3：不同码制的商品条码应用规范有特殊要求时，按照应用规范选择。

测量光路应符合 GB/T 14258—2003 中 4.2.1.3 的规定；反射率基准以氧化镁（MgO）或硫酸钡（$BaSO_4$）作为 100% 反射率的基准。

（2）长度测量仪器具体包括：

①空白区宽度测量仪器：最小分度值不大于 0.1 mm 的长度测量仪器或最小分度值不大于 0.01 mm 的条码检测仪。

②Z 尺寸、条高测量仪器：最小分度值不大于 0.5 mm 的钢板尺，适用于人工测量。

③保护框宽度、条码符号物理长度测量器具：最小分度值不大于 0.1 mm 的长度测量器具，适用于人工测量。

3. 被检样品

应尽可能使被检条码符号处于应用时被扫描状态，即实物包装状态。对不能在实物包装形态下被检测的样品，以及标签、标纸、包装材料上的条码符号样品，可以进行适当处理，使样品平整、大小适合于检测，并且条码符号四周保留足够的固定尺寸。对于不透明度小于 0.85 的符号印刷载体，检测时应在符号底部衬上反射率小于 5% 的暗平面。

12.5.3　检测方法

1. 检测带

检测带是商品条码符号的条码字符条底部边线以上，条码字符条高的 10% 处和 90% 处之间的区域（见图 12-28）。条码符号的扫描测量应在检测带内进行。

图 12-28　检测带

2. 扫描测量次数

根据以下两种情况确定每个条码符号的扫描测量次数。

（1）评价条码符号整体质量时，每个符号检测带的最少扫描次数为10和检测带高度除以测量光孔直径的值（取整数值）中的较小者，扫描路径应通过包括空白区在内的整个符号宽度，并在检测带中宜等间距。

（2）其他情况下（如整体条码符号等级远高于可接受的最小条码符号等级，并且质量趋于稳定），每个条码符号扫描测量的次数可适当减少。

3. 扫描反射率曲线分析

扫描反射率曲线是沿扫描路径，反射率随线性距离（时间）变化的关系曲线。根据ISO/IEC 15416:2016和商品条码的特点，扫描反射率曲线参数除参考译码、最低反射率（反射率比）、符号反差、最小边缘反差、调制比、缺陷度、可译码度外，还包括码制规范或应用规范规定的其他要求，如Z尺寸、宽窄比、空白区宽度等。

通过分析扫描反射率曲线的特征，确定各个参数值。扫描反射率曲线特征示意图见图12-29。

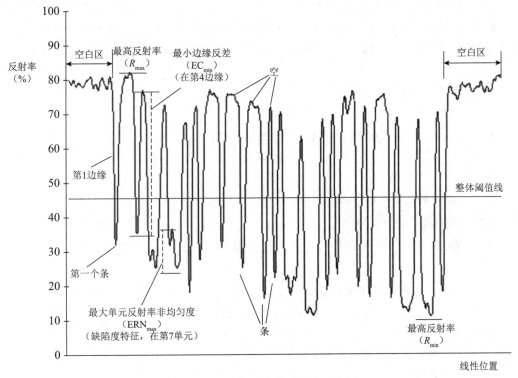

图12-29　扫描反射率曲线特征示意图

4. 测定单元和单元边缘

（1）测定单元。整体阈值是区分条单元与空单元的反射率界限值，等于最高反射率与最低反射率之和的二分之一，计算公式如下：

$$GT = (R_{max} + R_{min})/2$$

式中：

R_{max}——最高反射率；

R_{min}——最低反射率。

在整体阈值之上的每一个曲线包围区域被确定为空单元,在整体阈值以下的每一个曲线包围区域被确定为条单元。

(2)测定单元边缘。边缘是扫描反射率曲线上相邻两单元(包括空白区)的边界。其位置在相邻两单元中空反射率(R_s)、条反射率(R_b)中间值即$(R_s+R_b)/2$点的横坐标处。

5. 参考译码

(1)译码方法。由条码检测仪对扫描反射率曲线,按上面规定的单元和单元边缘确定方法确定各单元及单元边缘的位置后,根据被检测条码符号的类型,选择GB 12904、GB/T 15425或GB/T 16830中适合的参考译码算法对条码符号进行译码。

核对译码的结果与该条码符号所表示的数据是否相同,若相同则译码正确,不同则译码错误。得不出译码数据则表示其不能被译码。

(2)参考译码的等级确定。若译码正确,则该扫描反射率曲线参考译码的等级定为4级;若译码错误或不能被译码,则定为0级。

6. 光学特性参数

(1)参数值测定。测定光学特性参数值的方法应符合以下规定。通常由条码检测仪测定。

● 最低反射率:在扫描反射率曲线上找出最低反射率(R_{min}),最低反射率应不高于最高反射率(R_{max})的二分之一。有些条码检测仪直接给出最低反射率与最高反射率之比,即R_{min}/R_{max}。

● 符号反差:符号反差(SC)按如下公式计算:

$$SC=R_{max}-R_{min}$$

● 最小边缘反差:边缘反差(EC)按如下公式计算:

$$EC=R_s-R_b$$

式中:

R_s——相邻单元(包括空白区)空的反射率;

R_b——相邻单元条的反射率。

取扫描反射率曲线所有边缘反差中的最小值作为该扫描反射率曲线的最小边缘反差(EC_{min})。

● 调制比:调制比(MOD)按如下公式计算:

$$MOD=EC_{min}/SC$$

式中:

EC_{min}——最小边缘反差;

SC——符号反差。

● 缺陷度:缺陷度(defects)是最大单元反射率非均匀度与符号反差的比。单元反射率非均匀度(ERN)是指扫描反射率曲线上,一个单元(包括空白区)中反射率最高峰值与最低谷值之差,或经过特定算法修正的最高峰值与最低谷值之差。如果条单元中无峰或空单元中无谷时,其ERN为0。取所有ERN中的最大值作为该次测量扫描反射率曲线的最大单元反射率非均匀度(ERN_{max})。具体计算方法,感兴趣的读者可以参考GB/T 18348—2022中附录B的内容,这里不再赘述。

记录条码检测仪每次扫描后会给出最低反射率、符号反差、最小边缘反差、调制比和缺陷度的值。

（2）参数的等级确定。光学特性参数的等级确定见表12-4。根据值的大小，符号反差、调制比和缺陷度可被定为4.0～0.0级，并在等级区间内进行线性插值，计算结果四舍五入精确到0.1。例如，符号反差值为58%，则符号反差等级为3.2。最低反射率和最小边缘反差可被定为4.0或0.0级。

表 12-4　光学特性参数的等级确定

等级区间	最低反射率（R_{min}）	符号反差（SC）	最小边缘反差（EC_{min}）	调制比（MOD）	缺陷度（Defects）
4.0	$\leqslant 0.5R_{max}$	SC $\geqslant$ 70%	$\geqslant$ 15%	MOD $\geqslant$ 0.70	Defects $\leqslant$ 0.15
[3.0，4.0)	—	55% $\leqslant$ SC < 70%	—	0.60 $\leqslant$ MOD < 0.70	0.15 < Defects $\leqslant$ 0.20
[2.0，3.0)	—	40% $\leqslant$ SC < 55%	—	0.50 $\leqslant$ MOD < 0.60	0.20 < Defects $\leqslant$ 0.25
[1.0，2.0)	—	20% $\leqslant$ SC < 40%	—	0.40 $\leqslant$ MOD < 0.50	0.25 < Defects $\leqslant$ 0.30
0.0	> $0.5R_{max}$	SC < 20%	< 15%	MOD < 0.40	Defects > 0.30

7. 可译码度

（1）可译码度的测定。可译码度的测定通常由条码检测仪完成。记录条码检测仪每次扫描后给出的可译码度。

（2）可译码等级的确定。可译码度（V）的等级确定见表12-5。可译码度在等级区间内进行线性插值，计算结果四舍五入精确到0.1。例如，当值为0.56时，等级为3.5级；当值为0.20时，等级为0.8级。

表 12-5　可译码度的等级确定

可译码度（V）	等级区间
$V \geqslant 0.62$	4.0
$0.50 \leqslant V < 0.62$	[3.0，4.0)
$0.37 \leqslant V < 0.50$	[2.0，3.0)
$0.25 \leqslant V < 0.37$	[1.0，2.0)
$0.00 \leqslant V < 0.25$	[0.0，1.0)

8. Z尺寸

（1）EAN-13、EAN-8、UPC-A、UPC-E、UCC/EAN-128条码。用条码检测仪或符合要求的测量器具测量条码起始符左边缘到终止符右边缘的长度，用以下公式计算Z尺寸。

$$Z=l/M$$

式中：

Z——Z尺寸，mm；

l——条码起始符左边缘到终止符右边缘的长度，mm；

M——条码中（不含左、右空白区）所含模块的数目（对于EAN-13、UPC-A，M=95；对于EAN-8，M=67；对于UPC-E，M=51；对于UCC/EAN-128，M =11× 数据符及含在数据中的辅助字符的个数 +46）。

（2）ITF-14条码。通常用条码检测仪测量。测量条码中所有条、空单元的宽度，单位为mm。用如下公式计算Z尺寸。

$$Z =（窄条宽度的平均值 + 窄空宽度的平均值）/2$$

式中：Z——Z 尺寸，mm。

注：在测定可译码度过程中测量 Z 尺寸，条、空单元的宽度测量值及 Z 尺寸的单位与扫描反射率曲线所在坐标系的横坐标选用的单位相同。

根据符号码制规范和应用规范中 X 尺寸的范围，判断 Z 尺寸是否符合规定（最大允许偏差为边界值的 2%），需确定等级时，符合为 4.0 级，不符合为 0.0 级。不同应用场景中，不同码制的商品条码符号 X 尺寸的范围见表 12-6。

表 12-6　不同应用场景商品条码符号 X 尺寸的范围　　　　　单位：mm

条码码制	应用场景	X 尺寸		
		最小值	首选值	最大值
EAN-13、EAN-8、UPC-A、UPC-E	在常规零售 POS 机扫描的非常规配送贸易项目	0.264	0.330	0.660
	仅在常规配送中扫描的贸易项目	0.495	0.660	0.660
	在常规零售 POS 机和常规配送扫描的贸易项目	0.495	0.660	0.660
ITF-14	仅在常规配送中扫描的贸易项目	0.495	0.495	1.016
GS1-128	仅在常规配送中扫描的贸易项目	0.495	0.495	1.016
	常规配送的物流单元	0.495	0.495	0.940

注：不同码制的商品条码应用规范有特殊要求时，按照应用规范选择

9. 宽窄比（N）

通常用条码检测仪测量。测量条码中所有条、空单元的宽度，单位为 mm。利用上面的方法得出 Z 尺寸，用如下公式可计算 ITF-14 条码的宽窄比。

$$N =(\text{宽条宽度的平均值} + \text{宽空宽度的平均值})/2Z$$

式中：

N——宽窄比；

Z——Z 尺寸，mm。

注：测定可译码度过程中的宽窄比，条、空单元的宽度测量值及 Z 尺寸的单位可以与扫描反射率曲线所在坐标系的横坐标选用的单位相同。

ITF-14 条码符号（GB/T 16830）的宽窄比（N）的测量值应在 $2.25 \leqslant N \leqslant 3.00$ 范围内，测量值在此范围内则宽窄比为 4.0 级，否则为 0.0 级。

10. 空白区宽度

各种类型商品条码符号空白区最小宽度的要求见表 12-7。

表 12-7　商品条码符号空白区最小宽度要求　　　　　单位：mm

条码符号类型	空白区最小宽度	
	左侧空白区	右侧空白区
EAN-13	11X	7X
EAN-8	7X	7X
UPC-A	9X	9X

续表

条码符号类型	空白区最小宽度	
	左侧空白区	右侧空白区
UPC-E	$9X$	$7X$
ITF-14、GS1-128	$10X$	$10X$
主符号（EAN-13、UPC-A、UPC-E）加 2 位或 5 位附加符号 [a]	同无附加符号时的主符号	$5X$ [b]
在不知道 X 尺寸的情况下，用 Z 尺寸代替 X 尺寸。把计算得到的空白区宽度数值修约到一位小数		
主符号与附加符号的最小间隔与无附加符号时的主符号右侧空白区最小宽度相同；最大间隔为 $12X$；此处指的是附加符号的右侧空白区		

（1）用条码检测仪测量。用具有空白区检测功能的条码检测仪扫描测量。检测仪应能按照空白区的定义测量空白区宽度，根据条码符号的 Z 尺寸及表 12-5 的要求对空白区宽度是否满足要求作出判断。

（2）人工测量。在规定的照明条件下，用符合要求的长度测量器具，在检测带内人眼观察的空白区最窄处测量空白区宽度。人工测量的结果可作为各次扫描反射率曲线的空白区宽度参数值使用。根据条码符号的 Z 尺寸及表 12-6 的要求对空白区宽度是否满足要求作出判断。

注：在有些情况下，检测仪按照空白区的定义测量的空白区宽度比人眼观察测量的空白区宽度大。如果出现这种差异，建议探讨将二者测量结果统一的可能性；在无法统一时，宜注明界定空白区边界的方法。根据符号码制规范和应用规范中空白区宽度的要求，判断空白区宽度是否符合规定（最大允许偏差为边界值的 5%）并确定等级。不同码制的商品条码符号空白区宽度的等级及判定见表 12-8。

表 12-8 商品条码符号空白区宽度的等级及判定

码制	空白区宽度		等级及判定	
	左侧空白区	右侧空白区	等级	判定
EAN-13	$\geqslant 11X$（最大允许偏差为 5%）	$\geqslant 7X$（最大允许偏差为 5%）	4.0	符合
	$\geqslant 10X$，$< 11X$	$\geqslant 6.2X$，$< 7X$	4.0	不符合
	$< 10X$	$< 6.2X$	0.0	不符合
EAN-8	$\geqslant 7X$（最大允许偏差为 5%）	$\geqslant 7X$（最大允许偏差为 5%）	4.0	符合
	$\geqslant 6.2X$，$< 7X$	$\geqslant 6.2X$，$< 7X$	4.0	不符合
	$< 6.2X$	$< 6.2X$	0.0	不符合
UPC-A	$\geqslant 9X$（最大允许偏差为 5%）	$\geqslant 9X$（最大允许偏差为 5%）	4.0	符合
	$\geqslant 8X$，$< 9X$	$\geqslant 8X$，$< 9X$	4.0	不符合
	$< 8X$	$< 8X$	0.0	不符合
UPC-E	$\geqslant 9X$（最大允许偏差为 5%）	$\geqslant 7X$（最大允许偏差为 5%）	4.0	符合

11. 条高

在规定的照明条件下，用符合要求的长度测量器具测量。根据符号码制规范和应用规范中条高的要求，判断条高是否符合规定（最大允许偏差为边界值的 5%）。不同码制的商品条码符号条高的要求见表 12-9。条高的测量值符合规定时，判定为通过；否则，不通过。

表 12-9 商品条码条高的要求　　　　　　　　　　　　　　　　　　单位：mm

条码类型	条高
EAN-13、UPC-A、UPC-E	≥ 69.24X
EAN-8	≥ 55.24X
GS1-128(X<0.495)	≥ 13
GS1-128(X ≥ 0.495)	≥ 32
ITF-14(X<0.495)	≥ 13
ITF-14(X ≥ 0.495)	≥ 32
在不知道 X 尺寸的情况下，用 Z 尺寸代替 X 尺寸。把计算得到的条高数值修约到整数个位	

12.5.4　检测数据处理

（1）**扫描反射率曲线等级的确定**。取单次测量扫描反射率曲线的参考译码、最低反射率、符号反差、最小边缘反差、调制比、缺陷度、可译码度、空白区宽度、宽窄比参数等级中的最小值作为该扫描反射率曲线的等级。各参数的等级及扫描反射率曲线的等级用字母表示时，字母等级与数字等级的对应关系是：A—4，B—3，C—2，D—1，F—0。

（2）**符号等级值的确定**。10 次测量中有任何一次出现译码错误，则被检条码符号的等级为 0。10 次测量中都无译码错误（允许有不译码），以 10 次测量扫描反射率曲线等级的算术平均值作为被检条码符号的符号等级值。

（3）**符号等级的表示方法**。符号等级以 G/A/W 的形式来表示，其中 G 是符号等级值，精确至小数点后一位；A 是测量孔径的参考号；W 是测量光波长以纳米为单位的数值。例如，2.7/06/660 表示，符号等级值为 2.7，测量时使用的是参考号为 06、标称直径为 0.15 mm 的孔径，测量光波长为 660 nm。

符号等级值也可以用字母 A、B、C、D 或 F 来表示，字母符号等级与数字符号等级的对应关系是：A—(3.5 ≤ G ≤ 4.0)，B—(2.5 ≤ G < 3.5)，C—(1.5 ≤ G < 2.5)，D—(0.5 ≤ G < 1.5)，F—(G < 0.5)。

（4）**扫描反射率曲线各单项参数检测结果的表示方法**。对于一个条码符号经检测得出的 10 个扫描反射率曲线，可以计算各单项参数（除参考译码外）10 次测量值的平均值并确定平均值的等级；可以计算参考译码参数 10 次测量的等级平均值，把这些测量值的平均值及其相对应等级或等级的平均值作为检测结果在检测报告中给出。对各种类型商品条码的符号等级要求见表 12-10。

表 12-10　商品条码的符号等级要求

条码类型	符号等级
EAN-13、EAN-8、UPC-A、UPC-E	≥ 1.5/06/670
GS1-128(X < 0.495 mm)	≥ 1.5/06/670
GS1-128(X ≥ 0.495 mm)	≥ 1.5/10/670
ITF-14(X < 0.635 mm)	≥ 1.5/10/670
ITF-14(X ≥ 0.635 mm)	≥ 0.5/20/670

12.5.5　检验报告

检验报告应包括以下内容：

（1）**样品信息**：被检条码符号的码制；条码符号的供人识别字符；条码符号的编码数

据；条码符号所标识的商品的名称、商标和规格；条码符号的承印材料。

（2）检验条件：温度和湿度；测量光波长和测量孔径的直径。

（3）检验依据：检验依据的标准。

（4）检验结果：各项检验结果；判定结论。

（5）其他：检验人、报告审核人和报告批准人的签名；检验单位专用印章；检验日期。

检验报告参考格式如表 12-11 所示。

表 12-11　商品条码符号质量检验报告参考格式

第　页 共　页

样品名称	*条码符号印制品		商标	
			规格/包装	
厂商	**		承印材料	
			条码类型	
客户名称	***		供人识别字符	
客户地址			来样日期	
送 样 者			检验日期	
检验依据	****			
检验条件	温度		相对湿度	
	测量孔径		测量光波长	
检验结论	*****			
备注				

批准：　　　　　审核：　　　　　主检：

注：

（1）*处填写条码符号所标识的商品的名称。

（2）**处填写条码符号表示的商品代码中的厂商识别代码所标识的厂商的名称。

（3）***处填写送检客户的名称。

（4）****处填写检验依据的标准，如 GB 12904—2008《商品条码 零售商品编码与条码表示》、GB/T 14257—2009《商品条码符号位置》等。

（5）*****处填写"经检测和判定，被检样品符号等级为 XX；其他检测项目结果符合或不符合国家标准"的结论。依据强制性标准检验，监督抽查检验还需给出综合判断合格或不合格的结论。

本章小结

本章系统介绍了条码符号放置的要求和符号质量的检验指标、检验方法和检验报告。对于不同类型的条码符号及不同的符号载体，其放置的要求各有不同。本章的重点是零售商品、仓储包装商品和物流单元的条码符号放置；

拓展阅读 12.1：零售和物流中二维码/条码质量的关键作用

本章的难点是条码符号质量的检测内容，以及运用条码检测仪检测条码符号的质量，并给出符号质量等级。

本章习题

1. 简述零售商品条码符号的放置原则。
2. 简述包装储运商品的条码符号的放置原则。
3. 简述物流单元的条码符号的放置原则。
4. 条码检验的内容有哪些？
5. 简述条码检验中用到的检验设备。

【实训题】条码符号质量检验

对第 9 章和第 10 章章末实训题中生成的条码符号，分别选择 1 个一维条码符号、1 个二维条码符号，用条码检测仪检测其质量等级，并解释检测报告中各指标的含义。检测报告结果示例如下：

检 验 报 告

No：2023-01043A

产品名称：　　***（柠檬味）条码印刷品

生产单位：　　****股份有限公司

委托单位：　　****股份有限公司

检验类别：　　委托检验

重庆市信息技术产品质量监督检验站

注 意 事 项

1. 测试报告无"检验检测专用章"或测试单位公章无效。

2. 测试报告无测试人、审核人、批准人签字无效。

3. 测试报告经涂改无效，报告二页及二页以上未加盖骑缝章无效。

4. 复制报告未重新加盖"检验检测专用章"或测试单位公章无效。

5. 对测试报告有异议，应于收到报告15日内向本单位提出，逾期不予受理。

6. 测试报告未经本单位同意不得用作商业广告宣传，不得复制（全文复制除外）报告或证书。

7. 检验检测数据和结果仅对来样负责。

地　　址：重庆市江北区五简路×号
电　　话：023-8923****
传　　真：023-8923****
邮　　编：400023
E-mail：*********@cqis.cn
投诉电话：12365

重庆市信息技术产品质量监督检验站

检 验 报 告

No：2023-01043A　　　　　　　　　　　　　　　共2页　第1页

产品名称	***（柠檬味）条码印刷品	商标	/	规格型号	694**********
委托单位名称及联系电话	****股份有限公司 /1**********					
送样日期	2023-9-28	送样人员	******	样品到达日期	2023-9-28
检验依据	GB 12904—2008				
样品数量	1个	样品状态		完好	
样品等级	合格品	接样人员		***	
产品质量综合判定	经检验，所检项目符合《GB 12904—2008》标准，检验合格。 签发日期：　　　年　　月　　日				
备注	仅对来样负责				

批准：　　　　　　　　审核：　　　　　　　　主检：

No：2023-01043A   共 2 页 第 2 页

序号	检测项目	技术指标		检测结果	单项判定
1	译码数据	与可识读字符相同		694**********	符合
2	符号等级	≥ 1.5/06/660		4.0/06/660	符合
3	空白区宽度（mm）	左侧空白区宽度：≥ 11X（最大允许偏差为5%）		≥ 3.6	符合
		右侧空白区宽度：≥ 7X（最大允许偏差为5%）		≥ 2.3	符合
4	Z 尺寸（mm）	0.264 ~ 0.660		0.270	/
5	光学特性参数	最低反射率（Rmin）		4%	4.0
		符号反差（SC）		80%	4.0
		最小边缘反差（ECmin）		59%	4.0
		调制比（MOD）		73%	4.0
		缺陷度（Defects）		2%	4.0

注：在不知道 X 尺寸的情况下，用 Z 尺寸代替 X 尺寸。把计算得到的空白区宽度数值修约到一位小数

【在线测试题】

扫描二维码，在线答题。

共享篇

第 13 章　GS1 与供应链协同

> **导入案例**
>
> ### 宋诗《蚕妇》中蕴含的供应链
>
> 昨日入城市，归来泪满巾。
>
> 遍身罗绮者，不是养蚕人。
>
> 　　这首宋诗的直译就是：一个住在乡下以养蚕为生的妇女，昨天到城市里去赶集并且出售蚕丝。回来的时候，她却是泪流不断，伤心的泪水甚至把手巾都浸湿了。因为她在都市中看到，全身穿着美丽丝绸衣服的人，根本不是像她这样辛苦劳动的养蚕人！
>
> 　　在这首小诗中，隐含了一条社会分工的产业链（见图 13-1）。
>
>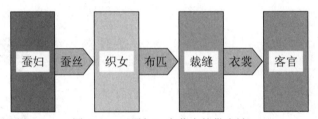
>
> 图 13-1　《蚕妇》中蕴含的供应链
>
> 资料来源 https://hanyu.baidu.com/shici/detail?anchor=yiwen&from=aladdin&pid=c83fe2c77acb45ffbb0f5be4b75f7c8c。

你能从中找出这样一条商业链吗？

13.1　供应链协同

供应链（supply chain）是一个业务过程。它用一条链的形式连接了制造商、零售商及供应商，实现产品或服务的制造、传输，目标是通过提供几个组织间业务处理的合作，把制造好的产品从生产线顺利地送到消费者手中，以获得效益。

在过去的几十年里，很多企业构思了许多方法来完善供应链，如：即时供货（just-in-time）、快速响应（quick response）、高效消费者响应（efficient consumer response）、供应商管理库存（vendor-managed inventory，VMI）、持续补充（continuous replenishment）等，所有这些方法的目的只有一个：有效管理供应链。

电子商务与供应链管理的集成，正改变着企业内容和企业间的运作模式。企业再也不能单纯把供应链管理看成是提高效率或降低成本的方式，而是把焦点放在更好的供应链管理输出上，即更优的消费者服务、更好的发展、更高的收入，并把它看成是提高自己竞争力的手段。这种趋势与企业采取的经营模式变革——从内部的效率驱动向消费者价值/效益驱动转变是一致的。企业的成功与否取决于其对消费者需求变化的响应能力，以及满足消费者需求的成本。成本常常与供应链的不确定性有关。不确定性是由于全球化的供应和资源、不可预测的需求、波动的价格策略、越来越短的产品生命周期等因素造成的。要管理这些不确定因素，需要采用新的供应链管理理念和技术。

13.1.1 供应链管理（supply chain management，SCM）基础

供应链管理是业务循环的中心，它以更快的速度、更低的成本把产品推向市场。

1. 供应链的定义

供应链是通过一系列相互依赖的步骤的集合来实现一定的目标，如满足消费者的需求。随着市场竞争的全球化，产品质量和价格处在更加平等的位置上，因此，制造商对产品制造和运输速度的控制减少，供应链也变得越来越重要。随着消费者越来越主宰着市场，制造商想方设法满足消费者对产品的品种、风格、特征的需求，以快速完成订单、快速销售。满足消费者对产品的特殊要求是获得竞争优势的一个机会。显然，企业管理好它们的供应链将会在全球市场中获得更多的机会。

2. 供应链管理的定义

供应链管理是订单生成、订单执行、订单完成、产品、服务或信息分发过程的合作，供应链内的相互依赖创造了一个"扩展的企业"，其管理内容远远超过制造业。原材料供应商、流通渠道伙伴（批发商、分销商、零售商）及消费者本身都是供应链管理的主要角色。供应链管理的复杂性在于将艺术（展示艺术、销售艺术、服务艺术）和科学（预测、数据分析、资源管理、销售）有机结合起来。但是，供应链管理不是各种工具和方法的一个口袋，连接着各不相同的信息系统，需要自始至终有一种新的思考方法和全新观念。

3. SCM 的发展

20 世纪 70 年代，企业只注重供应链上的某些特殊的功能，它们需要改进制造工艺，注重市场和销售。到了 20 世纪 80 年代，企业意识到，需要将企业中各种因素集成起来能提高生产力。今天，经营者们意识到：只考虑产品的优势已不能保证成功。事实上，消费者期望多方位的服务，包括将产品运送到指定地点、及时供货、可靠的质量保证。

为了满足这些新的需求，企业意识到信息集成的重要，即信息在内部组织间的流动。信息集成意味着消费者订单、库存水平、采购订单及其他关键信息必须在各业务部门之间流动。从这个业务模式观点看，竞争不只是公司对公司的竞争，也是供应链对供应链的竞争。因此，管理不同的 SCM 模式就变得至关重要。

【应用案例 13-1】

假设一个顾客去沃尔玛商店购买清洁剂。供应链始于客户和他对清洁剂的需要。下一步供应链就是顾客要去的那家沃尔玛分店。货架上摆放着从沃尔玛或者分销商处进来的货物。这些货物由第三方物流配送公司送到各个分店。分销商的货物当然是从生产商那里进货。P&G 生产公司从不同的供应者处购进原材料。其中供应者本身可能也是低价从别的供应商处进货。例如，包装材料从 Tenneco 公司进货。Tenneco 公司生产的包装原材料可

能来自其他供应商。供应链如图 13-2 所示。

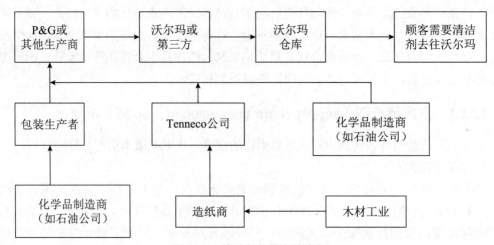

图 13-2　清洁剂的供应链阶段

供应链是一个动态的链条，包括信息流、物流、资金流。供应链的每一个步骤都有着不同的过程。每一步和供应链的其他步骤相互作用，相互影响。沃尔玛为客户提供产品、定价和其他有用信息。同时，顾客付钱给沃尔玛。沃尔玛将销售点的数据和补充货物的订购信息传输给分销中心。分销中心根据订购信息给销售点调货。在补充货物后，沃尔玛将货款转账至分销商。同时，分销商也提供价格信息以及给沃尔玛总部提交的分销计划。在整个供应链中，信息流、物流、资金流也在不停变换着。

我们来看另外一个例子。当一个顾客从网上购买了戴尔计算机，这个供应链包括客户、客户订购的网页、戴尔生产线装配厂和所有戴尔的供应商及供应商的供应商。网页给客户提供价格、产品等信息。客户如果选择了一个产品，他就进入订购系统和支付系统。之后，他也可以返回到网页查询订购情况。接下去供应链就会根据顾客的订购行为在各个供应商之间进行运转。这个过程包括在供应链不同阶段的信息流、物流和资金流。

这个例子说明了客户是供应链中一个独立的部分。供应链存在的起始目的是满足客户的需求，同时在过程中产生利润。供应链是从客户的订购开始，到满足客户需要，客户支付其产品结束。整个供应链是从供应商→生产商→分销商→零售商→顾客的过程。将信息流、物流、资金流的流向形象化是很必要的。供应链这个术语也意味着在一个阶段只有一个主角。事实上，一家生产商可能从几家原料供应商中进货。生产的产品也可能是供给几家分销商。因此，大部分供应链是网状的。用网状供应链这个术语来描述现实存在的供应链结构可能会更准确。

一个典型的供应链在不同的阶段，包括以下不同的参与者，如图 13-3 所示。

（1）顾客；

（2）零售商；

（3）分销商；

（4）生产商；

（5）原材料供应商或零部件供应商。

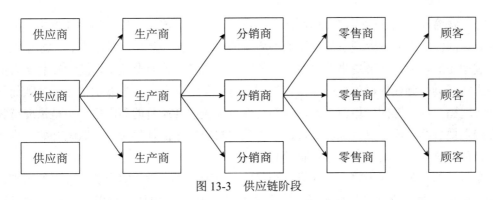

图 13-3 供应链阶段

并不是所有的供应链都包含上述阶段。供应链的设计只依赖于客户需求和涉及的参与者。比如戴尔，生产商可以直接供应产品给客户。戴尔直接按客户订购供货。也就是说，在戴尔这条供应链上没有零售商、批发商和分销商。再如，户外运动产品供应商L.L.Bean，生产商不是直接响应顾客的订购。L.L.Bean 包括商品的零售商，顾客可以从产品零售商中选取自己所需货物。与戴尔的供应链相比，L.L.Bean 在顾客和生产商之间多了一个步骤。在小型的零售商店里，供应链在商店和生产商中还可能包括批发商和分销商。

13.1.2 供应链的目标

每一个供应链的目标都是使利润最大化。供应链的收益率越高，该供应链越成功。供应链的成功与否应该用整个供应链的收益率来衡量，而不是单纯根据单个参与者的利润。在经济高速发展的今天，供应链管理已经从企业的内部延伸到企业的外部，覆盖供应商、制造商、分销商、最终客户等多个方面。供应链管理的目标是在总成本最小化、客户服务最优化、总库存最小化、总周期时间最短化及物流质量最优化等目标之间寻找最佳平衡点，以实现供应链绩效的最大化。

（1）**总成本最小化**。众所周知，采购成本、运输成本、库存成本、制造成本及供应链的其他成本费用都是相互联系的。因此，为了实现有效的供应链管理，必须将供应链各成员企业作为一个有机整体来考虑，并使实体供应物流、制造装配物流与实体分销物流之间达到高度均衡。

（2）**客户服务最优化**。供应链管理的本质是为整个供应链的有效运作提供高水平的服务。而由于服务水平与成本费用之间的背反关系，要建立一个效率高、效果好的供应链网络结构系统，就必须考虑总成本费用与客户服务水平的均衡。供应链管理以最终客户为中心，客户管理的成功是供应链赖以生存与发展的关键。

（3）**总库存量最小化**。在实现供应链管理目标的同时，要使整个供应链的库存控制在最低的程度，"零库存"反映的就是这一目标的理想状态。因此，总库存最小化目标的达成，有赖于实现对整个供应链的库存水平与库存变化的最优控制，而不只是确保单个成员企业库存的最低水平。

（4）**总周期时间最短化**。当今的市场竞争不再是单个企业之间的竞争，而是供应链与供应链之间的竞争。从某种意义上说，供应链之间的竞争实质上是基于时间的竞争，如何实现快速有效的客户反应，最大限度地缩短从客户发出订单到获取满意交货的整个供应链的总周期时间已成为企业成功的关键因素之一。

（5）**物流质量最优化**。在市场经济条件下，企业产品或服务质量的好坏直接关系企业的成败。同样，供应链管理下的物流服务质量的好坏直接关系供应链的存亡。如果在所有业务过程完成以后，发现提供给最终客户的产品或服务存在质量缺陷，就意味着所有成本的付出将不会得到任何价值补偿，供应链的所有业务活动都会变为非增值活动，从而导致无法实现整个供应链的价值。因此，达到与保持物流服务质量的高水平，也是供应链物流管理的重要目标。而这一目标的实现，必须从原材料、零部件供应的零缺陷开始，直至供应链管理全过程、全人员、全方位质量的最优化。

从传统的管理思想来看，上述目标相互之间呈现出互斥性：客户服务水平的提高、总周期时间的缩短、交货品质的改善，必然以库存、成本的增加为前提，而无法同时达到最优。然而，通过运用供应链一体化的管理思想，从系统的观点出发，改进服务、缩短时间、提高品质与减少库存、降低成本是可以兼得的。

13.1.3 供应链模式

目前，大体上有两种供应链模式。

1."Push"模式（产品驱动模式）

在这种模式下，制造商是主体，零售商根据制造商制造的产品进行销售，企业生产什么，消费者就使用什么。供应链上的各个角色的职责如下。

（1）制造商职责：市场预测；生产计划与排程；原材料采购；根据配送中心的库存水平补充货物。

（2）零售配送中心职责：根据仓库的库存水平和历史预测确定订货点；买卖、宣传（推销）、预购；手工采购订单，信息输入/输出。

（3）零售商店职责：根据货架的存货及预测决定订货点；推销；手工输入重新订货的数量。

（4）消费者职责：购买商品。

【应用案例13-2】

L.L.Bean 公司的顾客订购循环是在顾客的订购到来之后才开始执行的过程。所有涉及顾客订购循环的过程都称作"拉"的过程。订购的实施是建立在对顾客订购的预测基础上的。货物补充循环的目标是保证有客户来订购时及时提供产品。货物补充循环的过程都是根据对需求的事先预测提供货物补充的，这就是"推"的过程。在生产循环和原料补充循环的过程都是一样的。事实上，原材料如纺织品都是在顾客需求前6～9个月就已经买好了。生产商自己也是在出售货物3～6个月前开始生产产品。生产循环和原材料循环过程都是"推"的过程。L.L.Bean 公司供应链的推拉过程，如图13-4所示。

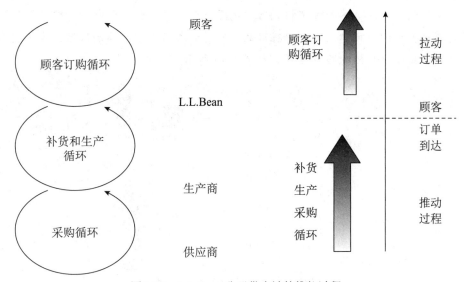

图 13-4　L.L.Bean 公司供应链的推拉过程

2. "Pull" 模式

在"pull"模式下，消费者是主体，制造商根据消费者的需求来安排生产。供应链上的各角色的功能如下。

（1）消费者：在零售店购买商品。

（2）零售店：POS 数据收集；持续的库存检查；利用 EDI 自动补充货物。

（3）零售配送中心：自动货物补充；EDI 服务；装载记录。

（4）制造商：根据 POS 数据和产品出库确定需求预测；短循环制造；先进的装运记录 EDI 服务；条码扫描仪和 UPC 票据。

【应用案例 13-3】

对于基于订单生产的计算机生产商，戴尔公司的情况就不一样了。戴尔并不是通过零售商或分销商来销售产品的，而是直销给顾客。按顾客所订购商品来生产以满足客户的需求，而不是提供现有的产品。顾客的订单触发终端产品生产线。生产循环也是顾客订购循环中顾客订单实施的一部分。在戴尔供应链中只有两个循环，分别为：（1）顾客订购和生产循环；（2）原材料循环，如图 13-5 所示。

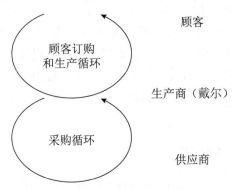

图 13-5　戴尔供应链两个循环

戴尔供应链中的所有顾客订购和生产循环的过程都可以归类为拉动过程，因为这是由顾客订单触发的。然而，戴尔并不根据客户的需要订购零部件。零部件订购是根据预先预测顾客需求来实现的。戴尔的原材料循环的所有过程都可以归为推动过程，因为它们都是事先订购的。戴尔供应链的推拉过程，如图13-6所示。

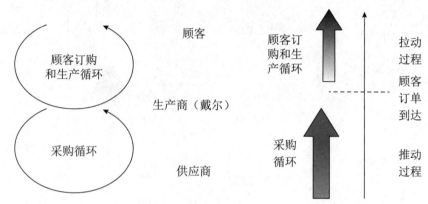

图 13-6　戴尔供应链的推拉过程

"Pull"模式也称为需求驱动模式。当消费者在超市中购买商品时，在付款台扫描仪将记录顾客所采购的商品的准确、详细信息，这些交易信息可用于跟踪产品从配送仓库到消费者的分配情况，配送仓库中数据的深层次集成被传回制造商，用于准备下一次的发货来补充库存。制造商的生产程序根据配送安排表同时更改，采购表也会相应调整，因此，原材料供应商也要修改配送计划。通常，所有这些都发生在消费者签了信用卡并离开商店之前。

"Pull"模式是为了满足如下需要：支持越来越多的产品变化；缩短供货时间；提高产品质量，降低单位成本；获得操作优势；控制目标的可行方法。供应链上的"Pull"因素对业务战略带来了巨大压力。企业不再靠产品质量和价格赢得竞争优势，而是通过在合适的时间将合适的产品送到消费者手中来获得优势。然而，大多数公司都还没有懂得如何管理"Pull"供应链，因为有效的供应链模式需要企业做到如下几点：

（1）迅速准确地获得消费者的需求；

（2）作出最好的选择，以便以尽可能低的成本满足消费者的需求；

（3）沿着整个供应链（从原材料采购到产品的制造）作出决策；

（4）把成品分发到消费者手中并收回付款。

要想一环扣一环地完成上述四个步骤并不容易。今天，供应链就像一支足球队，队中的每一个成员都拒绝同其他队员合作，以随意方向任意踢球，而且每一个队员都有一个管理者在指挥他。为了解决这个问题，供应链的管理者必须完成三件事：对所有的参与者提供统一的行动计划；使参与者之间能够及时通信；协调参与者并指挥他们沿正确的方向前进。

13.1.4　供应链的基本特征

由供应链的基本概念可以看出，每个企业都是供应链上的一个节点，节点企业和节点企业之间是一种需求与供应的关系。与传统供应链不同，现代供应链是一种网链结构，由客户需求拉动，高度一体化地提供产品和服务的增值过程（具有物流、商流、信息流和资金流 4 种表现形态）。现代供应链的特征可归纳为以下几点。

（1）**增值性**。供应链将产品开发、供应、生产、营销一直到服务都联系在一起构成一个整体，要求企业考虑以下增值过程：

①要不断增加产品的技术含量和附加值来满足客户的需求；

②要不断消除客户所不愿意支付的一切无效劳动与浪费。同竞争对手相比，使投入市场的产品能为客户带来真正的效益和满意的价值，同时使客户认可的价值大大超过总成本，从而帮助企业实现最大化利润的目标。

因此，现代供应链是一条名副其实的增值链，链上每一个节点企业都可以获得利润。

（2）**竞争性**。全球经济一体化开放了市场，加剧了竞争，特别是由信息技术带动的管理手段的发展改变了人们从事商业活动的方式，供应链上节点企业之间的竞争、合作、变化等多种性质的供需矛盾显得日益尖锐，竞争性成为现代供应链的一个显著特点。

（3）**复杂性**。供应链是一个复杂的网络，这个网络由具有不同目标的成员和组织构成。这意味着要为某个特定企业寻找最佳的供应链战略会面临巨大的挑战。供应链节点企业组成的跨度或层次不同，有生产型、加工型、服务型等，即供应链往往由多个、多类型甚至多国企业构成，所以纵横交错且复杂的状态决定了供应链结构和运作模式的复杂性。

（4）**动态性**。现代供应链因节点企业的发展战略和适应市场需求变化的需要而建立，因此，无论是供应链结构，还是链上各节点企业都需要动态更新，这就使供应链具有了明显的动态性。

（5）**市场性**。早期推动式供应链的运作方式是以制造商为核心生产各种产品，然后由分销网络逐级推向市场用户，是以生产为中心的推动式模式。现代供应链的运作方式是以市场用户为中心的拉动式模式，其形成、存在、重构都是基于一定的市场需求而发生的。在供应链的运作过程中，用户的需求拉动是供应链中信息流、物流、资金流运作的驱动源。

（6）**交叉性**。一个节点企业既可以是这个供应链的成员，同时又可以是另一个供应链的成员。众多的供应链体系相互交错，增加了协调管理的难度。

（7）**面向用户需求**。供应链的形成、存在、重构，都是基于一定的市场需求而发生的。用户的需求拉动是供应链中信息流、产品、服务流、资金流运作的驱动源。

13.1.5 供应链协同

供应链协同（supply chain collaboration，SCC）是供应链中各节点企业实现协同运作的活动，包括树立"共赢"思想，为实现共同目标而努力，建立公平公正的利益共享与风险分担的机制，在信任、承诺和弹性协议的基础上深入合作，搭建电子信息技术共享平台及时沟通，进行面向客户和协同运作的业务流程再造。

供应链协同有 3 层含义：①组织层面的协同，由"合作—博弈"转变为彼此在供应链中更加明确的分工和责任，"合作—整合"；②业务流程层面的协同，在供应链层面即打破企业界限，围绕满足终端客户需求这一核心，进行流程的整合重组；③信息层面的协同，通过互联网技术实现供应链伙伴成员间的信息系统的集成，实现运营数据、市场数据的实时共享和交流，从而实现伙伴间更快更好地协同响应终端客户需求。只有在这 3 个层次上实现了供应链协同，整条供应链才能够实现响应速度更快、更具有前瞻性、更好地共同抵御各种风险，以最小的成本为客户提供最优的产品和服务。

供应链协同从实现范围上由两个方面组成：企业内部的协同和企业间的协同。

企业内部协同是为了企业内的各个职能部门，各个业务流程能够服从于企业的总目标，实现不同部门、不同层次、不同周期的计划和运营体系的协同。如采购、库存、生产、销售及财务间的协同；战略、战术、执行层次的协同；长期、中期及短期规划间的协同等。顺畅的工作流、信息流，合理的组织结构设计，动态的流程优化思考是实现企业内部协同的有力保障。

企业间协同是指供应链上的成员在共享需求、库存、产能和销售等信息的基础上，根据供应链的供需情况实时地调整计划和执行交付或获取某种产品和服务的过程。企业间的协同较企业内部的协同复杂得多，因为：

①企业内部有一个共同且明确的总目标。而企业间因为法人主体的不同，很难形成统一且明确的共同目标。

②企业中存在最高的决策个体，但是在供应链中企业之间的决策影响是相互的，虽然有强势和弱势，但是不存在绝对的最高决策个体。

③企业内部的信息交流对安全性和保密性的要求没有企业间的信息交流要求高。

④企业内部协同的组织实现是跨职能部门的，而企业间协同的组织实现则是跨组织的。

⑤企业内部因为法人主体的一致，从而对资源的调配，以及应对紧急事件的统一支援和指挥较企业间协同容易实现。

因此，构建企业间的协同，需要做到：

①必须在供应链层次构建一个共赢的供应链目标；

②建立企业间亲密的伙伴关系，达成相当高的信任度；

③实现资源的有效整合与利用，相互开放业务信息，增强运营体系的透明度；

④从供应链的层次，以满足终端客户需求为核心实现企业间流程重组。

最终实现企业间的协同体现为：预测协同；库存和销售信息协同；采购计划协同；订单的执行协同；生产制造协同；运输交货协同；产品设计协同。

供应链协同是一个复杂的体系，因而保障信息交流畅通的信息技术是支持供应链协同和监控所有供应链环节的重要支柱。

13.2 GS1 在供应链协同中的应用

GS1 标准支持在价值网络中交互的最终用户的信息需求，这些信息的主体是参与业务流程的实体。这些实体包括：公司之间交易的物品，如产品、原材料、包装等；执行业务流程所需的设备，如容器、运输工具、机械设备等；业务流程所在的物理位置；公司等法律实体；服务关系；业务交易和文件等。

实体可能存在于物理世界中（此类实体在本书中统称为物理对象），也可能是数字实体或概念实体。物理对象的例子包括消费电子产品、运输容器和生产场所（位置实体）。

数字对象的例子包括电子音乐下载、电子书和电子优惠券。概念实体的例子包括贸易项目类别、产品类别和法律实体。

现代信息网络技术为供应链各节点企业之间的信息沟通、业务协同提供先进的技术平台。企业内部通过信息处理实现各项业务之间的协同；企业之间通过信息共享实现供应链业务流程的协同。

13.2.1 开放价值网络

开放价值网络是指完整的贸易伙伴群体事先未知且随时间变化，贸易伙伴一定程度上可以彼此交互的价值网络。不同系统组件之间的接口构成了互操作性的基础。在价值网络中，最重要的接口是不同组织之间的接口（见图13-7）。

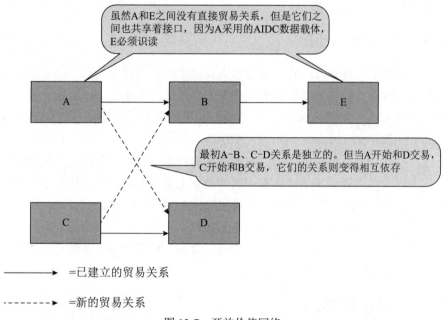

图 13-7 开放价值网络

GS1标准是为开放价值网络而设计的。在开放价值网络中会发生跨行业、跨法规、跨流程的合作。GS1成立的目的和服务的宗旨就是在合法的基础上促进合作。

与开放价值网络相对的是封闭/专有网络，它是一个公司内部、一个公司联盟内部或一个行业领域内为贸易和运输业务而建立的价值网络。这种网络的缺点在于每当封闭的接口不再仅限于指定领域并纳入了其他原本不受要求约束的参与方时，需要各方协商对网络进行变更。

虽然开放价值网络需要基于标准的接口，但是对于封闭价值网络来说，基于标准的接口通常也是一种好方法。因为封闭价值网络可能会随着时间的推移而扩展，纳入以前没有的参与方。GS1标准可以弥补封闭网络和开放网络之间的差距。

13.2.2 信息编码标准化

GS1的标识标准提供标识实体的方法，以便在最终用户之间存储和交换电子信息。信息系统可使用（简单或复合）GS1标识代码唯一地指代实体，如贸易项目、物流单元、资产、参与方、物理位置、文档或服务关系。参与供应链的所有企业，包括零售商、制造商、原材料供应商，要对在供应链上流动和共享的数据按 GS1 标准进行编码。由于编码在全链条上统一，这样就可以在供应链上的所有节点、所有环节实现协同运作。

（1）**零售终端**。零售商品使用 GTIN 编码，在本书第 4 章中已经介绍。

（2）**储运、包装环节**。使用储运包装商品代码，在本书第 5 章中已经介绍。

（3）**物流环节**。使用系列货运包装箱代码 SSCC、位置码及应用标识符 AI，在本书第 6 章中已经介绍。

（4）**制造环节**。可以采用店内码，为生产线上的中间产品编制代码。

（5）**企业间的服务贸易**。使用 GS1 体系中的服务关系代码，在本书第 7 章已经介绍。

由于 GS1 编码具有全球唯一性，当采用 GS1 编码标准的数据在供应链上流动时，可以被贸易伙伴准确理解和共享。

13.2.3　信息采集自动化

GS1 的信息采集标准通过对物理对象上直接携带的标识符和数据自动采集的方法，将物理世界和数字世界，即物理事物的世界和电子信息的世界相连。GS1 数据采集标准目前包括条码和射频识别（RFID）数据载体的规范。采集标准还规定了自动识别和数据采集（automatic identification and data capture，AIDC）、数据载体与识读器、打印机和其他软硬件组件之间的一致接口，以读取 AIDC 数据载体的内容，并将此数据连接到相关的业务应用程序中。人们有时用行业术语"自动识别和数据采集（AIDC）"来指代这一组标准，但在 GS1 系统架构中，"识别"与"自动识别和数据采集"之间存在明确的区别。因为并非所有的识别都是自动的，也并非所有的数据采集都是识别的。在零售端、配送中心、物流运输、生产线等各个环节，为原材料、半成品、成品、包装单位、运输单位生成并印制条码或粘贴 RFID 标签，便于自动、实时采集。

13.2.4　信息共享实时化

GS1 共享标准提供在组织之间和组织内部共享信息的方法，为电子商务交易、物理和数字世界的电子可视化及其他应用奠定了基础。GS1 信息共享标准包括主数据、业务交易数据和可视化事件数据的标准，以及在应用程序和贸易伙伴之间共享这些数据的通信标准。其他信息共享标准包括帮助定位相关数据在网络中位置的 GS1 DL 解析器基础设施的标准。通过一致的通信协议和通信标准，可以使得业务信息在伙伴之间实时共享。供应链上的各个环节，通过自动采集设备采集到的数据，经企业信息系统统计加工后，按照标准的信息格式，利用标准的通信协议（EBXML、GDS），在全供应链中快速传递和共享，从而达到业务协同的目的。

13.3　高效消费者响应 ECR

日本丰田公司副总裁大野耐一综合了单件生产和批量生产各自的优势，创造了一种在多品种、小批量混合生产条件下的高质量、低消耗的生产方式，即准时制（just in time，

JIT）。其含义是："只在需要的时候，按需要的数量，采购适量的原材料，生产所需要的产品。"在这一思想的影响下，各种分支和派别不断出现。快速反应（quick response，QR）和高效消费者响应（efficient consumer responce，ECR）是供应链中典型的管理模式。

品牌商面对最终客户的中间渠道，掌握了第一手的销售和市场数据。品牌商为了给客户提供高效的服务，需要更快、更准确地获得渠道中的销售、库存等数据，进行分析并指导市场营销，同时向渠道中发布产品数据（新品、价格、促销等），以达到加快市场反应能力、提升销售水平、降低整体库存等目的。据统计，有效地获取需求和需求链可视化，并利用这种洞察力来产生更好的需求管理及预测计划的企业，平均库存量可减少 15%、订单履行能力增强 17%、资金周转时间缩短 35%、完美订单率超过 99%。

13.3.1 快速反应 QR

QR 起源于美国 20 世纪 80 年代的服装业。美国学者 Black Burn（1991）在对美国纺织服装业 QR 研究的基础上总结出 QR 成功的 5 个条件，这也是 QR 的主要特征。

1. 必须改变传统的经营方式并革新企业的经营意识和组织

具体表现在以下几个方面。

（1）企业不能局限于依靠本企业的力量来提高经营效率的传统经营意识，要树立通过与供应链各方建立合作伙伴关系，努力利用各方资源来提高经营效率的现代经营意识。

（2）零售商在 QR 系统中起主导作用，零售商店是 QR 系统的起始点。

（3）在 QR 系统内部，通过 POS 数据等销售信息和成本信息的相互公开和交换，提高各个企业的经营效率。

（4）明确 QR 系统内各个企业之间的分工协作范围和形式，消除重复作业，建立有效的分工协作框架。

（5）必须改变传统的业务处理方式，通过利用信息技术实现业务处理的无纸化和自动化。

2. 必须开发和应用现代信息处理技术，这是成功进行 QR 活动的前提条件

这些信息技术有商品条形码技术、物流条形码技术、电子订货系统（EOS）、POS 数据读取系统、EDI 系统、电子支付系统及预先发货清单技术。供应商（制造商）管理用户库存方式（VMI）、连续补充库存方式（CRP）等由信息技术支持的供应链管理策略。

3. 必须与供应链各方建立战略伙伴关系

具体内容包括以下方面：一是积极寻找和发现战略合作伙伴；二是在合作伙伴之间建立分工和协作关系。合作的目标是削减不必要的库存，避免缺货现象的发生，降低商品风险，避免大幅度降价现象发生，减少作业人员和事务性作业等。

4. 必须改变传统企业对商业信息保密的做法

将销售信息、库存信息、生产信息、成本信息等与供应链中的合作伙伴交流分享，并在此基础上，要求各方一同发现问题、分析问题和解决问题。

5. 供应商必须缩短生产周期，降低商品库存

供应商应该努力做到：

（1）缩短商品的生产周期（cycle time）；

（2）进行小批量多品种生产和多频度小批量配送，降低零售商的库存水平，提高客户服务水平；

（3）在商品实际需要将要发生时采用 JIT 生产方式组织生产，减少供应商自身的库存水平。

QR 的发展已有 40 年，其基本原则没有变化，但 QR 的策略和技术已今非昔比，目前在欧美，QR 的发展已跨入第三个阶段，即联合计划、预测与补货（collaborative planning, forecasting and replenishment，CPFR）阶段。CPFR 是一种建立在贸易伙伴之间密切合作和标准业务流程基础上的经营理念。它应用一系列技术模型，这些模型具有如下特点：开放但安全的通信系统；适应于各个行业；在整个供应链上是可扩展的；能支持多种需求（如新数据类型、各数据库系统之间的连接等）。

13.3.2 高效消费者响应（ECR）

高效消费者响应（efficient consumer response，ECR）系统，是指为了给消费者提供更高利益，以提高商品供应效率为目标，广泛应用信息技术和沟通工具，在生产厂商、批发商、零售商相互协作的基础上形成的一种新型流通体制。由于 ECR 系统是通过生产厂商、批发商、零售商的联盟来提高商品供应效率的，因而又可以称为连锁供应系统。

ECR 是在商业、物流管理系统中，经销商和供应商为降低甚至消除系统中不必要的成本和费用，给客户带来更大效益，而利用信息传输系统或互联网进行密切合作的一种战略。

实施"高效消费者响应"这一战略思想，需要我们将条码自动识别技术、POS 系统和 EDI 集成起来，在供应链（由生产线直至付款柜台）之间建立一个无纸的信息传输系统，以确保产品能不间断地由供应商流向最终消费者。同时，信息流能够在开放的供应链中循环流动。既满足消费者对产品和信息的需求，给消费者提供最优质的产品和适时准确的信息，又满足生产者和经销者对消费者消费倾向等市场信息的需求，从而更有效地将生产者、经销者和消费者紧密地联系起来，降低成本，提高效益，造福社会。

20 世纪六七十年代，美国日杂百货业的竞争主要是在生产厂商之间展开的。竞争重心是品牌、商品、经销渠道和大量的广告促销，在零售商和生产厂家的交易关系中生产厂家占据支配地位。进入 20 世纪 80 年代，在零售商和生产厂家的交易关系中，零售商开始占据主导地位，竞争的重心转向流通中心、商家自有品牌（PB）、供应链效率和 POS 系统。同时在供应链内部，零售商和生产厂家之间为取得供应链主导权的控制，为商家品牌（PB）和厂家品牌（NB）占据零售店货架空间的份额展开着激烈的竞争，这种竞争使得供应链各个环节间的成本不断转移，导致供应链整体的成本上升，而且容易牺牲力量较弱一方的利益。在上述背景下，美国食品市场营销协会联合包括 COCA-COLA、P&G 等 6 家企业与一些流通咨询公司一起组成研究小组，对食品业的供应链进行调查、总结、分析，于 1993 年 1 月提出了改进该行业供应链管理的详细报告。在该报告中系统地提出高效消费者响应的概念体系。经过美国食品市场营销协会的大力宣传，ECR 概念被零售商和制造商所接纳并被广泛地应用于实践。

高效产品引进（efficient product introductions）、高效商品存储（efficient store variety）、高效促销（efficient promotion），以及高效补货（efficient replenishment）被称为 ECR 的四大要素。

（1）**高效产品引进**。通过采集和分享供应链伙伴间时效性强且准确的购买数据，提高新产品的成功率。

（2）**高效商品存储**。通过有效地利用店铺的空间和店内布局，最大限度地提高商品的盈利能力。例如，建立空间管理系统、有效的商品品类管理等。

（3）**高效促销**。通过简化分销商和供应商的贸易关系，使贸易和促销的系统效率最高。例如，消费者广告（优惠券、货架上标明促销）、贸易促销（远期购买、转移购买）等。

（4）**高效补货**。从生产线到收款台，通过 EDI 系统，以及以需求为导向的自动连续补货和计算机辅助订货等技术手段，使补货系统的时间和成本最优化，从而降低商品的售价。

13.3.3　QR 与 ECR 的比较

（1）**共同的外部环境变化**。这两个行业都受到了两种重要的外部环境变化的影响。一是经济增长速度的放慢加剧了竞争，因为零售商必须生存，并保持顾客的忠诚度。二是零售商和供应商之间交易平衡发生了变化。

（2）**共同面临贸易伙伴之间的不协调关系而需要加强密切合作**。在引入 QR 和 ECR 之前，两个行业都陷入了同样的困境：供应商和零售商或批发商之间的关系非常恶劣，已到了相互不信任的地步，两方面都各自追求自己的目标，而忽视了企业经营的真正原因——满足顾客的需要。

（3）**共同的目标**。供应商和零售商都受到了新的贸易方式的威胁。对于零售商来说，威胁主要来自大型综合超市、廉价店、仓储俱乐部及折扣店等新的零售形式，它们采用新的低成本进货渠道。这些新的竞争者把精力集中在每日低价、绝对的净价采购及快速的库存周转等策略上。对于供应商来说，压力来自自有品牌商品的快速增长。

（4）**共同的信息技术支持**。QR 和 ECR 都必须有信息技术支持，这是它们取得成功的前提条件。

（5）**共同的措施**。QR 和 ECR 都重视供应链的核心业务，对业务进行重新设计，以消除资源的浪费。

（6）**共同存在的认识误区**。供应商（制造商）和零售商两方常错误地认为，QR 和 ECR 是技术方面的工作。如果企业的总经理信奉这种观念，把 ECR 和 QR 仅付诸信息管理部门去实施，那么这个企业将一无所获。虽然技术在战略的实施中所扮演的角色是非常重要的，但是它本身并不能保证战略的实现。只有把 QR 和 ECR 作为企业的整个供应链管理战略来重视，使信息在整个系统快速、准确和及时流动，加之生产经营和物流、服务等方面的有效运作，供应链上的零售商和制造商才能获得成功。

13.3.4　ECR 与全渠道零售管理

今天，企业面临多种销售渠道，如网站（电脑购物）、移动电商（手机购物）、零售店等。传统生产和流通企业适应顾客需求越来越困难，传统的商品供应体制难以跟上变化，零售业销售额日益减少。消费者品牌忠诚度在下降，不再像以前反复购买同一种食品。

针对当前的多渠道管理问题，ECR 提出了三大变革方向：凡是对消费者没有附加值的浪费必须从供应链通路上清除；重新确认供应链内的合作体制和结盟关系；实现准确即时的信息流，以信息代替库存。要做到无缝零售、全渠道零售和全球销售，需要全球供应链的重新组合，并对立体仓库、无人送货等服务提出了新要求。在跨境电商中，还需要商品条码跟海关 HS 编码打通，实现跨境商品的快速通关。信息技术和统一的编码，是实现全渠道零售管理和 ECR 的有力支撑。

拓展阅读 13.1：
"胖东来"成功的奥秘

13.4　GS1 GDSN

全球数据同步网络（global data synchronization network，GDSN），是数据池系统和全球注册中心基于互联网组成的信息系统网络（见图 13-8）。

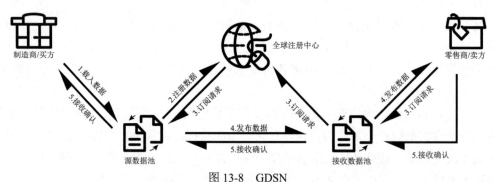

图 13-8　GDSN

通过部署在全球不同地区的数据池系统，分布在世界各地的公司能和供应链上的贸易伙伴使用统一的标准交换贸易数据，实现商品信息的同步。这些系统中有相同数据项目的属性，以保证这些属性的值一致，如某种饮料的规格、颜色、包装等属性。GDSN 保证全球零售商、供货商、物流商等在系统中的数据都是和制造商公布的完全一致，并可以及时更新。

13.4.1　为什么需要 GDSN

每家公司都拥有自己的数据库，其中存储了公司生产、销售或采购的产品的主数据。但是当一家公司需要改变其数据库中的产品信息或者添加新的产品信息时，另一家公司的数据库中的信息并没有被更新。通过全球数据同步，共享可靠的主数据，其好处如图 13-9 所示。

图 13-9 GDSN 的好处

主数据（master data，MD）是指系统间的共享数据（例如，客户、供应商、账户和组织部门相关数据）。与记录业务活动、波动较大的交易数据相比，主数据（也称基准数据）变化缓慢。在正规的关系数据模型中，交易记录（例如，订单行项）可通过关键字（例如，订单头或发票编号和产品代码）调出主数据。

主数据必须存在并加以正确维护，才能保证交易系统参照的完整性。

13.4.2 GS1 中的主数据

主数据是描述实体的静态或近静态的数据元。例如，一个贸易项目类别的主数据可能包括贸易项目的尺寸、描述性文本、食品的营养信息等。一个法律实体的主数据可能包括组织名称、邮政地址、地理坐标、联系信息等。

主数据为应用程序提供了解实体并在业务流程中适当处理它们所需的信息。

GS1 系统中的数据共享是将周期性业务文档中出现的数据与主数据结合的模式。

（1）主数据将 GS1 标识代码与描述相应实体的数据元关联起来。

（2）带有交易数据和可视化事件数据的周期性业务文档引用 GS1 标识代码来指代实体。

（3）处理周期性业务文档的应用程序将业务文档中引用的 GS1 标识代码与关联的主数据结合起来，就能获得完整的信息集。这样可以避免在周期性业务文档中反复引用主数据元。

在 GS1 系统中，数据接收方可以通过 6 种方法从数据源接收主数据。

（1）提前同步：数据接收方在处理任何周期性业务文档之前获取主数据。之所以称为"同步"，是因为以这种方式获取主数据的过程会定期重复，以使数据接收方的主数据副本与数据源发布的主数据副本保持一致（即"同步"）。

（2）提前点对点通信：主数据的数据源可以通过专用的 EDI 报文（比如 GS1 XML 的 Item Data Notification 报文和 GS1 EANCOM 的 Price Sales Catalogue 报文）将主数据直接发送给数据接收方。

（3）按需查询：数据接收方向查询服务方发出带有实体的 GS1 标识代码的查询请求，以获取指定实体的主数据。在按需查询方法中，获取主数据的时间可以推迟到数据接收方开始处理包含标识代码的业务文档时间。

（4）嵌入业务文档：业务文档本身除了 GS1 标识代码外还可以嵌入主数据。这样，应用程序就不需要从另外的来源获取主数据。

（5）嵌入 AIDC 数据载体：附加在实体上的 AIDC 数据载体（条码或 RFID 标签）可能包含描述实体的数据元。可以使用 GS1 采集标准来提取这些数据元，并将其传递给业务应用程序。

（6）嵌入网页：可以使用 GS1 网络词汇在网络上发布主数据。可以使用 GS1 DL URI 指向此类数据。

前 3 种方法都对主数据进行了预同步。当无法或者不方便预同步主数据时，则采用第 4 种方法和第 5 种方法。第 6 种方法既可用于预同步的情况，也可用于非预同步的情况。

GS1 GDSN 是一个具有互操作性的数据池网络，使用户能够基于 GS1 标准安全同步主数据。GDSN 支持在订阅的贸易伙伴之间进行准确的贸易项目更新。GDSN 是依赖于 GO 开发和维护的 GS1 全球注册平台的中央注册平台。

13.4.3　全球商务倡议

全球商务倡议（The Global Commerce Initiative，GCI）是一个全球性自发组织，由生产商和制造商于 1999 年 10 月创建，它们自发地制定并执行标准，以提高全球消费品供应链的性能。GCI 把全世界的制造商和零售商联合起来，组成一个世界性的组织。它们的目标是消除洲际地域与行业间的商业流程障碍，简化电子商务流程，并且在整个供应链中提升消费者的地位。

贸易伙伴之间的主数据（master data）共享是供应链中重要的一个环节，这是因为在所有商业体系中主数据是最基本的信息。主数据的完整性和实时性在整个供应链中对物流的不间断流程是至关重要的。经济高效地共享数据依赖于所有参与者精确的数据定义、数据准确性和贸易伙伴之间数据交换时达成的协议。这样的数据共享一般被称为主数据同步。2001 年 3 月，GCI 成立了 GCI－GDS 工作组来解决采用什么样的方法和程序能够激活 GDS，并满足用户商业需求的问题。

爱因斯坦曾指出"如果不相信我们世界的内在和谐性，那就不会有任何科学"。协同就体现着这种内在的和谐性。研究协同是要把不同事物间的不同方面共同协调一致地融合在一起，以求更大效率。而这种效率可以体现在人们的生活、工作等社会活动的各个方面。

13.5 供应链协同规范

《说文》中提到:"协,众之同和也。同,合会也。"

所谓协同,就是指协调两个或者两个以上的不同资源或者个体,协同一致地实现某一目标的过程或能力。

供应链协同(supply chain collaboration,SCC),是为了满足一定目标市场的需求,两个或两个以上的企业通过公司协议或联合组织等方式而结成的一种网络式的以销定产的供求模式。

13.5.1 供应链协同参与主体

1. 总则

参与主体包括供应链上下游之间从最初的原料供应商到最终的零售商在内的全部企业。这些企业必须由供应链协同服务系统按照一定的规则认定其资格。协同参与方通过供应链协同服务系统实现业务信息的协同。

供应链协同通过电子商务相关技术实现供应链上下游企业间业务数据的共享与同步,解决供求信息不及时所导致的丧失贸易机会与业务运营成本高等问题,包括供应链上下游企业之间企业及产品基本信息重复录入导致的信息不准确等问题。

制定、执行管理制度,约束各个交易参与方的行为,保证交易安全、可靠、公平,对产品质量进行监督,维护产品质量安全,杜绝不合格产品参与市场交易。

2. 注册

参与主体是在中华人民共和国境内注册登记的从事与交易商品有关的现货生产、经营、消费活动的企业法人,具有良好的资信。参与主体须提出申请,并经供应链协同服务系统批准,取得注册资格。具体注册要求应符合《供应链企业基础信息规范》的有关要求。参与主体进行供应链业务协同时应遵守以下要求:

(1)参与主体保证提供材料、数据的真实性,并承担相应责任;
(2)参与主体应守法、履约、公平买卖;
(3)参与主体应遵守供应链业务协同服务系统的章程、交易业务规则及有关规定;
(4)接受供应链业务协同服务系统的业务管理,协同服务系统行使管理职权时,可以按照系统规定的权限和程序对参与主体进行调查,参与主体应当配合;
(5)遵守相关法律、规定及供应链业务协同服务系统的相应规定。

3. 供应链协同信息的分层

供应链协同信息分为概要信息和详细信息两个层次:概要信息包括协同过程中的基本信息,如品名、数量、质量等;详细信息包括更多具体信息和不便公开的信息,如价格、折扣等。

供应链协同信息包括协同业务中的概要信息。供应链协同的详细信息不在本标准中规定。

4. 注销

参与主体不再继续参与供应链业务协同时,应申请办理业务协同注销手续。未办理注销手续的参与主体,应对其业务协同期间发生的所有行为全权负责。

13.5.2 供应链协同业务流程规范

各供应链主体、第三方物流及平台之间的关系如图 13-10 所示。由于供应链上下游企业往往不在同一个区域，因此各供应链主体之间、各供应链主体与第三方物流之间的信息流均通过区域平台和中央平台进行交互。中央平台下有若干个区域平台，区域平台下又有若干供应链主体企业及第三方物流。

供应链主体企业通过向区域平台发送信息查询业务的请求信息，请求信息的内容包括目标企业、目标查询信息等。在获得目标企业的授权后，该供应链企业可以通过中央平台储存的业务地址库获得目标企业生产计划、销售计划和库存信息，加强上下游协同性，便于企业作出科学的决策。

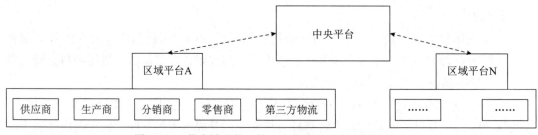

图 13-10 供应链主体、第三方物流及平台之间的关系

完整的供应链协同流程是由业务与流程构成的，单据与单据之间通过各种各样的业务串联在一起。业务与单据的关系（购买方、销售方和第三方物流之间的业务关系）如图 13-11 所示。

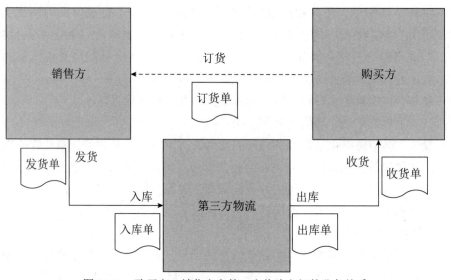

图 13-11 购买方、销售方和第三方物流之间的业务关系

1. 订货业务

订货业务由下游购买方发起，其数据来源于购买方对其下游市场的预测和购买方自身的库存。该业务依据这些数据产生订货单。订货单应包括的信息：订货单编号（自动生成）、销售方和购买方信息（源于企业基础信息平台）、结算方式、订货方式、物流模式、

订货日期、送货截止日期、收货地址、制单人、审核人、产品基础信息（源于产品基础信息平台）、产品价格、产品数量、产品单位及备注信息。

2. 发货业务

发货业务是销售方将货物交由第三方物流而实现货物空间转移的业务。销售商根据需要发出货物的数量、价值，以及收货单位和收货地等信息，完成发货单的相关信息项。发货单的信息应包括：发货编号（自动生成）、发货单位、收货单位及承运单位信息（源于企业基础信息平台）、货物名称、件数、包装、质量、体积、运费、保险费、是否急件及备注信息。

3. 入库业务

运输货物的车辆到达第三方物流的仓库，在验收完货物并确认货物无误后，根据货物情况形成入库单并安排货物进行入库处理。入库单的内容应包括：入库单编号（自动生成）、承运单位信息（源于企业基础信息平台）、入库时间、产品基础信息（源于产品基础信息平台）、产品价格、产品数量、产品单位及备注信息。

4. 出库业务

分拣员将需出库的货物分拣出来并确认货物无误后，根据货物及目的地情况形成出库单。出库单的内容应包括出库单编号（自动生成）、提货单位信息（源于企业基础信息平台）、出库时间、目的地信息、产品基础信息（源于产品基础信息平台）、产品价格、产品数量、产品单位及备注信息。

5. 收货业务

购买方收到第三方物流送到的货物以后，会根据订货单的内容对货物进行到货验收，并根据验货结果形成收货单。收货单的内容应包括收货单编号（自动生成）、销售方信息（源于企业基础信息平台）、验收日期、验货人、审核人、产品基础信息（源于产品基础信息平台）、产品价格、产品数量、产品单位及备注信息。

6. 退货业务

购买方在收到货物前或者收到货物后，因各种原因需要退货时会向销售方提出退货申请，销售方根据购买方的退货申请是否合理来决定是否同意退货。退货申请单的内容应包括退货申请单编号（自动生成）、原订货单编号（退货货物相对应的订单编号）、销售方编号与销售方名称（源于企业基础信息平台）、退货日期、收货日期、产品名称（源于产品基础信息平台）、单位、数量、单价、总价、退货原因及备注信息。

13.5.3　供应链业务协同流程信息维护与管理

（1）**供应链企业基础信息的维护**。由供应链业务协同流程信息管理机构人员，在供应链业务协同流程信息平台对供应链业务协同流程信息进行维护。

（2）**供应链业务协同流程信息的管理**。国家供应链业务协同流程信息管理应符合《供应链协同服务管理办法》中的规定。

13.5.4　协同供应链运行模式及管理办法

协同供应链中的核心企业是供应链的主体，供应链节点各企业围绕核心企业，通过计划、协调、控制信息流、资金流、物流等将上游和下游的企业连接起来，形成一个供需网络，在满足内部需求的同时也可以满足外部客户的需求，通过对各个环节的增值，获得集群整体效益的提高。

（1）**技术研发模式**。技术研发是一个集群赖以生存的根本，技术创新是一个集群蓬勃发展的必经之路。协同型集群式供应链系统内的技术研发主要有两种模式：第一，集群内的几个核心企业以股份合作的方式来共同进行技术研发；第二，借助集群内的专业研发机构及高专院校进行技术研发。

（2）**专业市场建设模式**。协同供应链的专业市场建设也是很重要的一部分，由于其内部存在一个或多个核心企业、多条供应链，所需求的原材料种类比较繁多，因而原材料专业市场的建设对集群系统的发展更具有意义。协同型集群式供应链原材料专业市场的建设主要有两种模式：第一，自发形成模式；第二，政府机构的"筑巢引凤"模式。

（3）**物流运作模式**。协同供应链的物流运作处于特别重要的一个环节，系统内的物流运作主要存在3种模式：第一，简单物流外包模式；第二，物流整体外包模式；第三，物流园区模式。

（4）**供应链协同中的标准协同**。在集群式供应链的协同过程中，应该努力保证标准上的协同。供应链各个节点企业所采用的技术、绩效评价等都不尽相同，这会对整体绩效、整体实力有一些影响。为了更好地协同供应链，实现节点企业间标准的统一就显得非常必要，主要包括技术标准协同和绩效标准协同。

（5）**利益分配模式**。此外，还要考虑解决集群内部利益的分配协同问题。整个协同型供应链联盟的分配应保证各成员企业的付出与收益相对称。付出大获得的就多，反之获得的就少。

13.5.5 供应链协同平台的服务模式

供应链协同电子商务平台涉及多个子系统，包括供应链企业主体管理系统、供应链产品基础信息管理系统、供应链协同业务地址注册管理与索引系统、协同业务统计分析系统、产品目录服务系统、黑名单管理系统、接入管理系统、协同管理系统及供应链订阅系统。

（1）**针对消费者的服务模式**。消费者可以通过系统平台查看供应链企业资质方面的信息；查看产品的基础信息、检验报告信息与产品图片信息。同时，消费者还能通过手机端的 App 即时获取产品与企业的相关信息。

（2）**针对企业的服务模式**。通过该系统平台实现注册与注销，查看上游供应商提供的商品信息及其企业资质信息；通过供应链订阅系统与产品目录系统，快速找到自己需要的商品及合作伙伴；企业还能通过业务地址系统，实现业务地址的注册，以及接收或提交商品订单，实时跟踪管理订单；企业还能通过黑名单管理系统，获取企业黑名单的相关信息。

（3）**针对政府的服务模式**。查看企业及产品的相关信息，通过目录服务系统对企业、产品进行整体管理；通过协同业务统计分析系统获取决策时所必要的统计数据；通过黑名单管理协同对平台中的黑名单企业与产品进行监控。

（4）**针对区域、平台供应链业务协同系统的服务模式**。获取运营主体资质管理、系统标准符合性认证等服务，通过目录服务系统查询产品列表；通过接入管理系统实现与中央平台的对接，实现业务协同处理；通过供应链订阅系统，为企业实现发送订阅申请的功能。

本章小结

本章从案例出发，探讨了供应链和供应链管理的含义，供应链的运作过程及其包含的各个环节。本章分析了两种不同的供应链模式（"push"模式和"pull"模式）的差别，重点探讨了"pull"模式的运作过程，分析了有效的"pull"模式供应链的成功关键要素。企业如何重新确定自己在整个供应链中的位置，通过信息共享来实现与伙伴的有效协作，是本章的学习重点。

本章习题

1. 什么是供应链管理？企业为什么要实施供应链管理？试举例说明。
2. 简述供应链管理的基本思想和基本特征。
3. 简述 GS1 系统在供应链协同中的应用。
4. 简述准时采购策略在供应链管理中的作用。
5. 以戴尔为例，说明拉式供应链的运作过程。在整个运作过程中，信息流如何流动？

【在线测试题】
扫描二维码，在线答题。

第 14 章　食品安全与追溯

> **导入案例**
>
> **国家农产品质量安全追溯管理信息平台**
>
> 　　国家农产品质量安全追溯管理信息平台（以下简称"农产品平台"）（http://www.qsst.moa.gov.cn）是农产品质量安全智慧监管和国家电子政务建设的重要内容，由农业部农产品质量安全中心开发建设，包括追溯、监管、监测、执法四大系统、指挥调度中心和国家农产品质量安全监管追溯信息网，以"提升政府智慧监管能力，规范主体生产经营行为，增强社会公众消费信心"为宗旨，为各级农产品质量安全监管机构、检测机构、执法机构及广大农产品生产经营者、社会公众提供信息化服务。
>
> 　　根据不同的应用场景，追溯标签分为追溯标识、追溯凭证和入市追溯凭证。产品具备加施追溯标识的，可打印追溯标识，加施在产品或产品包装上。农产品交易时，产品包装未改变的，不再重复张贴追溯标识。不具备追溯标识条件的，可打印追溯凭证交付下游主体（见图14-1）。
>
>
>
> 图 14-1　国家农产品追溯平台生成的追溯二维码
>
> 　　消费者扫码可查询产品名称、收获数量、收获时间、质检情况、生产经营主体名称、地址、联系方式等，消费者还可以查看产品图片或视频。已经与省级追溯平台实现对接的，还可查看生产过程信息。
>
> 　　资料来源：农业农村部 农产品质量安全管理中心。

14.1　追溯概述

　　产品追溯是保证产品质量安全的一项重要措施，基于风险管理的安全保障体系和信息记录体系，是"事前防范、事后补救"的重要手段。一旦发生问题，向上一步，即可对问题产品实现溯源，准确查出问题环节，直至追溯到生产源头；向下一步，则可按照从原料、成品、上市到最终消费整个链条所记载的信息向下进行追溯召回。

追溯最早是从食品行业提出的。1996 年英国疯牛病（BSE）暴发是可追溯体系的产生，以及其在国际范围内发展的导火索。最初由欧盟国家在国际食品法典委员会（Codex Alimentarius Commission，CAC）生物技术食品政府间特别工作组会议上提出，旨在将部分或整体食品供应链的相关信息透明化，一旦发现危及人体健康的安全问题时，可以根据从农田到餐桌全过程中各个环节所必需记载的信息，追踪流向，并且实现问题产品被快速召回。

随着欧盟、美国、日本等发达国家都积极采用现代信息技术探索并实施食品全程可追溯体系，我国也将之作为保障食品质量安全的重要手段来实施，并由食品扩展到其他产品领域，在全国范围内大力推进重要产品追溯体系建设，从而更有效地保障产品质量安全，提升广大消费者信心。

14.1.1　追溯的定义

追溯（traceability）有时也叫作"追踪""可追溯性"或"溯源"。国际标准化组织制定的国际标准 ISO 8042:1994《质量管理和质量保证—基础和术语》中，将"追溯"定义为："通过记载的信息，追踪实体的历史、应用情况和所处场所的能力。"目前，对"追溯"公认使用较多的定义是 ISO 9000：2015《质量管理体系：基础和术语》中给出的："追溯客体的历史、使用情况和所处位置的能力（注：当考虑产品或服务时，可追溯性可能涉及原材料和零部件的来源、加工的历史，以及产品交付后的分销和所处位置）。"

欧盟委员会从食品角度界定"可追溯性"：在食品生产、加工、销售、运输等所有的一系列环节中，对这一系列过程可能涉及的物质进行追踪的能力，这些物质包括食品、禽畜、饲料，甚至是有可能成为饲料或者食品成分的一切物质。

美国生产与物流管理协会（APICS）从物流角度定义"可追溯性"："可追溯性具有双重含义，一是指能够确定运输中的货物的位置，二是通过批号或系列号记录和追踪零部件、过程和原材料。"

美国农业部（USDA）从动物疾病追溯方向解释可追溯性："动物疾病追溯是一种了解患病或处于危险中的动物在哪里、它们去过哪里及何时去过的过程。这一过程在帮助对动物疾病事件作出快速反应、减少涉及调查的动物数量、最大限度地减少反应时间，以及降低生产商和政府的成本和影响方面至关重要。"

日本农林水产省在《食品可追溯制度指南》（简称《指南》）中将食品可追溯定义为："在生产、处理和加工、流通和销售的食品供应链的各阶段，能够跟踪和追溯食品及其信息的能力。"

中国良好农业规范（China GAP）中对追溯的定义为："通过记录证明来追溯产品的历史、使用和所在位置的能力（即材料和成分的来源、产品的加工历史、产品交货后的分销和安排等）。"

2019 年，我国发布的 GB/T 38155—2019《重要产品追溯 追溯术语》中将"追溯"定义为："通过记录和标识，追踪和溯源客体的历史、应用情况和所处位置的活动"。

14.1.2 追溯的作用

追溯是国际公认的产品安全管理措施，是保障产品安全的一种手段，是一种旨在加强产品安全信息传递、控制质量危害和保障消费者利益的信息记录体系，它通过记录从原始材料至最终消费品的整个产品流通链条的过程，为产品质量提供了保证。

从政府监管角度看，追溯可以提升政府的质量监管和产品安全治理能力，通过追溯体系的建设和完善实现对产品的全流程质量监控和有效管理，健全产品风险预警制度和召回制度，确保在出现产品安全质量问题时，做到产品可召回、原因可查清、责任可追究，切实保障产品质量安全，履行政府责任。

从企业的角度看，建立追溯体系，一是可以提供内部物流和质量相关信息，创建信息的反馈循环，有利于加强企业与消费者和政府的沟通，增强产品的透明度和可信度，提升产品安全管理水平，同时为供应链中企业的相互了解提供了有效的渠道，便利了供应链内企业间的信息沟通，加强了贸易合作伙伴之间的协作；二是帮助企业快速定位问题产品，精准召回，最大限度地减少质量安全事件带来的负面影响和损失；三是建立追溯体系有利于提高企业的信息化管理水平，并支撑企业市场营销策略，提高品牌竞争力；四是帮助企业突破国际贸易壁垒，满足出口目标市场准入制度及法律法规要求，提高我国食品在国际市场上的竞争力。

从消费者角度看，企业实施追溯可以提高消费透明度，满足消费者的知情权，提升消费信心，这也是实施追溯所带来的主要价值之一。如今，消费者越来越关心自身所购买的产品信息：是否为有机产品？是否含有某种过敏原物质？是否为原产地生产？如果必须召回产品，通过追溯可以做到按照从原料上市至成品最终消费整个安全保障体系环节所必需记载的信息，追踪产品流向，召回存在危害的、尚未被消费的产品，切掉源头，消除危害，维护消费者的利益，保护消费者的健康。

总体来说，产品追溯体系就是一种可以对产品进行正向、逆向、不定向追踪的质量控制系统，适用于任何产品。产品追溯体系的实施将充分整合供应链各方的力量、资源，促进产品质量安全管理水平的大幅提升，真正意义上保障产品安全和品质。发展到现在的阶段，产品追溯体系已被广泛应用于各个行业，在保障产品质量安全、降低质量问题危害、提升消费信心方面发挥着越来越重要的作用。

14.1.3 产品追溯技术

要实现产品的可追溯，需要全程采集产品的相关信息并在产品信息之间实现关联。

1. 编码技术

产品信息编码是实现产品可追溯性的重要前提。产品信息编码包括产品的编码及产品相关信息的编码。对产品进行数字化描述，包括3个方面的编码：①分类编码；②标识编码；③属性编码。

2. 采集技术

数据采集技术有人工采集和自动采集两大类。人工采集就是通过手工的方式将数据录入追溯系统；自动采集则是利用自动采集技术将数据采集到追溯系统。自动采集技术包括：

（1）条码技术，包括一维码和二维码，见本书第 9 章、第 10 章。

（2）射频识别技术 RFID，见本书第 11 章。

（3）传感器技术，通过传感器采集供应链环境信息，提高可追溯信息采集的准确度，并动态反映产品品质及其变化趋势。无线传感器网络集传感器、嵌入式计算、分布式信息处理及无线通信技术于一体，能够实时监测和采集网络分布区域内的各种检测对象的信息，并将这些信息发送到网关节点，以实现复杂的指定范围内的目标检测与跟踪。众多类型的传感器，可探测包括电磁、温度、湿度、噪声、光强度、压力、土壤成分及移动物体的大小、速度和方向等周边环境中多种多样的现象，可以检测追踪产品在整个供应链环节中影响产品安全的各种信息。传感器网络已被广泛应用于产品全供应链的信息采集环节，并且全球有越来越多国家也将传感器网络引入精细农业和环境监测中，在农业应用上具有巨大潜力。

（4）图像识别技术，图像识别是指利用计算机视觉、模式识别、机器学习等技术方法，自动识别图像中存在的一个或多个语义概念，广义的图像识别还包括对识别的概念进行图像区域定位等。农业生产中，利用图像识别技术可以对植物的生长过程进行图像反应，还可以监测与评价植物的生长，从而为农业生产提供可靠依据。图像识别技术可以对植物的生长进行全景图像监控，还可以对农产品进行质量检查。

本书中，我们主要使用条码技术和 RFID 技术。

3. 信息共享技术

由于产品的追溯信息是由不同的追溯主体或追溯参与方进行采集，要形成完整的产品追溯链，必须将这些信息在逻辑上整合起来，并建立数据之间的逻辑关联。通过互联网传递追溯信息，是最方便、最廉价的手段。

（1）电子数据交换技术（electronic data interchange，EDI）。电子数据交换技术是商业贸易伙伴之间，按标准、协议规范和格式化的信息，通过电子方式，在计算机系统之间进行自动交换和处理。EDI 包含了 3 个方面的内容，即计算机应用、通信网络和数据标准化。其中计算机应用是 EDI 的条件，通信网络是 EDI 应用的基础，数据标准化是 EDI 的特征。这 3 个方面相互衔接、相互依存，构成 EDI 的基础框架，解决了计算机与计算机之间的信息交互问题。

早期的 EDI 是通过增值网传输信息的，价格昂贵，且格式复杂；随着互联网的普及，目前企业间使用的 EDI 大都是基于 XML 格式、通过互联网传输的 EDI。

在食品的整个供应链中，条码射频标签只能是对关键的追溯信息进行标识，而相关更多追溯的、质量安全的信息需要在食品安全追溯系统之间以 EDI 的形式来传输。因此，EDI 技术是食品安全追溯体系建设中一种重要的信息技术。

（2）区块链技术。区块链从数据存储方面来看其实就是一个分布式数据库，即共享账本，通常由点对点的网络共同管理，网络中的所有节点遵守用于节点间通信和验证新区块的协议。交易需要经过系统多数节点共识后才能记录到区块。

区块链具有去中心化、可追溯、防篡改的特点，因此能够有效解决信任问题。

①去中心化。区块链的网络不需要像目前主流的互联网中采用的中心化的模式，它也

不需要任何管理机构或个人来管理系统，而是由分散的系统所有节点共同维护网络。区块链不需要管理权限，系统的数据可以被系统中所有节点记录，所有节点副本同步更新。

②防篡改。不可更改指的是区块链一旦记录过的内容是无法被篡改和删除的。区块链账本的所有相关变动都是由系统中大多数节点共同决策后的结果。只有在经过大多数节点的认可后，才可在账本中添加此交易。区块链中的数据是全部节点共同维护的，每个节点都有相应的数据副本，所以只有更改所有节点的账本，数据才能达到修改账本数据。否则，在没有通过区块链网络中多数节点的同意下，区块链账本中的数据不可能发生改变。

③集体共识。由于区块链达成交易是要统一更改所有节点的账本信息。要在分布式的网络中达到此目的，就必须依赖共识相关的机制。共识算法是系统节点更快安全地达成共识并完成交易的关键所在。所有的交易都需要大多数节点的共识，这能有效地解决信任问题。

④灵活性。区块链通过可编程脚本实现了智能合约，实现交易的自动化，可降低交易成本，也节省了大量的时间，并且在不依赖可信第三方的前提下，就可实现资产的转移。

⑤安全。区块链独特的链式存储方式使得单方面更改区块链账本中的数据变得不可能，从而保证了链上数据的安全性。特别是公共的区块链系统，大多是匿名的，虽然账本数据对系统中节点的数据是透明的，但其通过用户信息的匿名，保护了区块链系统中用户信息的安全性。

将区块链应用到供应链追溯体系中，数据存储后不可更改，并且可以跨流程进行快速跟踪，快速识别交易方，精准追溯产品流通信息，增加产品流通的透明性，保证数据真实可靠。将供应商、生产商、分销商、零售商及监管机构等加入区块链网络中，实体可直接点对点进行交易，无须第三方机构。2018年，京东推出了自主研发的区块链项目 JD Chain（至臻链），京东利用该项目进行食品和药品的精准溯源，搭建数字存证和信用网络。蚂蚁金服的区块链系统现已在公益追溯、商品溯源、城市服务、跨境支付和司法维权等多个应用场景中落地，涉及公共服务建设、金融、法律等多个领域。

14.2 GS1 系统与产品追溯

GS1 系统在追溯领域具有天然的应用优势，这体现在以下方面。

1. 具有天然的适应性

GS1 开发的全球统一标识系统主要应用于全球商贸流通领域，用于对商贸物流和供应链中的参与方、产品、位置、资产、服务关系等进行唯一标识，便于供应链各参与方提升信息共享效率。目前该系统已经形成了一套成熟的技术体系，不仅有编码，还有自动识别技术和数据交换技术，包括编码标准、数据载体标准及数据交换标准。而实施追溯所需要的三大要素：标识、数据采集、数据共享三部分，恰好可以通过 GS1 系统的各项技术满足，并且具有良好的适应性。

GS1 系统应用于追溯领域可以满足多种应用场景下的需求，对于一般的商品，采用商品条码标识到品类就可以了；对于价值比较高的商品，可以采用商品条码+系列号的方式，追溯到单品；对于以批次作为生产管理单元（因为原料、生产条件、生产工艺等相同，具有同质性的商品），可以采用商品条码+批次，追溯到批次。具体采用什么样的载体，企业可根据自身管理需求、成本等考虑一维条码、二维条码或 RFID 标签。

2. 具备较高的国际认可度

GS1 系统已被国际标准化组织（ISO）、联合国欧洲经济委员会（UN/ECE）、经济合作与发展组织（OECD）、亚太经济合作组织（APEC）等多个国际组织推荐作为追溯技术解决方案。2005 年，联合国欧洲经济委员会（UN/ECE）正式推荐 GS1 追溯标准用于食品的跟踪与追溯。欧盟将此种方法定义为"UN/ECE 追溯标准"。2012 年，两项新通过的 ISO 标准"产品安全"与"产品召回"在重要位置引用了 GS1 标准。同时，经济合作与发展组织（OECD）发布了采用 GS1 追溯标准建立的全球召回平台。2014 年，美国食品药品管理局（FDA）在颁布的一项"药品供应链安全法案（DSCSA）"指南文件中，明确提及了使用 GS1 标准实施药品追溯信息的交换和管理。同年，针对某些非食品、非医疗产品的消费者安全法规在欧洲出台，欧盟委员会成立了产品追溯专家组，通过研究确认"采用 GS1 标准是提升产品追溯性和消费者安全、快速召回的最佳方法"。

在国际上，以商品条码为基础的 GS1 技术体系已成为全球产品质量安全追溯领域的主导技术，在全球 60 多个国家中得到了广泛应用，涉及加工食品、水产品、肉类产品、饮料、酒类、水果和蔬菜等领域，取得了良好的效果。在此基础上，来自英国、法国、新西兰、德国、荷兰等欧洲、亚洲、美洲、非洲的主要国家相关食品部门都颁布了基于"商品条码+批号"的食品追溯编码技术规范与应用指南，在各国食品企业中得到了广泛应用，取得了良好效果。例如，以法国、德国为代表的欧洲零售商和供应商之间都采用"商品条码+批号"实现食品追溯，新西兰用于生鲜果蔬的出口管理与追溯，澳大利亚用于葡萄酒追溯等。近年来，以智利、泰国为代表的部分美洲和亚洲国家陆续开展了基于商品条码追溯技术的企业追溯能力认证工作。

3. 具有广泛的推广和应用基础

GS1 系统已经是全球应用最为广泛、成熟的一种标识技术体系，企业商品条码应用已经比较成熟。"商品条码"是绝大多数流通商品包装上已包含的信息，通过与"批号"和"系列号"等元素的结合进行追溯，适用于工业化生产、同批次同原料同质量的大多数行业。基于商品条码的追溯编码方案以商品条码为关键字，具有全球通用性、可扩展性、跨行业性的特点，能够贯穿整个产品周期，符合一般行业的生产特点和国际的通用做法，能够满足监管部门对产品在生产、流通过程的监管需求，符合国际重要食品安全标准和规范的要求。

GS1 系统作为全球通用的商务语言，通过准确标识、采集和共享有关产品、参与方、位置、资产和服务的信息来实现供应链可视化。使用 GS1 标准进行追溯，世界各地的企业和组织能够在全球范围内使用同一标准来唯一标识追溯对象、追溯位置、追溯参与方等，通过条码和 EPC/RFID 标签来承载标准化编码。使用统一标准来标识和采集追溯数据后，信息就可以以标准格式共享，从而确保了数据的完整性、准确性和可交互性。

在我国，"中国条码推进工程"计划纲要正式启动后，食品安全追溯被确定为推进工程项目中的重点开发领域。中国物品编码中心以此为契机，加快了对我国食品安全追溯体系的研究，建立了基于 GS1 全球统一标识系统的食品安全追溯技术体系框架，制定了食品安全追溯应用系列指南。此外，编码中心还下大力进行该项技术的推广工作，在全国建立了上百个应用试点，涵盖了肉禽类、蔬菜水果、海产品及地方特色食品等众多品类产品。

14.3 追溯在食品安全中的应用

"国以民为本，民以食为天，食以安为先"，食品是维系人类生存、发育及成长最重要的物质。食品安全关系人民群众的生命和健康，更关系社会的稳定。保证食品安全是一个系统工程，需要有一套完整的保障体系，包括食品安全法律法规体系、食品安全检测体系、食品安全认证与评估体系、食品安全标准体系，以及食品安全追溯体系等。在这套完整的保障体系中，前几项内容，多是解决"事前防范"方面的问题，而食品安全追溯体系则是解决"事后补救"方面的问题。保障食品安全，必须在"防范"和"补救"两方面都做足文章。

食品安全追溯是指运用信息技术，通过对供应链上各类食品信息进行归集、查询、分析、评估、跟踪、预警，实现从生产基地经加工企业、物流配送到零售终端的全程跟踪溯源，从而及时对问题产品进行预警，锁定问题产品的流通范围，实现产品召回，进而防止出现食品安全问题或防止问题的进一步扩大。食品安全追溯体系的建立不仅能够发挥"事后补救"的作用，更重要的是它能够找到责任方，从而促进食品安全保障体系的完善。因此，世界各国都非常重视食品安全追溯，纷纷出台法规要求实现食品可追溯性，并建立各种食品安全追溯方案。其中最具代表性的就是国际物品编码组织开发的基于商品条码的食品安全追溯系统。

14.3.1 追溯数据

GS1 系统将追溯对象在其生命周期中发生的实际活动，如接收、转化、包装、装运、运输等，定义为关键追溯事件（critical tracking event，CTE），对于全供应链的追溯，就是要对供应链过程的关键追溯事件进行记录和管理。GS1 系统将用来描述关键追溯事件的数据称为关键数据元素（key date element，KDE），在任何组织中执行追溯相关过程时，都会生成追溯数据。GS1 系统中追溯数据元素包含 5 个重要维度的信息，我们称之为"5W"，分别是："Who，What，Where，When，Why"，如图 14-2 所示。

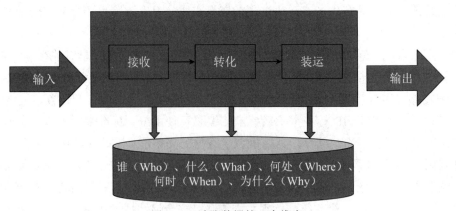

图 14-2　追溯数据的 5 个维度

"Who"，追溯参与方，即供应链各个追溯节点上的责任主体，如生产商、制造商、经销商、物流服务提供商、消费者等。

"What"，追溯对象，即供应链中需要被追踪的某个批次或者单个货物。追溯对象可能是单个的产品，也可能是批次产品，还可能包括其他实物或虚拟物品，如运输工具、设备（包括可回收的运输设备）和文件等。

"Where"，追溯位置，即产生追溯数据的物理或者逻辑位置。这个位置可能是产品的一个生产场地，一条特定的生产线，一个仓库，一个销售点等。

"When"，追溯时间，包括事件发生的日期和时间、事件在某一地点发生时的有效时区，以及将该事件录入数据库的日期和时间。

"Why"，追溯事件的详细内容，即与业务有关的所有业务工作，包括追溯对象的状态、交易、发送方或接收方。该维度包含的信息较多，除了前面提到的4种"W"中包含的内容之外，追溯事件发生的其他内容全都可以包含到"Why"的内容中。

对于整个供应链来说，各组织都应管理好自己的追溯数据。为实现端到端的供应链追溯，需要访问和组合来自多个组织的追溯数据。关键数据元素定义了追溯参与方、追溯对象、时间、位置和事件。基于GS1标准的追溯事件的关键数据元素如表14-1所示。

表 14-1 GS1 关键数据元素

参与方	
参与方的 GLN	用于标识进入供应链追溯流程的各个主体，如买卖双方、物流服务方等
追溯对象	
GTIN	标识贸易项目类型的全球贸易项目代码
批次 / 批号	一种由数字或字母数字组成的代码，与 GTIN 结合使用，用于标识一组贸易项目实例
系列号	一种由数字或字母数字组成的代码，在产品的生命周期内分配给单品的代码系列号。与 GTIN 批次 / 批号结合使用，仅用于标识一个贸易项目
数量	用于标识贸易项目的数量
净重	用于标识贸易项目的净重。净重不包括任何包装材料，必须与有效的计量单位关联
SSCC	用于标识单个物流单元的系列货运包装箱代码
位置	
物理位置的 GLN	在供应链流程中，用于标识生产、加工和库存等位置
时间	
关键追溯事件（CTE）的日期和时间	如生产、装运、接收等事件的发生时间
内容	
关键追溯事件（CTE）的业务流程	用于记录关键追溯事件的业务过程、步骤等

14.3.2 食品安全可追溯体系设计

考虑可操作性，食品安全可追溯体系的设计原则应采用"向前一步，向后一步"原则，即每个组织只需要向前溯源到产品的直接来源，向后追踪到产品的直接去向；根据追溯目标、实施成本和产品特征，适度界定追溯单元、追溯范围和追溯信息。

1. 确定追溯单元

关于组织如何建立并融入可追溯体系，ISO 22005 及 GS1 可追溯体系中都引入了一个追溯单元（traceable unit）的概念。追溯单元是指需要对其来源、用途和位置的相关信息进行记录和追溯的单个产品或同一批次产品。该单元应可以被跟踪、回溯、召回或撤回。企业内部可追溯体系的建立基础与关键就是追溯单元的识别与控制。从追溯单元的定义来看，一个追溯单元在食品链内的移动过程同时伴随着与其相关的各种追溯信息的移动，这两个过程就形成了追溯单元的物理流和信息流。组织可追溯体系的建立实质上就是将追溯单元的物理流和信息流之间的关系找到并予以管理，实现物理流和信息流的匹配。

当建立可追溯体系时，以下 4 个基本内容是不可避免的：一是确定追溯单元，追溯单元的确定是建立可追溯体系的基础；二是信息收集和记录，要求企业在食品生产和加工过程中详细记录产品的信息，建立产品信息数据库；三是环节的管理，对追溯单元在各个操作步骤的转化进行管理；四是供应链内沟通，即追溯单元与其相对应的信息之间的联系。

由于各项基本内容围绕追溯单元展开，所以确定追溯单元非常重要。组织应明确可追溯体系目标中的产品和（或）成分，对产品和批次进行定义，确定追溯单元并对追溯单元进行唯一标识。表 14-2 是某企业原料接收过程中追溯单元的确定过程。该接收过程包括货物的移动、转化、储存和终止几个步骤。

表 14-2　原料接收过程中追溯单元的确定过程

原料接收过程	过程特点描述	过程处理	追溯单元规模
移动	追溯单元物理位置的改变	不创建追溯单元	
转化	追溯单元特性的变化	创建追溯单元，确定追溯码	以提单为单位
储存	追溯单元的保留	不创建追溯单元	
终止	追溯单元的消亡	不创建追溯单元，剔除不合格品	

每一个追溯单元在任一个环节都可能包含一个或多个步骤。例如，在水产品加工厂的原料接收环节，将接收到的某一批原料定义为一个追溯单元，那么原料从无到有的过程就是转化；在接收过程中可能存在不合格的原料，那么这些原料就可能被排出食品链，所以这个过程就是终止。从表 14-2 中可以看出，并不是操作步骤中的每一个"变化"我们都将其确定为追溯单元。

食品追溯单元具体可分为：食品贸易单元、食品物流单元和食品装运单元，由存在于食品供应链中不同流通层级的追溯单元构成。食品贸易单元根据销售形式不同，分为通过 POS 销售和不通过 POS 销售的贸易单元。通过 POS 销售的贸易单元即零售贸易项目，见 GB 12904。不通过 POS 销售的贸易单元即非零售贸易项目，见 GB/T 16830。例如，农田主将西红柿按筐卖给批发商，这里一筐西红柿即为一个非零售的贸易项目。

食品物流单元是在食品供应链过程中为运输、仓储、配送等建立的包装单元，见 GB/T 18127。例如，装有食品的一个托盘。食品物流单元由食品贸易单元构成。它可由同类食品贸易单元组合而成，也可由不同类食品贸易单元组合而成。食品装运单元是装运级别的物理单元，由食品物流单元构成。例如，将 10 箱土豆和 8 箱西红柿装运在一个卡车上，该卡车即为一个装运单元。

2. 明确组织在食品链中的位置

食品供应链涉及食品的种植养殖、生产、加工、包装、储存、运输、销售等环节。组织可通过识别上下游组织来确定其在食品链中的位置，通过分析食品供应链过程，各组织应对上一环节具有溯源功能，对下一环节具有追踪功能，即各追溯参与方应能对追溯单元的直接来源进行追溯，并能对追溯单元的直接接收方加以识别。各组织有责任对其输出的数据，以及其在食品供应链中上一环节和下一环节的位置信息进行维护和记录，同时确保追溯单元标识信息的真实唯一性。

3. 确定食品流向和追溯范围

组织应明确可追溯体系所覆盖的食品流向，以确保能够充分表达组织与上下游组织之间，以及本组织内部操作流程之间的关系。食品流向包括：针对食品的外部过程和分包工作；原料、辅料和中间产品投入点；组织内部操作中所有步骤的顺序和相互关系；最终产品、中间产品和副产品放行点。

组织依据追溯单元流动是否涉及不同组织，可将追溯范围划分为外部追溯和内部追溯。当追溯单元由一个组织转移到另一个组织时，所涉及的追溯是外部追溯。内部追溯是指一个组织在自身业务操作范围内对追溯单元进行追踪和溯源的行为。内部追溯主要针对一个组织内部各环节间的联系（GB/Z 25008 3.3）。外部追溯是指对追溯单元从一个组织转交到另一个组织时进行追踪和溯源的行为。外部追溯是供应链上组织之间的协作行为（GB/Z 25008 3.2），见图 14-3。外部追溯按照"向前一步，向后一步"的设计原则实施，以实现组织之间和追溯单元之间的关联为目的，需要上下游组织协商共同完成。若追溯单元仅在组织内部各部门之间流动，所涉及的追溯是内部追溯。内部追溯应与组织现有管理体系相结合，是组织管理体系的一部分，以实现内部管理为目标，可根据追溯单元特性及组织内部特点自行决定。

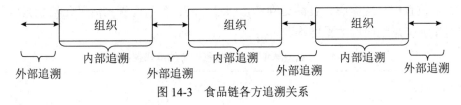

图 14-3　食品链各方追溯关系

4. 确定追溯信息

组织应确定不同追溯范围内需要记录的追溯信息，以确保饲料和食品链的可追溯性。需要记录的信息包括：来自供应方的信息；产品加工过程的信息；向顾客和供应方提供的信息。为方便和规范信息的记录和数据管理，宜将追溯信息划分为基本追溯信息和扩展追溯信息。追溯信息划分和确定原则如表 14-3 所示。

表 14-3　追溯信息划分和确定原则

追溯信息	追溯范围	
	外部追溯	内部追溯
基本追溯信息[a]	以明确组织间关系和追溯单元来源与去向为基本原则；是能够"向前一步，向后一步"链接上下游组织的必需信息	以实现追溯单元在组织内部的可追溯性、快速定位物料流向为目的；是能够实现组织内各环节间有效链接的必需信息
扩展追溯信息[b]	以辅助基本追溯信息进行追溯管理为目的，一般包含产品质量或商业信息	更多为企业内部管理、食品安全和商业贸易服务的信息
[a] 基本追溯信息必须记录，以不涉及商业机密为宜		
[b] 宜加强扩展追溯信息的交流与共享		

食品追溯体系的组织及位置信息主要包括追溯单元提供者信息、追溯单元接收者信息、追溯单元交货地信息及物理位置信息。

食品贸易单元基本追溯信息有：贸易项目编码；贸易项目系列号和批次号；贸易项目生产日期、包装日期；贸易项目保质期、有效期。扩展追溯信息有：贸易项目数量；贸易项目质量。

对于由同类食品贸易单元组成的物流单元，其基本追溯信息有：物流单元编码；物流单元内贸易项目编码；物流单元内贸易项目的数量；物流单元内贸易项目批/次号。扩展追溯信息有：物流单元包装日期；物流单元质量信息；物流单元内贸易项目的质量信息。

对于由不同类食品贸易单元组成的物流单元，其基本追溯信息有：物流单元编码。扩展追溯信息有：物流单元包装日期，物流单元质量信息。

食品装运单元基本追溯信息包括：装运代码；装运单元内物流单元编码。

5. 确定标识和载体

对追溯单元及其必需信息的编码，建议优先采用国际或国内通用的或与其兼容的编码，如通用的全球统一标识系统（GS1），对追溯单元进行唯一标识，并将标识代码与其相关信息的记录一一对应。

食品追溯信息编码的对象包括食品链的组织、追溯单元及位置。食品追溯体系的组织为食品追溯单元提供者、食品追溯单元接收者；位置是指与追溯相关的地理位置，如食品追溯单元交货地。食品追溯的单元即食品追溯对象。表 14-4 至表 14-7 分别表示了食品追溯参与方及位置信息的编码、食品追溯单元信息编码、食品追溯物流单元信息编码和食品追溯装运单元信息编码的数据结构。

表 14-4　食品追溯参与方及位置信息的编码数据结构

参与方及位置	数据结构	
	AI	GLN
追溯单元提供者	412	厂商识别代码　　位置参考代码　　校验位 $N_1 N_2 N_3 N_4 N_5 N_6 N_7 N_8 N_9 N_{10} N_{11} N_{12}$　　N_{13} 注： （1）N 为数字字符 （2）厂商识别代码为 7～9 位数字，由中国物品编码中心统一分配 （3）位置参考代码由食品供应链参与方自行分配 （4）校验位自动生成。见 GB/T 16828

表 14-5 食品追溯单元信息编码数据结构

食品追溯基本信息	数据结构	
	应用标识符	
贸易项目编码	01	厂商识别代码 → 项目参考代码 ← 校验位 $N_1 N_2 N_3 N_4 N_5 N_6 N_7 N_8 N_9 N_{10} N_{11} N_{12} N_{13}$　　N_{14} 注： （1）N 为数字字符 （2）其中 N_1 为包装指示符。取值范围为：1，2，…，8，9。其中：1～8 用于定量储运包装商品，9 用于变量储运包装商品
系列号	21	$A_1，…，A_j (j \leqslant 20)$ 注： （1）A 为数字字母字符，"…"为可变长度域；j 为字符个数。 （2）本代码结构应与具体贸易项目结合使用
批/次号	10	
生产日期/包装日期/保质期/有效期	11/13	年　　月　　日 　　　YY　MM　DD 注： （1）YY 为年的后 2 位，MM 为月，DD 为日 （2）本代码应与具体贸易项目结合使用

表 14-6 食品追溯物流单元信息编码数据结构

食品追溯基本信息	数据结构	
	应用标识符	
物流单元编码	00	扩展位　厂商识别代码 → 项目索引 ← 校验位 N_1　$N_2 N_3 N_4 N_5 N_6 N_7 N_8 N_9 N_{10} N_{11} N_{12} N_{13} N_{14} N_{15} N_{16} N_{17}$　N_{18} 注： （1）N_1 为扩展位，用于增加编码的容量，由编制代码的公司自行分配 （2）扩展位数字的范围为 0 至 9
物流单元内贸易项目编码	02	厂商识别代码 → 项目参考代码 ← 校验位 $N_1 N_2 N_3 N_4 N_5 N_6 N_7 N_8 N_9 N_{10} N_{11} N_{12} N_{13}$　　N_{14} 注： （1）N_1 其为包装指示符 （2）本代码应与物流单元编码结合使用
物流单元内贸易项目的数量	37	$A_1，…，A_j (j \leqslant 8)$ 注： （1）A 为数字字母字符，"…"为可变长度域；j 为字符个数 （2）本代码应与物流单元编码结合使用
物流单元内贸易项目的重量	310A	$N_1 N_2 N_3 N_4 N_5 N_6$ 注： （1）N 表数字字符 （2）本代码应与物流单元编码结合使用

表 14-7　食品追溯装运单元信息编码数据结构

食品基本追溯信息	数据结构	
	应用标识符	
装运代码	402	厂商识别代码　　　　　运输者索引（或装箱单代码）　　　校验位 $N_1 N_2 N_3 N_4 N_5 N_6 N_7 N_8 N_9 N_{10} N_{11} N_{12} N_{13} N_{14} N_{15} N_{16}$　　　N_{17} 注：装运代码由发货人分配，标识物理实体的逻辑组合
装运单元内物流单元编码	00	扩展位　厂商识别代码　　　　　　项目索引　　　　　　校验位 N_1　　$N_2 N_3 N_4 N_5 N_6 N_7 N_8 N_9 N_{10} N_{11} N_{12} N_{13} N_{14} N_{15} N_{16} N_{17}$　　N_{18} 注： （1）N_1 为扩展位，用于增加编码的容量，由编制代码的公司自行分配，数字范围为 0 至 9 （2）本代码应与装运代码结合使用

根据技术条件、追溯单元特性和实施成本等因素选择标识载体。追溯单元提供方与接收方之间应至少交换和记录各自系统内追溯单元的一个共用的标识，以确保食品追溯时信息交换保持畅通。载体可以是纸质文件、条码或 RFID 标签等。标识载体应保留在同一种追溯单元或其包装上的合适位置，直到其被消费或销毁为止。若标识载体无法直接附在追溯单元或其包装上，则至少应保持可以证明其标识信息的随附文件，应保证标识载体不对产品造成污染。

6. 确定记录信息和管理数据的要求

组织应规定数据格式，确保数据与标识的对应。在考虑技术条件、追溯单元特性和实施成本的前提下，确定记录信息的方式和频率，且保证记录信息清晰准确，易于识别和检索。数据的保存和管理，包括但不限于：规定数据的管理人员及其职责；规定数据的保存方式和期限；规定标识之间的关联方式；规定数据传递的方式；规定数据的检索规则；规定数据的安全保障措施。

7. 明确追溯执行流程

当有追溯性要求时，应按如下顺序和途径进行。

（1）发起追溯请求：任何组织均可发起追溯请求。提出追溯请求的追溯参与方应至少将追溯单元标识（或追溯单元的某些属性信息）、追溯参与方标识（或追溯性参与方的某些属性信息）、位置标识（或位置的某些属性信息）、日期/时间/时段、流程或事件标识（或流程的某些属性信息）之一通知追溯数据提供方，以获得所需信息。

（2）响应：当追溯发起时，涉及的组织应将追溯单元和组织信息提交给与其相关的组织，以帮助其实现追溯的顺利进行。追溯可沿食品链逐环节进行。与追溯请求方有直接联系的上游和下游组织响应追溯请求，查找追溯信息。若实现既定的追溯目标，追溯响应方将查找结果反馈给追溯请求方，并向下游组织发出通知；否则应继续向其上游和（或）下游组织发起追溯请求，直至查出结果为止（见图 14-4）。追溯也可在组织内各部门之间进行，追溯响应类似上述过程。

（3）采取措施：若发现安全或质量问题，组织应依据追溯界定的责任，在法律和商业要求的最短时间内采取适宜的行动,包括但不限于:快速召回或依照有关规定进行妥善处置;纠正或改进可追溯体系。

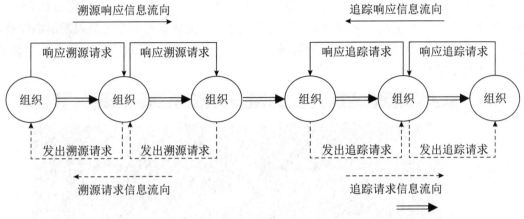

图 14-4　追溯执行流程

14.3.3　食品安全追溯应用

中国食品(产品)安全追溯平台(https://chinatrace.org/platform/,见图 14-5)是国家发改委确定的"国家重点食品质量安全追溯物联网应用示范工程",由原国家质量监督检验检疫总局(现国家市场监督管理总局)组织实施、中国物品编码中心建设及运行维护。平台基于全球统一标识系统(GS1)建设,采用 EPCIS 对追溯对象、追溯事件进行自定义,实现对不同类别产品各个阶段的完整追溯。政府、企业、消费者等可以通过平台实现对产品的追溯、防伪及监管。

图 14-5　平台界面

中国食品(产品)安全追溯平台拥有生产企业追溯平台(易码追溯)、经营企业追溯平台、政府监管平台3个子平台，政府、企业、消费者等可以通过平台实现对产品的追溯、防伪及监管，平台已为3万余家企业用户提供专业的追溯服务，为上亿个产品实现追溯。

易码追溯平台隶属于中国食品（产品）安全追溯平台（见图14-6），根据 GS1 EPCIS 国际标准，基于商品条码"全球身份证"特性，帮助企业建立产品全生命周期追溯体系，在满足我国食品安全追溯法规要求的同时，有效提升供应链信息透明度，为企业"数字化"转型打下基础。

图14-6　易码追溯平台界面

易码追溯的核心功能是，企业登录平台后，在平台录入产品的进货、产品、销售管理信息后，生成追溯二维码（见图14-7）。其中进货管理信息包括供应商信息、原材料基本信息、原材料进货信息、原材料质检报告；产品管理信息包括产品基本信息、生产日期、有效期、产品质检报告；销售管理信息包括销售商信息、销售订单信息。

图14-7　追溯信息填报页面

企业在平台完成信息录入后，平台会自动生成追溯图谱（见图14-8），它可以帮助企业宏观掌握产品在各个节点的信息，包括原材料信息、检验报告、销售去向，还可以通过动态查询帮助企业精准定位问题产品或原材料。

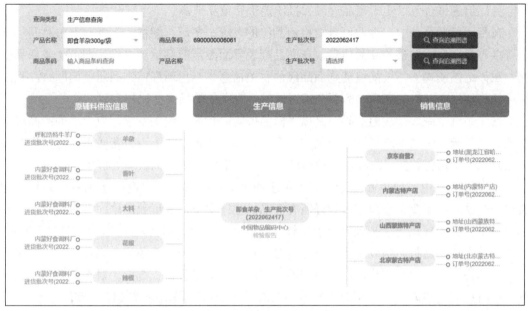

图 14-8 追溯图谱展示

同时,平台也会根据批次生成对应的追溯凭证(见图 14-9)。它不仅可以为企业提供权威的追溯证明,凭证上还会呈现出产品的基本信息、批次信息、商品条码、追溯二维码等内容,下游企业通过扫描凭证即可完成产品出库、入库等操作,可以帮助企业提高供应链效率,降低成本。

图 14-9 追溯凭证

易码追溯平台可以实现商品追溯、批次追溯和单品追溯。

在易码追溯系统中，企业可以填报商品级的名称、条码、规格、图片、上市时间、有关链接等内容形成完整的商品信息，在商品列表界面激活商品追溯二维码即可完成商品追溯。在该追溯模式下，只能追溯到商品级的有关信息，当出现任何产品质量问题时，无法精准找到该生产批次的商品，需要全部召回时，对企业的损失会比较大。

在该系统中完成批次追溯时，是以"商品条码＋批号"为关键字，以上述的商品级追溯信息为基础，拓展生产批次号和生产日期，并完成该批次的上游进货数据信息、生产加工信息、下游销售数据信息和质量检验信息，从而形成完整的批次追溯链条。

若在该系统中完成单品追溯，GS1 传统的追溯单品码是以"商品条码＋序列号"定义单个产品，但需要企业前期规划好所有商品的生产数量，保证编码顺序与数量无误。易码追溯以"文档标识"为基础进行了调整，形成以"厂商识别代码＋文档类型＋校验位＋电子标签日期＋随机防伪码＋自定义序列号"标识该企业下每个单品，以此为标识的优势是可以允许企业先生产产品，而后根据不同产品、不同数量进行绑定，对企业的实用性更强，同时拥有随机防伪码，可起到防伪的效果。平台可以提供品类（包含所有批次）、批次和单品 3 个层级的追溯二维码，帮助企业实现不同精度的追溯。

目前，全国已有 20 余家政府平台采用了"商品条码＋批次"的形式开展追溯，由此可见，GS1 追溯标准基于商品条码技术可以帮助企业建立产品全生命周期追溯体系，提高供应链的透明度和效率。该标准的应用能够确保食品从生产到消费各环节数据被准确记录，从而为消费者提供更安全、更可靠的产品。

平台的追溯码（见图 14-10）支持多种渠道扫描，使用市面上支持扫描二维码的软件扫描追溯码，即可查看追溯信息。同时，针对录入了追溯信息的产品，也可以通过中国编码 App、条码追溯 App、条码追溯小程序扫码产品条码，查看追溯信息。

　　商品追溯码　　　　　　　批次追溯码　　　　　　　单品追溯码

图 14-10　追溯二维码示例

本章小结

本章系统介绍了追溯的含义、作用及 GS1 系统在构筑食品追溯链中的具体应用。GS1 系统的编码、采集和共享体系为产品追溯提供了完备的技术基础，系统介绍了食品安全追溯链的构筑过程及 GS1 技术在追溯链中的应用，重点是食品追溯链中追溯单元的编码结构、追溯信息的采集等。

拓展阅读 14.1：GS1 编码在工业消费品全生命周期质量追溯中的应用

本章习题

1. 简述追溯的含义和作用。

2. 以食品为例，分析要实现食品的追溯时需要采集哪些信息并用到哪些技术手段？

3. 以汽车召回为例，构建一个追溯链，说明追溯节点的设置和每个追溯节点要采集的信息。

4. 简述追溯链的构建过程。

5. 以"易码追溯平台"为例，分析GS1编码技术和二维码技术在食品安全追溯中的具体应用。

【实训题】某市建立的可追溯体系架构如图14-11所示。

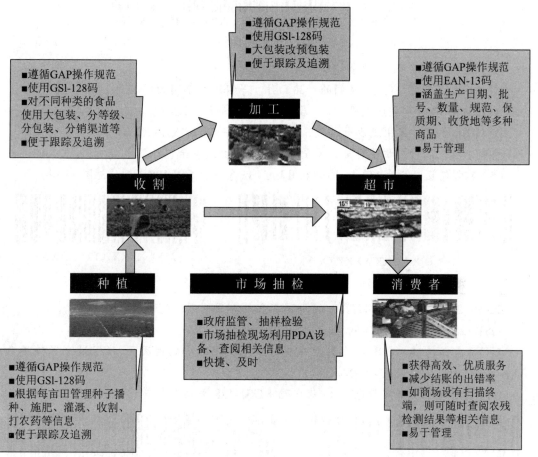

图 14-11　农产品可追溯体系架构

拟采用的编码方案如下。

采用GS1系统中的EAN-13码和GS1-128码对公司、产品、农田等信息进行标识。

（1）注册公司厂商识别代码。全球唯一的企业身份标识，8位数字"69XXXXXX"。

（2）对生产的产品进行编码。不同的品种、等级编制不同的码，4位数字"XXXX"。
产品代码GTIN：厂商识别代码＋产品编码＋校验码，用EAN-13标识（见图14-12）

69X XXXX XXXXXX

图14-12 产品标识条码EAN-13

（3）对农田或农户进行编码，区分不同的农田或农户，4～6位字母或数字标识"XXXX"。

（4）批号编码。采用流水号编码，6～8位字母或数字标识"XXXXXX"。批号是分配给一批货物的代码，该批货物在相似条件下生产、制造或包装。将"产品代码＋农户代码＋批号代码"用GS1-128码标识，粘贴在采收后的产品包装上（见图14-13）

(01) 0 69XXXXXXXXXXX (251) XXXX (10) XXXXX

图14-13 采收环节的标识

其中，应用标识符AI的含义如下。

AI (01)：产品的GTIN，不同的产品品种、等级编制不同的码。

AI (251)：农田或农户代码，4～6位字母数字标识"XXXX"。

AI (10)：批号，采用流水号编码，6～8位数字标识"XXXXXX"。

公司名称、品种、收获日期、质量等可以文字方式表示。

（5）零售包装（定量包装），同时采用EAN-13条码和GS1-128条码（见图14-14）。

69X XXXX XXXXXX　　　　　　　　　(251) XXXX (10) XXXXX

图14-14 定量包装EAN-13条码和GS1-128条码表示

EAN-13条码：产品的GTIN，贸易和零售结算用，可预先印刷在包装袋上；

GS1-128条码：农田代码和批号，用于追溯。

GTIN需保持唯一性和稳定性，在贸易单元变化很小的情况下，GTIN可保持不变；有重大变化时，需要修改GTIN。

（6）零售包装（非定量包装）：店内码＋GS1-128条码（见图14-15）。

2XXXXXXXXXXX　　　　　　　　(01) 069XXXXXXXX (251) XXXX (10) XXXXX

图14-15 非定量包装EAN-13条码和GS1-128条码表示

店内码：超市即时生成，零售结算用（店内码的前缀码范围为20～29）；

GS1-128条码：GTIN、农田代码、批号，用于追溯。

实训任务：

根据上述描述，结合软件CODESOFT2023的功能，为某一种农产品设计产品代码、农户代码和批号，并分别生成零售条码标签、采购包装条码标签。

【在线测试题】

扫描二维码，在线答题。

参 考 文 献

[1] 中国物品编码中心. GS1通用规范 [M]. 24版. 北京：中国标准出版社，2024.
[2] 中国物品编码中心. 中国条码技术与应用协会. 2023年中国条码发展研究白皮书，2024.
[3] 张成海. 条码 [M]. 北京：清华大学出版社，2022.
[4] 吴晓波，苏建勋，梁红. 云上的中国（2）[M]. 北京：中信出版集团，2022.
[5] 张成海. 二维码技术与应用 [M]. 北京：中国标准出版社，2022.
[6] 吴晓波，王坤祚，钱跃东. 云上的中国 [M]. 北京：中信出版集团，2021.
[7] 孙延明，宋丹霞，张延平. 工业互联网 企业变革引擎 [M]. 北京：机械工业出版社，2021.
[8] 朱铎先，赵敏. 机·智 从数字化车间走向智能制造 [M]. 北京：机械工业出版社，2020.
[9] 张成海，张铎，赵守香，许国银. 条码技术与应用（本科分册）[M]. 2版. 北京：清华大学出版社，2018.
[10] 张成海，张铎，张志强，陆光耀. 条码技术与应用（高职分册）[M]. 2版. 北京：清华大学出版社，2018.
[11] 孙国华. 物流与供应链管理 [M]. 北京：清华大学出版社，2015.
[12] 冯耕中，刘伟华. 物流与供应链管理 [M]. 2版，北京：中国人民大学出版社，2014.
[13] 张成海，张铎. 物流条码实用手册 [M]. 北京：清华大学出版社，2013.
[14] 张成海. 食品安全追溯技术与应用 [M]. 北京：中国质检出版社，2012.
[15] 张成海，张铎. 物联网与产品电子代码 [M]. 武汉大学出版社，2010.
[16] 张铎，杨慧荣. 汉信码在散货管理中的应用 [J]. 中国自动识别技术，2008（10）.
[17] 中国物品编码中心. 物流领域条码技术应用指南 [M]. 北京：中国计量出版社，2008.
[18] 中国物品编码中心. 二维条码技术与应用 [M]. 北京：中国计量出版社，2007.
[19] GB 12904 商品条码 零售商品编码与条码表示 [S].
[20] GB/T 12905 条码术语 [S].
[21] GB/T 14257 商品条码符号位置 [S].
[22] GB/T 16830 商品条码 储运包装商品编码与条码表示 [S].
[23] GB/T 16986 商品条码 应用标识符 [S].
[24] GB/T 18284 快速响应矩阵码 [S].
[25] GB/T 18348 商品条码 条码符号印制质量的检验 [S].
[26] GB/T 21049 汉信码 [S].
[27] GB/T 23704 二维条码符号印制质量的检验 [S].
[28] GB/T 33993 商品二维码 [S].
[29] GB/T 41208 数据矩阵码 [S].
[30] 中国物品编码中心网站. http://ancc.org.cn/.
[31] 浙江省标准化研究院，http://www.zis.org.cn/Item/7455.aspx.
[32] RFID世界网，https://www.rfidworld.com.cn/.
[33] 河北省标准化研究院，网址：http://scjg.hebei.gov.cn/.

教师服务

感谢您选用清华大学出版社的教材！为了更好地服务教学，我们为授课教师提供本书的教学辅助资源，以及本学科重点教材信息。请您扫码获取。

▶▶ 教辅获取

本书教辅资源，授课教师扫码获取

▶▶ 样书赠送

管理科学与工程类重点教材，教师扫码获取样书

 清华大学出版社

E-mail：tupfuwu@163.com
电话：010-83470332 / 83470142
地址：北京市海淀区双清路学研大厦B座509

网址：https://www.tup.com.cn/
传真：8610-83470107
邮编：100084